ENCYCLOPÉDIE SCIENTIFIQUE

PUBLIÉE SOUS LA DIRECTION DU Dr TOULOUSE

BIBLIOTHÈQUE DE MÉCANIQUE APPLIQUÉE ET GÉNIE

DIRECTEUR : M. D'OCAGNE

Mécanique des Affûts

par

J. CHALLÉAT

Octave DOIN, éditeur, 8, place de l'Odéon, Paris

ENCYCLOPÉDIE SCIENTIFIQUE

Publiée sous la direction du Dr TOULOUSE

BIBLIOTHÈQUE

DE MÉCANIQUE APPLIQUÉE ET GÉNIE

Directeur : **M. D'OCAGNE**

Ingénieur des Ponts et Chaussées
Professeur à l'École des Ponts et Chaussées
Répétiteur à l'École Polytechnique

On oppose assez volontiers, dans le domaine de la mécanique appliquée, l'homme de la théorie à l'homme de la pratique. Le premier, enclin aux spéculations abstraites, est tenu pour préférer aux problèmes qu'offre la réalité ceux qui se prêtent plus aisément aux solutions élégantes et, par suite, pour être disposé à négliger, en dépit de leur importance intrinsèque, telles circonstances qui seraient de nature à entraver le jeu de l'instrument analytique ; le second, au contraire, uniquement soucieux des données de l'empirisme, pour regarder toute théorie scientifique comme un luxe superflu dont il vaut mieux se passer.

Ce sont là des tendances extrêmes contre lesquelles il convient de se mettre en garde. S'il est vrai que certains

esprits, séduits par l'imposante beauté de la science abstraite, ont quelque répugnance à se plier aux exigences de la réalité, généralement difficiles à concilier avec une aussi belle harmonie de forme, que d'autres, en revanche, par crainte des complications qu'entraine à leurs yeux l'appareil analytique, — peut-être aussi, parfois, en raison de leur manque d'habitude à le manier, — tendent à méconnaître les éminents services qu'on en peut attendre, il n'en reste pas moins désirable, pour le plus grand bien des applications, de voir réaliser l'union la plus intime de la théorie et de la pratique, de la théorie qui coordonne, synthétise, réduit en formules simples et parlantes les faits révélés par l'expérience, et de la pratique qui doit, tout d'abord, les en dégager. La vérité est que l'une ne saurait se passer de l'autre, que toutes deux doivent progresser parallèlement. Ce n'est pas d'hier que Bacon l'a dit : « Si les expériences ne sont pas dirigées par la théorie, elles sont aveugles ; si la théorie n'est pas soutenue par l'expérience, elle devient incertaine et trompeuse. »

Développant cette pensée, un homme qui, dans un domaine important de la Mécanique appliquée, a su réaliser, de la façon la plus heureuse, cette union si désirable, s'est exprimé comme suit[1] : « … La théorie n'a point la prétention de se substituer à l'expérience ni de se poser en face d'elle en adversaire dédaigneux. C'est l'union de ces deux opérations de l'esprit dans une règle générale pour la recherche de la vérité qui constitue l'essence de la méthode : la théorie est le guide qu'on prend au départ, qu'on interroge sans cesse le long de la route, qui instruit toujours par ses réponses, qui indique le chemin le plus sûr et qui découvre l'horizon le plus vaste. Elle saura réunir dans une

---

[1] Commandant P. Charbonnier : *Historique de la Balistique extérieure à la commission de Gâvre*, p. 6.

même explication générale les faits les plus divers, conduire à des formules d'un type rationnel et à des calculs d'une approximation sûre.

« La science aura plus d'audace parce qu'elle aura une base plus large et plus solidement établie. Les résultats expérimentaux, au lieu de faire nombre, viendront à chaque instant contribuer à asseoir la théorie, et ce n'est plus en eux-mêmes que les faits seront à considérer, mais suivant leur place rationnelle dans la science. La théorie saura mettre l'expérimentateur en garde contre les anomalies des expériences, et l'expérience, le théoricien contre les déductions trop audacieuses de la théorie. »

Ces quelques réflexions pourraient servir d'épigraphe à la première moitié de la présente Bibliothèque consacrée à la MÉCANIQUE APPLIQUÉE. Elles définissent l'esprit général dans lequel sont conçus ses volumes : *application rationnelle de la théorie, poussée aussi loin que le comporte l'état actuel de la science, aux problèmes tels qu'ils s'offrent effectivement dans la pratique, sans rien sacrifier des impérieuses nécessités de celle-ci à la plus grande facilité des déductions de celle-là.*

Il ne s'agit pas, dans l'application scientifique ainsi comprise, de torturer les faits pour les forcer à rentrer, vaille que vaille, dans le cadre de théories, plus ou moins séduisantes, conçues *à priori*, mais de plier la théorie à toutes les exigences du fait ; il ne s'agit pas de forger des exemples destinés à illustrer et à éclairer l'exposé de telle ou telle théorie (comme cela se rencontre dans les Traités de mécanique rationnelle où une telle manière de faire est, vu le but poursuivi, parfaitement légitime), mais de tirer de la théorie toutes les ressources qu'elle peut offrir pour surmonter les difficultés qui résultent de la nature même des choses.

Quand les problèmes sont ainsi posés, ils ne se prêtent généralement pas à des solutions aboutissant directement à des formules simples et élégantes; ils forcent à suivre la voie plus pénible des approximations successives: mais définir par une première approximation l'allure générale d'un phénomène, puis, par un effort sans cesse renouvelé, arriver à le serrer de plus en plus près, en se rendant compte, à chaque instant, de l'écartement des limites entre lesquelles on est parvenu à le renfermer, c'est bel et bien faire œuvre de science; et c'est pourquoi, dans une Encyclopédie qui, comme son titre l'indique, est, avant tout *scientifique*, la Mécanique appliquée a sa place marquée au même titre que la Mécanique rationnelle.

La seconde moitié de la Bibliothèque est réservée aux divers arts techniques dont l'ensemble constitue ce qu'on est ordinairement convenu d'appeler le Génie tant civil que militaire [1] et maritime.

Ici, de par la force même des choses, l'exposé des principes s'écarte davantage de la forme mathématique pour se rapprocher de celle qui est usitée dans le domaine des sciences descriptives. Cela n'empêche d'ailleurs qu'il n'y ait encore, dans la façon de classer logiquement les faits, d'en faire saillir les lignes principales, surtout d'en dégager des idées générales, possibilité d'avoir recours à une méthode vraiment scientifique.

Telle est l'impression qui se dégagera de l'ensemble de cette Bibliothèque dont les volumes ont été confiés à des spécialistes hautement autorisés, personnellement adonnés à des travaux rentrant dans leurs cadres respectifs et, par cela même, pour la plupart du moins, ordinairement détournés du labeur de l'écrivain dont ils ont occasionnellement accepté la charge en vue de l'œuvre de mise au point dont les conditions générales viennent d'être indiquées.

---

[1] Le mot étant pris dans sa plus large acception et s'étendant tout aussi bien à la technique de l'*Artillerie* qu'à l'ensemble de celles qui sont plus particulièrement du ressort de l'arme à laquelle on applique le nom de *Génie*.

Il convient d'ajouter que le programme de cette Bibliothèque, — dont la liste ci-dessous fait connaître une première ébauche, susceptible de revision et de compléments ultérieurs, — s'étendra à toutes les parties qui peuvent intéresser l'ingénieur mécanicien ou constructeur, à l'exception de celles qui ont trait soit aux applications de l'Electricité, soit à la pratique de la construction proprement dite, rattachées, dans cette Encyclopédie, à d'autres Bibliothèques (29 et 33).

Les volumes seront publiés dans le format in-18 jésus cartonné ; ils formeront chacun 400 pages environ avec ou sans figures dans le texte. Le prix marqué de chacun d'eux, quel que soit le nombre de pages, est fixé à 5 francs. Chaque volume se vendra séparément.

Voir, à la fin du volume, la notice sur l'**ENCYCLOPÉDIE SCIENTIFIQUE**, pour les conditions générales de publication.

TABLE DES VOLUMES

ET LISTE DES COLLABORATEURS

Les volumes publiés sont marqués par un *

NOTA. — La collaboration des auteurs appartenant aux armées de terre et de mer, ou à certaines administrations de l'État, ne sera définitivement acquise que moyennant l'approbation émanant du ministère compétent.

ENCYCLOPÉDIE SCIENTIFIQUE

PUBLIÉE SOUS LA DIRECTION

du Dr TOULOUSE, Directeur de Laboratoire à l'École
des Hautes-Études.

Sécrétaire général : H. PIÉRON, Agrégé de l'Université.

BIBLIOTHÈQUE DE MÉCANIQUE APPLIQUÉE ET GÉNIE

Directeur : M. D'OCAGNE

Ingénieur des Ponts et Chaussées, Professeur à l'École des Ponts et Chaussées
Répétiteur à l'École polytechnique.

MÉCANIQUE DES AFFÛTS

MÉCANIQUE
DES AFFÛTS

PAR

J. CHALLÉAT
CAPITAINE D'ARTILLERIE

Avec 98 figures dans le texte

OCTAVE DOIN, ÉDITEUR
8, PLACE DE L'ODÉON, 8

1908

MÉCANIQUE DES AFFUTS

INTRODUCTION

—

Avant et même quelque temps après l'adoption des freins hydrauliques pour limiter le recul des affûts, ceux-ci étaient constitués essentiellement par une simple poutre, métallique ou non, organisée pour supporter la bouche à feu aussi bien pendant les transports que pendant le tir. Depuis quelques années on a interposé dans les matériels nouveaux un frein à ressorts entre le canon et l'affût de façon à réaliser un « système à déformation », le canon reculant sur l'affût au départ du coup puis revenant automatiquement à sa position initiale. Ces affûts tendent de plus en plus à remplacer leurs devanciers que, par opposition, nous appellerons « *affûts rigides* ». L'étude de ces derniers présente toutefois, même aujourd'hui, un intérêt assez considérable car, pour des raisons budgétaires, les matériels d'artillerie ne sont jamais remplacés brusquement du jour au lendemain, et, dans tous les cas, les matériels anciens sont toujours utilisés dans certaines conditions. Aussi croyons-nous qu'il est nécessaire d'en faire une étude assez complète avant de procéder à celle des « *affûts à déformation* » dont elle donnera d'ailleurs un premier aperçu.

Cette étude constitue aussi une application intéressante des théories de la Mécanique rationnelle et à ce titre elle rentre bien dans le cadre de cet ouvrage.

Les efforts, auxquels un affût doit résister pendant le tir, prennent naissance lors de l'inflammation de la charge de poudre. On sait que celle-ci agit dans les armes par la détente des gaz qu'elle émet pendant sa combustion. La principale donnée des problèmes soulevés par l'organisation et la résistance des affûts est donc fournie par la *Balistique intérieure*. Un volume de l'*Encyclopédie Scientifique* est consacré à cette science. Toutefois nous avons tenu à comprendre parmi les notions préliminaires quelques développements sur les formules de balistique intérieure que nous utiliserons dans notre étude des affûts. Ce paragraphe ne sera pas en effet double emploi avec une partie du volume précité qui est relatif à des formules tout autres que celles dont nous ferons usage et qui sont, elles aussi, bonnes à connaître. Le lecteur pourra d'ailleurs au besoin substituer les unes aux autres, soit comme moyen de contrôle, soit parce qu'il croira devoir manifester une préférence.

Parmi les efforts qui entrent en jeu au départ du coup les « frottements » ont une importance parfois très appréciable. Le rappel des lois relatives au frottement nous paraît donc s'imposer dans le paragraphe que nous consacrerons aux notions préliminaires relevant du domaine de la *Mécanique*.

D'autre part, dans l'étude des affûts à freins hydrauliques, il faut, pour calculer la résistance opposée au recul, recourir à la loi d'écoulement des liquides au travers d'un orifice, c'est-à-dire au principe de *Toricelli*.

Il importe enfin de rappeler les lois de *Mariotte et de Gay-Lussac* ainsi que la loi de la « *détente adiabatique* », lois qui servent de base à l'étude des récupérateurs à air comprimé.

Le principe de Toricelli appartient à l'*Hydrodynamique* alors que les lois précitées relèvent du domaine de la *Physique*. Nous ne ferons en principe que les rappeler.

Connaissant les efforts qui s'exercent sur les affûts, soit pendant le tir, soit pendant les marches en terrain varié, il faut, pour calculer l'agencement et les dimensions des divers organes du système, avoir recours à certaines théories de la *Mécanique rationnelle*. Il nous paraît utile de rappeler ces théories dans un paragraphe du chapitre consacré aux notions préliminaires, aussi bien pour faciliter la lecture de ce volume que pour bien mettre en évidence les hypothèses faites et permettre ainsi d'apprécier jusqu'à quel point on est en droit de compter sur le calcul dans les applications particulières de la pratique.

La division de ce volume sera donc la suivante :

Le chapitre premier, consacré aux notions préliminaires, comprendra quatre paragraphes, savoir :

§ I. — *Notions préliminaires relevant de la Mécanique rationnelle.*

§ 2. — *Notions préliminaires relevant de la Physique.*

§ 3. — »   »   » *de la Balistique intérieure.*

§ 4. — *Unités usuelles employées dans ce volume. Similitude Mécanique.*

Le chapitre II sera relatif à l'étude des affûts rigides. Certains de ces derniers ont d'ailleurs été pourvus d'une bêche de crosse avec interposition ou non de liens élastiques entre la bêche et la crosse. Pour ces affûts à bêche il sera particulièrement intéressant d'étudier le mouvement de cabré autour de la bêche que le système prend forcément dans la pratique, au départ du coup, comme nous le montrerons. Cette étude fera bien saisir tous les avantages des affûts plus modernes à déformation, au point de vue de la stabilité au tir.

D'autres affûts rigides, au lieu de se fixer au sol par une bêche, reculent sur des plates-formes ou sur des châssis, le recul étant seulement limité par des *freins hydrauliques.* Le retour en batterie se fait alors, soit à bras soit au moyen de la pesanteur seule, si, pendant le recul, l'affût a pu gravir un plan assez incliné. L'étude de cette catégorie spéciale d'affûts fera l'objet du *chapitre III qui comprendra ainsi la théorie des freins hydrauliques à effort constant et les moyens employés dans la pratique pour réaliser ces organes.*

Le chapitre IV sera relatif à l'étude des récupérateurs destinés à ramener automatiquement en batterie la masse reculante après le recul. Ces récupérateurs sont constitués, soit par des ressorts métalliques, soit par de l'air comprimé : les uns et les autres seront étudiés théoriquement et dans leurs applications.

Le chapitre V sera consacré aux affûts de campagne à lien élastique placé entre la bouche à feu et l'affût, ce dernier pouvant se fixer au sol au moyen d'une bêche de crosse. Nous verrons que, pour éviter le cabré de ces affûts autour de leur bêche, cabré qui entraînerait, entre autres inconvénients, un dépointage du canon, il est nécessaire de régler convenablement l'effort opposé à chaque instant au mouvement de la masse reculante. Nous serons ainsi conduit à étudier *l'organisation des freins récupérateurs* à effort total constant ou même à effort variant suivant une loi simple pendant le recul.

Cette étude constituera le chapitre VI.

Nous verrons que, dans la pratique, l'énergie récupérée dans le recul est généralement bien supérieure à celle qui serait strictement nécessaire pour ramener la pièce en batterie dans les conditions ordinaires. Il faut alors pour éviter un mouvement possible de l'affût vers l'avant pendant la rentrée en batterie, organiser un système destructeur de l'énergie en excès.

L'étude de ces systèmes constituera le chapitre VII.

Enfin le chapitre VIII sera consacré à l'étude des affûts pour canons courts reculant sur l'affût. Les conditions particulières du tir de ces bouches à feu impliquent en effet l'adoption de dispositifs spéciaux dans l'organisation des affûts destinés à les supporter.

CHAPITRE PREMIER

NOTIONS PRÉLIMINAIRES

§ 1. — NOTIONS PRÉLIMINAIRES RELEVANT DE LA MÉCANIQUE RATIONNELLE

Lois fondamentales. — La Mécanique repose sur quatre lois uniquement vérifiées par l'expérience [1].

Ces quatre lois sont :

La loi de l'inertie (Képler),

La loi d'égalité de l'action à la réaction (Newton),

La loi de l'indépendance des mouvements (Galilée),

La loi de l'équivalence mécanique de la chaleur (Mayer et Joule).

D'après la première loi, quand un corps possède une certaine vitesse, définie par sa grandeur et sa direction, il la conserve indéfiniment si aucune cause extérieure n'agit sur lui.

La seconde signifie que si un corps A agit sur un corps B, celui-ci réagit sur A avec la même force mais en sens contraire. Elle ne vise que des actions existantes et non des forces fictives. Pour fixer les idées sur ce point, considérons une voiture dont nous supposerons le poids P réparti également sur chacune des quatre roues : le sol est ainsi pressé par chaque roue avec une force égale à $\dfrac{P}{4}$.

---

[1] Cette vérification n'est pas d'ailleurs directe : elle s'applique aux conséquences déduites des lois en question.

En vertu de la loi de Newton, le sol, supposé capable de résister à la pression de la voiture, réagit sur chaque roue et de bas en haut avec la même force $\frac{P}{4}$.

C'est d'ailleurs grâce à cette égalité que la voiture ne s'enfonce pas plus dans le sol qu'elle n'est soulevée par lui. Remarquons qu'il n'y a pas de réaction du sol égale et opposée à la résultante P qui est une force fictive.

La troisième loi vise l'entraînement dans un mouvement de translation, d'un ensemble de mobiles : les mouvements relatifs de ces mobiles n'en sont nullement altérés.

Enfin la quatrième loi consiste à établir qu'il suffit de multiplier par le coefficient $E = 426$ une quantité de chaleur pour obtenir le travail produit par la transformation de cette quantité de chaleur.

Pour avoir l'expression de ce travail en kilogrammètres, il convient d'exprimer la quantité de chaleur considérée en grandes calories qui se rapportent comme base au kilogramme d'eau et non au gramme.

Certains auteurs prennent $E = 425$; nous adoptons la valeur 426 qui est celle employée dans le calcul du potentiel des explosifs [1].

Exemple : la décomposition d'un kilogramme de fulminate de mercure dégageant 407 calories, le potentiel de cet explosif est égal à $407 \times 426 = 173382$ kilogrammètres soit, en nombre rond, 173 tonnes mètres.

Vitesse. Accélération. — Pour définir d'une façon naturelle la vitesse et l'accélération dans un mouvement

---

[1] On appelle *potentiel* d'un explosif *le travail maximum* que peut fournir *un kilogramme* de cet explosif par la transformation de la chaleur dégagée par sa décomposition.

varié quelconque, il convient de rappeler les lois du mouvement uniforme et celles du mouvement uniformément varié.

Dans le *mouvement uniforme*, l'espace s parcouru au bout du temps t est proportionnel à ce temps. Par suite $s = vt$. La constante v est l'espace parcouru dans l'unité de temps : elle est appelée *vitesse*. Quand on dit que la vitesse est n cela veut dire, qu'en mouvement uniforme, ce mobile parcourt n unités de longueur dans une unité de temps. par exemple n mètres par seconde.

Dans le mouvement uniformément varié la vitesse varie proportionnellement au temps, c'est-à-dire on a :

$$v = \gamma t.$$

γ étant une constante que l'on appelle *accélération*. L'accélération est l'accroissement de vitesse par unité de temps. Quand on dit que l'accélération d'un mouvement uniformément varié est n cela veut dire que la vitesse varie, à chaque unité de temps, de n unités de longueur par unité de temps (soit de n mètres par seconde, à chaque seconde, en prenant pour unités le mètre et la seconde).

Dans le mouvement uniforme la vitesse est égale au quotient de l'espace par le temps mis à le parcourir.

Dans le mouvement uniformément varié l'accélération est le quotient de la vitesse par le temps mis à l'acquérir.

Dans le mouvement varié quelconque l'espace parcouru s varie avec le temps suivant une loi quelconque :

$$s = f(t).$$

Il est naturel de prendre pour valeur de la vitesse au temps t celle d'un mouvement uniforme qui pourrait être substitué au mouvement réel pendant le temps infiniment petit dt. On a ainsi par définition :

$$v = \frac{ds}{dt} = f'(t)$$

ds étant l'espace parcouru dans le temps dt.

La direction de la vitesse est donnée par la tangente à la trajectoire.

L'assimilation, pendant le temps dt, du mouvement varié quelconque à un mouvement uniformément varié conduit à la définition de l'accélération γ dans le mouvement varié quelconque.

Soient, en effet, ov_t en grandeur et en direction la vitesse au temps t (fig. 1), et oV_t celle au temps $t + dt$. Dans le plan $oV_t v_t$ décomposons oV_t en ov_t et ov'_t. Cette dernière composante représente la variation en

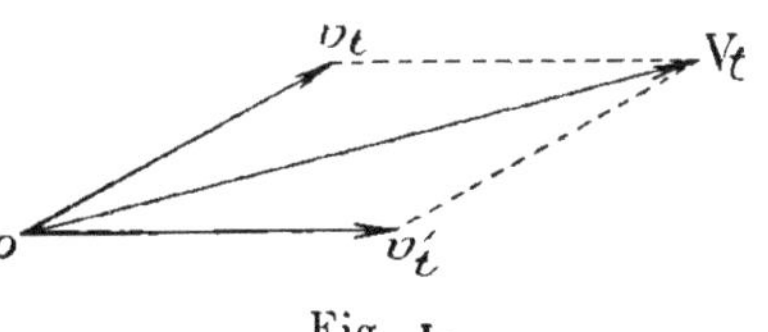

Fig 1.

grandeur et en direction de la vitesse ov_t pendant le temps dt. Il est par suite naturel de définir γ par le rapport $\frac{ov'_t}{dt}$, sa direction étant donnée par la direction limite du vecteur ov'_t.

On démontre en mécanique que l'accélération γ ainsi définie est contenue dans le plan osculateur à la trajectoire et qu'elle a pour composantes :

1° Suivant la tangente (*accélération tangentielle*) l'accélération $\frac{dv}{dt}$,

2° Suivant la normale principale (*accélération centripète*) l'accélération $\frac{v^2}{\rho}$, ρ étant le rayon de courbure de la trajectoire au point où se trouve le mobile au temps t. L'accélération γ dont les composantes sont ci-dessus définies, se nomme l'*accélération totale*.

Forces et masses. — Nous n'avons notion des forces que par leurs effets.

La direction d'une force est celle du mouvement qu'elle tend à produire lorsqu'elle agit sur un corps matériel.

On démontre que les forces sont proportionnelles aux accélérations qu'elles font prendre à un même mobile [1].

Une même cause produit d'ailleurs des effets variables avec les corps sur lesquels elle agit. Ceux-ci ont en particulier une résistance plus ou moins grande au mouvement et on la caractérise par ce qu'on appelle la *masse*.

Soient F, F', F'' etc. des forces qui imprimeraient à un même corps des accélérations $\gamma, \gamma', \gamma''$ etc. Nous savons que :

$$\frac{F}{\gamma} = \frac{F'}{\gamma'} = \frac{F''}{\gamma''} = \text{etc.} = \text{constante.}$$

Cette constante peut être confondue avec la masse m du corps considéré : plus elle est grande, plus il faut en effet employer de grandes forces F, F' etc. pour produire des accélérations déterminées γ, γ' etc.

Pour évaluer les masses des corps il n'est pas nécessaire de mouvoir ces corps en vue de mesurer F et γ. On démontre une fois pour toutes que les masses sont proportionnelles aux poids. Il en résulte que l'on a :

$$m = \frac{p}{g}$$

---

[1] En réalité on admet comme autre loi fondamentale de la mécanique, la proportionnalité de la force à l'accélération et on vérifie ensuite expérimentalement les conséquences de cette proportionnalité.

g étant l'accélération due au poids p ; autrement dit la masse constante du corps est égale au rapport constant $\frac{p}{g}$, p et g variant proportionnellement l'un à l'autre avec la latitude.

D'après ce qui précède, il suffit donc de peser les corps pour avoir leur masse. La constance de la masse en tous les points du globe terrestre a eu pour résultat de faire adopter comme unité fondamentale l'unité de masse (celle du centimètre cube d'eau distillée et à 4° de température dans le système CGS) et d'en déduire l'unité de poids par la relation $p = mg$.

Il est toutefois très commode d'évaluer les forces en kilogrammes, en négligeant, quand il s'agit de calculs approchés de la nature de ceux relatifs à un projet d'affût, les variations de poids avec la latitude. Certains ingénieurs adoptent même souvent, pour faciliter les applications numériques, tout simplement la valeur ronde $g = 10$ ([1]).

Relation entre la force totale agissant sur un mobile et les forces tangentielles et centripètes. — Puisque les forces sont égales aux accélérations multipliées par la masse m du mobile on voit que la force totale (accélération totale multipliée par la masse m) est la résultante de la force tangentielle $m\,\dfrac{dv}{dt}$ et de la force centripète $m\,\dfrac{v^2}{\rho}$.

Force d'inertie. — Pour modifier l'état du mouvement d'un corps nous sommes obligé de lui appliquer

---

[1] A Paris $g = 9{,}809$.

une force motrice ou une résistance (loi d'inertie) : le corps réagit sur l'agent moteur ou résistant avec une force égale et contraire (loi de Newton). Cette réaction n'est autre chose que la force d'inertie du corps puisqu'il a fallu la vaincre pour modifier l'état du mouvement du corps.

La force d'inertie totale est égale et directement opposée à la force totale. Elle peut donc se décomposer en une *force d'inertie tangentielle* égale et directement opposée à la composante tangentielle de la force motrice et en une force d'inertie égale et directement opposée à la force centripète motrice : c'est la *force d'inertie centrifuge* ou tout simplement, la *force centrifuge*.

Il importe de bien remarquer que la force d'inertie émanant du corps en mouvement, ne s'exerce que sur l'agent moteur (ou sur l'agent résistant) sans modifier par suite le mouvement du corps mobile.

Exemple. — Considérons un canon de centre de gravité G (fig. 2). Sous l'action GP des gaz de la poudre, il va reculer, mais, si nous le supposons suspendu par un fil OG fixé au point invariable O, le centre de gravité G va tourner autour de ce point. La réaction du support O donne à chaque instant naissance à la

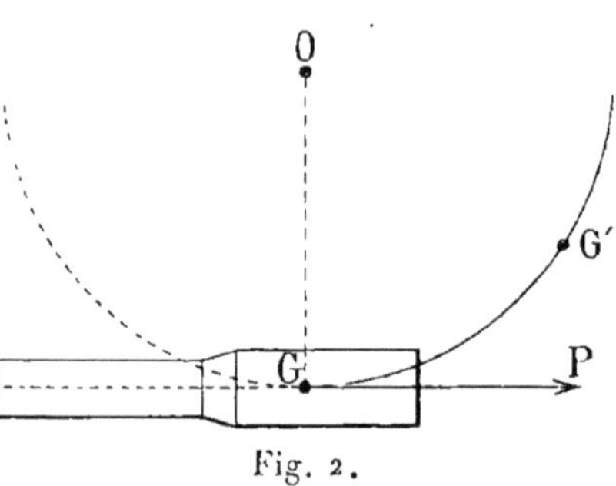

Fig. 2.

force centripète. Inversement le canon réagit sur le point O avec une force égale et contraire ou force centrifuge. Quand le centre de gravité G occupe une position quelconque G′, le point O subit une réaction dirigée suivant OG' : cette force d'inertie centrifuge n'agit pas sur le mobile mais seulement sur le point O.

Forces extérieures et intérieures. Théorème sur le mouvement du centre de gravité. — On peut considérer les corps comme formés de particules entre lesquelles il existe des actions mutuelles les maintenant réunies. Ces actions constituent des forces intérieures. Elles nous sont d'ailleurs généralement inconnues mais il convient souvent de les considérer indépendamment des autres forces appelées pour cette raison *forces extérieures*. Lorsqu'un système est formé de plusieurs parties les actions et réactions de ces diverses parties peuvent, pour l'ensemble du système, être considérées comme des forces intérieures qui se détruisent deux à deux en vertu de la loi de Newton.

Le théorème sur le mouvement du centre de gravité va montrer combien est importante cette distinction des forces intérieures.

Théorème sur le mouvement du centre de gravité. — Il peut s'énoncer ainsi :

Le mouvement du centre de gravité d'un système quelconque a lieu comme celui d'un point matériel dont la masse serait égale à la somme des masses de tous les points du système et auquel seraient appliquées parallèlement à leur direction toutes les forces qui agissent sur le système.

Quand aucune force extérieure n'agit, les forces menées par le centre de gravité parallèlement aux forces intérieures se détruisent deux à deux et le centre de gravité reste immobile dans l'espace, ou, s'il est animé d'une certaine vitesse, il la conserve indéfiniment.

Par exemple une locomotive qui se trouverait libre

dans le vide ne se déplacerait pas malgré le fonctionnement du moteur. En réalité la locomotive se meut sur les rails parce qu'une force extérieure agit : c'est elle qui est développée par le frottement de la roue sur le rail. Quand ce frottement ne se produit pas (cas du patinage) il n'y a pas mouvement en avant : on dit que l'*adhérence* est insuffisante.

Travail. Force vive. Energie. — Si, sous l'action d'une force F, un corps se déplace d'une certaine quantité *ds*, le travail accompli par la force F est défini par l'expression :

$$\mathfrak{T} = \mathrm{F}.ds \cos (\mathrm{F}.ds).$$

Autrement dit le travail d'une force est le produit de celle-ci par le déplacement projeté sur la direction de la force.

On démontre en mécanique que, pour un déplacement fini, la somme des travaux élémentaires tels que celui défini ci dessus, est égale à $\frac{1}{2}\,mv^2$, *m* étant la masse du mobile auquel est appliquée la force variable F et *v* la vitesse acquise pendant le déplacement fini considéré, quelle que soit d'ailleurs la forme du déplacement. Le produit $\frac{1}{2}\,mv^2$ se nomme la force vive. Ce résultat est souvent désigné sous le nom de *théorème des forces vives* dont le véritable énoncé pourrait être :

Pendant un temps quelconque le travail de la résultante de toutes les forces (ou la somme des travaux des composantes) qui agissent sur un système matériel est égal à la variation de force vive du système pendant le même temps.

Appliqué à un déplacement infiniment petit ce théorème s'exprime par la relation :

$$d\mathcal{C} = d\left(\frac{1}{2}\,mv^2\right) = mvdv.$$

$d\mathcal{C}$ étant le travail élémentaire accompli dans un déplacement infiniment petit au commencement duquel la vitesse est v et à la fin $v + dv$.

En vertu de ce qui précède, travail et force vive sont choses semblables : toutefois l'expression « *force vive* » indique que l'on a plutôt affaire à une source susceptible de produire du travail : c'est *l'énergie cinétique* que nous allons définir.

D'une façon générale, *l'énergie d'un système* est l'énergie susceptible d'être fournie par ce système.

L'énergie se présente sous deux formes : *l'énergie cinétique et l'énergie potentielle.*

Par exemple un corps est en mouvement, il s'arrête en produisant un certain travail, il a dépensé son énergie cinétique.

Un poids P est à une hauteur H : il dispose, grâce seulement à la pesanteur, d'une énergie potentielle égale à PH car en tombant il pourrait produire le travail P. H.

L'énergie totale est la somme de l'énergie cinétique et de l'énergie potentielle.

Quantité de mouvement. Impulsion totale. Percussion. — Si un corps de masse m est animé au temps t de la vitesse v, sa *quantité de mouvement* est, par définition, égale à mv.

Il importe de matérialiser la différence capitale qui existe entre la quantité de mouvement mv et la force vive

$\frac{1}{2} mv^2$. Pour cela définissons ce qu'on entend par « *impulsion totale* ».

L'expérience montre que la vitesse acquise par un corps sous l'effet d'une force constante F croît proportionnellement au temps mis à acquérir cette vitesse (Loi de Galilée).

Nous appelons impulsion totale reçue au bout du temps t le produit F. t. ou encore, si la force F est variable en grandeur mais constante en direction, la valeur de l'intégrale

$$\int_0^t F dt.$$

D'autre part si la force F est constante on a $F = m\gamma$, γ étant l'accélération égale à $\frac{v}{t}$ puisque la force F étant constante, le mouvement est uniformément accéléré.

On a donc :

$$F = m \frac{v}{t}.$$

D'où :

$$Ft = mv.$$

Si F est variable en grandeur mais constante en direction, on a :

$$\int_0^t F dt = mv.$$

Par suite la quantité de mouvement n'est autre chose que l'impulsion totale tandis que la force vive représente l'énergie cinétique qui est un travail.

Si un mobile A, animé d'une certaine vitesse, s'arrête, en communiquant une certaine vitesse à un corps B, sans l'endommager, il lui a cédé sa quantité de mouvement ; en d'autres termes, il lui a fourni une impulsion.

Si le corps B ci-dessus ne peut se mouvoir et est écrasé, la force vive du corps A a produit le travail absorbé par cet écrasement.

Une percussion est une force mais elle est *très grande* et elle agit *pendant un temps très court* pour procurer au corps auquel elle est appliquée *une variation finie de vitesse sans que, pendant l'action de la percussion, le corps se déplace sensiblement.*

En vertu de cette définition on peut, dans les questions où entrent des percussions négliger le déplacement du corps pendant l'action des percussions, ainsi que les autres forces finies qui lui sont appliquées.

Si τ est la durée très petite d'une percussion variable en grandeur mais constante en direction pendant ce temps τ, l'impulsion est

$$\int_0^\tau F\,dt$$

et l'on a d'après ce qui vient d'être dit :

$$\int_0^\tau F\,dt = mv$$

v étant la vitesse due à la percussion.

Or :

$$\frac{\displaystyle\int_0^\tau F\,dt}{\tau}$$

est la valeur moyenne de la fonction F, c'est-à-dire de la percussion.

La valeur moyenne d'une percussion est donc égale au quotient de la quantité de mouvement mv par la durée τ de l'action de la percussion.

Lorsqu'un corps se met en mouvement sous l'action d'une percussion, son inertie entre en jeu, c'est-à-dire ce que l'on appelle « la force d'inertie » est ici remplacé par la « *percussion d'inertie* ». *Cette percussion d'inertie est égale et directement opposée à la percussion motrice.* De même qu'une force, une percussion est déterminée par sa direction et son intensité moyenne $\dfrac{mv}{\tau}$.

Au lieu de cette valeur moyenne on considère souvent l'impulsion totale mv due à la percussion et par abréviation du langage on emploie le terme « *percussion* » *pour* « *impulsion totale de la percussion* ».

Ainsi entendues les percussions sont des quantités de mouvement et non des forces. Lorsqu'elles actionnent une masse m, elles se composent comme des vitesses, mais il importe de ne pas oublier que la percussion elle-même n'est pas une quantité de mouvement.

Dans l'étude des affûts rigides nous aurons souvent à déterminer la ligne d'action de la percussion d'inertie, en entendant toujours par ces mots l'impulsion totale due à cette percussion.

On peut déterminer de la façon suivante cette percussion d'inertie suivant l'un ou l'autre des deux cas ci-après.

Premier cas. — *Le corps prend, sous l'effet de la percussion, un mouvement de translation rectiligne.*

Dans ce cas la percussion motrice, mesurée par mv, passe évidemment par le centre de gravité du corps et est parallèle à la translation rectiligne. La percussion d'inertie passe donc aussi par le centre de gravité et est parallèle à la direction de la translation. Elle est mesurée par — mv.

Deuxième cas. — Le corps est assujetti à tourner autour d'un axe fixe.

Soit O la projection de l'axe fixe, m la masse du corps de centre de gravité G, et ω la vitesse angulaire de rotation. On démontre en mécanique que, a étant la longueur inscrite sur la figure 3, la résultante des quantités de mouvement de tous les points du corps est égale à $ma\omega$ et qu'elle a pour ligne d'action une

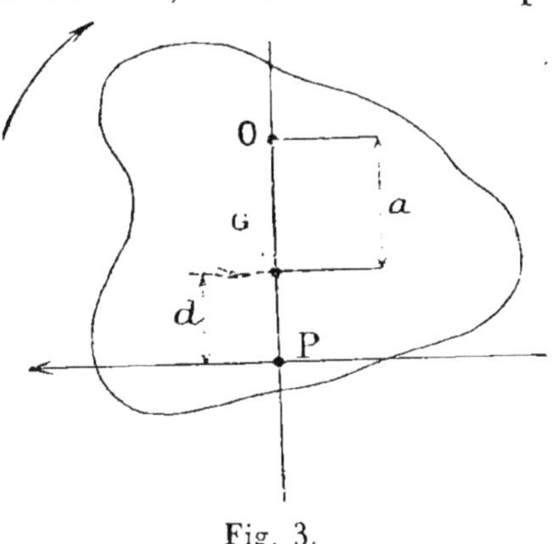

Fig. 3.

perpendiculaire à la ligne OG qu'elle rencontre en un point P situé à une distance d du point G, telle que :

$$a \times d = \mathrm{K}^2.$$

K étant le rayon de gyration du corps autour d'un axe mené par le centre de gravité G parallèlement à l'axe O[1-2].

La résultante $ma\omega$ est une impulsion totale que l'on peut considérer comme due à une percussion : la percussion d'inertie lui est égale et directement opposée.

---

[1] Ce résultat exige bien pour être exact une certaine condition, mais on démontre que celle-ci se trouve toujours remplie lorsque le corps considéré admet un plan de symétrie comme cela a lieu pour un affût, du moins d'une façon très approchée.

[2] Ces propriétés de la résultante des quantités de mouvement constituent le théorème de JEAN BERNOULLI. — BOUR, t. III, p. 185, et t. II, p. 45.

Quand il s'agit d'un affût à bêche de crosse, susceptible de se cabrer au départ du coup, a est la distance de la bêche au centre de gravité du système canon-affût. Il suffit pour avoir a de connaître le centre de gravité de ce système. S'il s'agit d'un matériel existant ce centre de gravité peut être obtenu par l'expérience en suspendant le système successivement par deux points différents. S'il s'agit d'un matériel en projet on peut avoir recours à la statique graphique comme nous l'indiquerons plus loin, ou à des formules empiriques approchées.

Il reste à obtenir le rayon de gyration K. S'il s'agit d'un matériel existant on peut encore procéder expérimentalement de la façon suivante : ayant suspendu le système par un point O (fig. 3) on le fait osciller et on mesure la durée τ d'une oscillation. En appelant l la longueur du pendule simple synchrone, on démontre dans les traités de physique que l'on a :

$$\tau = \pi \sqrt{\frac{l}{g}}$$

avec :

$$l = a + \frac{K^2}{a}.$$

Ces deux relations font connaître K.

S'il s'agit d'un matériel en projet, on applique la formule connue du moment d'inertie I par rapport à un axe passant par G et qui est :

$$I = \Sigma \mu r^2 = m K^2.$$

$\Sigma \mu$ étant l'ensemble des masses μ constituant la masse m et dont les distances à G sont représentées par la lettre r.

Les aide-mémoire donnent, par rapport aux centres de gravité, les moments d'inertie des corps de formes connues en lesquels on peut toujours décomposer le matériel en projet.

A défaut d'aide-mémoire on calcule ces moments d'inertie.

Connaissant les moments d'inertie de ces diverses parties par rapport à leur centre de gravité respectif on en déduit leur moment d'inertie par rapport au centre de gravité du système total en appliquant la formule :

$$I_1 = I'_1 + \mu d^2.$$

I'_1 étant le moment d'inertie calculé ou pris dans un aide-mémoire, μ la masse de la partie considérée, d la distance du centre de gravité de cette partie à celui du système total. On a enfin $\Sigma I_1 = I$.

A titre d'exemple nous allons calculer le moment d'inertie, par rapport à son centre, d'une roue supposée pleine et homogène.

La surface de la couronne comprise entre les cercles de rayons r et $r + dr$ (fig. 4) est égale à :

$2 \pi r dr$ (en négligeant dr^2).

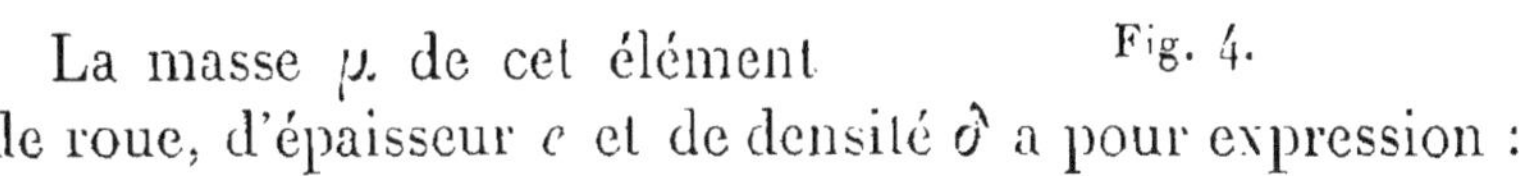

Fig. 4.

La masse μ de cet élément de roue, d'épaisseur e et de densité δ a pour expression :

$$\mu = \frac{2 \pi r dr \times e \times \delta}{g}.$$

D'autre part :

$$I = \Sigma \mu r^2 = \Sigma \frac{2\pi r\, dr\, e\delta}{g} \times r^2 ;$$

on a donc :

$$I = \frac{2\pi}{g} e\delta \int_0^R r^3 dr = \frac{\pi e\delta}{2g} R^4 = mK^2$$

On a par suite, puisque $m = \dfrac{\pi R^2 e\delta}{g}$:

$$\frac{\pi e\delta}{2g} R^4 = \frac{\pi R^2 e\delta}{g} K^2.$$

On en déduit :

$$K^2 = \frac{R^2}{2}.$$

Ainsi, qu'il s'agisse d'un matériel existant ou en projet, on peut toujours connaître K et a. Il est alors facile de construire la résultante des quantités de mouvement, ce qui donne la ligne d'action de la percussion d'inertie.

Pour cela, autour du centre de gravité G (fig. 5) décrivons un cercle de rayon K et prenons $GO = a$ en grandeur et en position. La ligne d'action cherchée passe par le point P tel que :

$$GP \times a = K^2.$$

Or sur la figure 5 on a :

$$K^2 = a \times GP'.$$

Il suffit donc de prendre la symétrique par rapport à G de la polaire de O dans le cercle de rayon K décrit autour du point G.

Dans le même genre d'étude nous aurons également à

appliquer une propriété importante des polaires savoir : tous les points de la perpendiculaire Og à OG ont des polaires qui passent toutes par le point P' dit « *pôle*

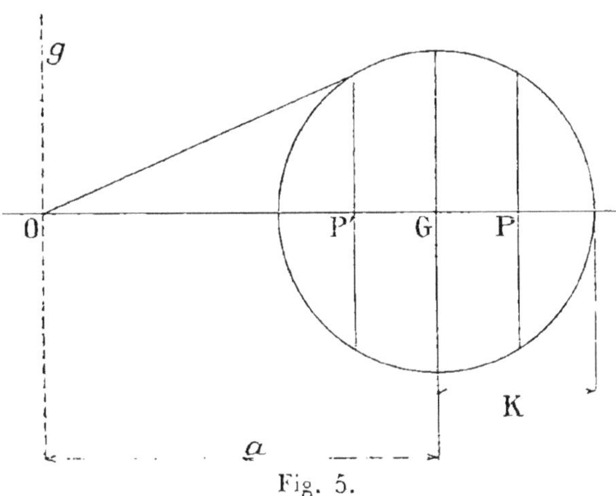

Fig. 5.

de Og » dans le cercle de rayon K considéré. Quant à l'intensité de la percussion, nous savons qu'elle est mesurée par $ma\omega$, où m et a sont connues, et ω facile à obtenir, comme nous le verrons, dans le cas des affûts rigides.

Résistances passives. Frottements. Résistance au roulement. — Les principales résistances passives auxquelles on a affaire dans une étude d'organisation d'affûts sont dues aux frottements[1]. Il convient donc d'en rappeler les lois, lois qui ne sont d'ailleurs qu'approchées.

. Considérons un corps A (fig. 6) placé sur une surface S

[1] D'une façon générale les résistances passives comprennent la résistance du milieu et celle due au contact avec des corps solides. Dans notre étude nous n'aurons pas à tenir compte de la résistance de l'air car elle est à peu près nulle.

et soit P la pression exercée par le corps A sur cette surface. Si la réaction de cette dernière sur le corps était verticale, la moindre force oblique telle que R devrait avoir pour effet le déplacement du corps considéré. Or l'expérience montre que cela n'a lieu que lorsque la force R atteint une certaine valeur, celle représentée sur la figure 6 : la composante de R parallèle à la surface S et changée de sens est ce qu'on appelle *la résistance au glissement* Q.

Le corps A est donc sur le point de se mettre en mouvement lorsqu'on lui applique une force R égale et opposée à la résultante des forces P et Q.

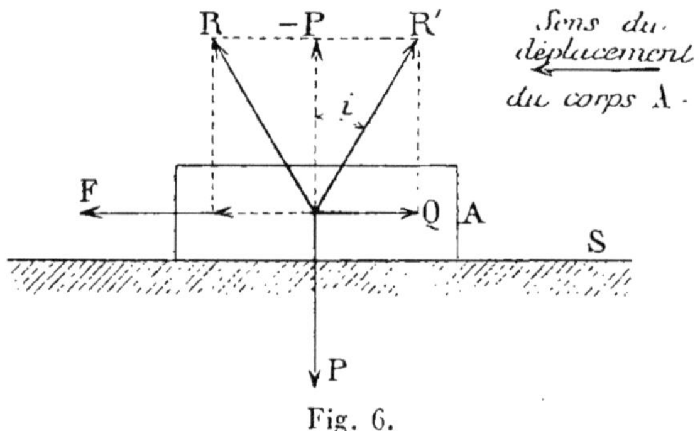

Fig. 6.

Les expériences de *Coulomb* d'abord et celles du *général Morin* ensuite ont permis d'établir les lois suivantes :

1° *La composante* F *de la force* R *ne dépend que de la nature* (et par suite aussi de l'état) *des surfaces en contact.* En particulier, elle est indépendante de l'étendue de ces surfaces. Elle diminue par la lubrification.

2° *La composante* F *est proportionnelle à* P : on a $F = P \times f$, f *étant le coefficient de frottement relatif à la nature et à l'état des surfaces frottantes.*

3° *La vitesse du mouvement n'influe pas d'une façon sensible sur la valeur du coefficient f.*

4° *Le frottement au départ est plus grand que dans le cours du mouvement.*

Ces lois comportent quelques remarques très importantes.

Tout d'abord elles *ne sont qu'approchées*. En particulier elles ne sont vraies que si la pression P n'est pas assez grande pour que le corps A pénètre dans la surface S. D'autre part en appelant σ la surface du corps A en contact avec la surface S le frottement total $P \times f$ est indépendant de σ, mais le frottement par unité de surface $\dfrac{Pf}{\sigma}$ en dépend. La considération de ce frottement $\dfrac{Pf}{\sigma}$ est quelquefois utile dans la pratique.

Quant à la 3° loi, elle ne reste vraie que dans les limites des expériences du général Morin : pression inférieure à 3 kilogrammes par centimètre carré, vitesse du déplacement inférieure à $3^{m},50$ par seconde. Pour des vitesses supérieures à cette limite le frottement augmente légèrement avec la vitesse (Hirn).

Pour donner une idée de l'approximation de la 4° loi, appelons f' le coefficient de frottement au cours du mouvement : l'expérience montre que, dans le frottement d'un métal contre un métal, lubrifié ou non, f et f' diffèrent rarement de plus de $\dfrac{1}{100}$. Exemple :

fonte sur fonte lubrifiée : $f = 0,16$ et $f' = 0,15$.

Pour les cordes ou les courroies glissant sur du bois, f' est environ la moitié de f.

Dans la 1re loi entre l'influence des lubrifiants : le frottement diminue par la lubrification des surfaces en contact pourvu que la pression P ne soit pas assez grande pour éliminer le lubrifiant.

Grâce au frottement du corps A sur la surface S, tout se passe comme si la surface S étant supprimée, le corps était soumis outre son poids, aux efforts — P et + Q. Cela revient à dire que tout se passe comme si la réaction de la surface S sur le corps A était la résultante R' de — P et + Q.

Sur la figure 6 on a :

$$\mathrm{tg}\ i = \frac{Q}{P} = \frac{Pf}{P} = f.$$

L'angle i se nomme l'angle de frottement.

On voit que la réaction de la surface sur un corps frottant fait avec la normale aux surfaces frottantes et en sens inverse du mouvement, un angle i égal à l'angle de frottement.

Dans les applications nous prendrons souvent $f = 0,2$ ce qui est un nombre assez fort pour des surfaces métalliques frottantes en bon état, surtout si elles sont lubrifiées mais cette légère exagération nous parait acceptable afin de tenir compte de l'influence de la vitesse des corps frottants sur la grandeur du frottement (voir page 25).

Les lois précédentes ne s'appliquent qu'aux corps solides. Elles sont pour ainsi dire inverses si l'un des corps est liquide. Dans ce cas, en effet, le frottement est indépendant de la pression ; il est proportionnel à l'étendue des surfaces en contact et sensiblement proportionnel au carré de la vitesse.

Dans l'organisation des affûts, il convient le plus souvent de réduire les frottements au minimum. Celui des roues notamment, est diminué par une lubrification convenable des fusées d'essieu ce qui revient à diminuer f. Il y a en outre un autre moyen parfois pratique de diminuer ce frottement. Soit (fig. 7) P le poids supporté par une roue de rayon R par l'intermédiaire de la fusée d'essieu de rayon r. Le travail du frottement pendant un tour de roue est :

$$Pf \times 2\pi r.$$

Pendant ce tour de roue la voiture a avancé de la longueur $2\pi R$. Le travail du frottement considéré est donc par unité de longueur parcourue par le véhicule :

$$Pf\,\frac{r}{R}.$$

Cette expression représentant le travail du frottement *par unité de longueur* parcourue par le mobile, on peut

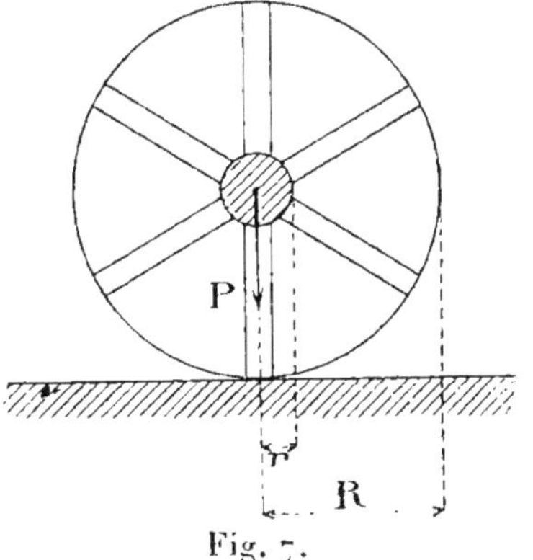

Fig. 7.

dire qu'elle représente aussi la résistance même opposée à la traction par le glissement de la boîte de roue sur la fusée : cette résistance est donc diminuée en prenant pour le rapport $\frac{r}{R}$ une valeur aussi faible que possible.

Nous aurons l'occasion de montrer une application très heureuse de cette formule à propos de l'amélioration très notable, récemment réalisée, à peu de frais, pour certains affûts de côte de modèles un peu anciens.

Quelquefois aussi, au lieu de réduire le frottement, on cherche à le faire naître et à l'augmenter. Il en est ainsi pour les freins. A ce point de vue nous aurons à faire usage de la formule suivante :

$$P = Q \times (2,7)^{f\theta}$$

où P (fig. 8) est la force nécessaire pour provoquer le glisse-ment d'une corde sur un arbre, Q la résistance et θ la longueur de l'arc embrassé sur le cercle du rayon égal à l'unité de longueur. Quand il s'agit d'une corde de chanvre en-roulée sur un arbre en bronze, on a : $f = 0,305$ environ.

Si l'arbre est en bois, on peut prendre $f = 0,5$.

Fig. 8.

Application numérique. — P = 1 000 kg. $\theta = 4\pi$ (2 tours de corde) $f = 0,5$. On trouve pour Q une valeur un peu inférieure à 2 kg. Ainsi avec un effort de moins de 2 kilogrammes on peut, grâce au frottement, résister à une force égale à une tonne. Cette propriété est appliquée dans les freins à patins et à cordes du système *Lemoine*.

Pour terminer cet aperçu des résistances passives, il nous reste à dire un mot de la *résistance au roulement*. Cette résistance obéit à la loi de Coulomb. Ce physicien avait remarqué que, si un cylindre de poids P (fig. 9) et de rayon R roulait sur un plan, il fallait, pour *entretenir* son *mouvement uniforme*, lui appliquer en O un effort de traction T. Le cylindre étant animé d'un *mouvement uni-*

forme, les forces P, T et la réaction du sol se font équilibre. Celle-ci est donc la force OS égale et directement opposée à O*r*.

On a sur la figure :

$$\frac{r\mathrm{P} \text{ ou OT}}{\text{OP}} = \frac{\text{AC}}{\text{OC}}$$

soit :

$$T = \frac{P}{R} \times AC.$$

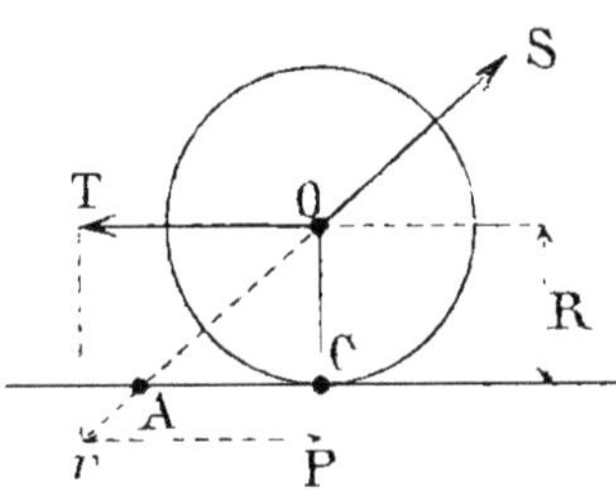

Fig. 9.

Coulomb a vérifié expérimentalement que pour les mêmes substances en contact, on a :

$$AC = \text{Constante} = K.$$

On a donc :

$$T = K\,\frac{P}{R}.$$

Le général Morin, qui a repris cette question, a trouvé que cette formule était suffisamment approchée pour les besoins de la pratique.

Rappel de quelques notions de statique. — En statique, on considère l'état d'équilibre.

L'établissement des conditions d'équilibre est facile grâce à la *théorie des moments.*

Le moment d'une force par rapport à un axe est le produit de la projection de cette force sur un plan perpendiculaire à l'axe par la plus courte distance de cet axe à la projection.

En vertu du théorème de Varignon, le moment de la résultante est égal à la somme des moments des composantes.

2.

On arrive d'une façon expressive aux 6 conditions d'équilibre au moyen de la *théorie des couples due à Poinsot. On démontre qu'un système de forces appliquées à un solide invariable peut toujours être remplacé par une force unique et un couple unique. Pour qu'il y ait équilibre, il faut et il suffit que cette force unique soit nulle et pour cela que ses projections sur 3 axes rectangulaires soient nulles, et qu'en outre le couple soit nul, c'est-à-dire que ses moments par rapport à 3 axes rectangulaires soient nuls.*

Rappel de quelques notions de dynamique. Mouvement du point matériel. — *Premier cas : le point matériel est libre.*

Soient X, Y, Z les composantes suivant les 3 axes de coordonnées de la résultante des forces agissant sur le point de masse m et dont les coordonnées sont x, y, z. Le problème consiste à trouver les valeurs de x, y, z à chaque instant t.

D'après le théorème de Galilée, si nous décomposons le mouvement suivant les 3 axes de coordonnées, le mouvement suivant chacun des axes est indépendant du mouvement suivant les deux autres. En d'autres termes le mouvement suivant ox par exemple est uniquement dû à la composante X et l'on a :

$$X = m \times \text{l'accélération totale due à la force X.}$$

Or, dans le mouvement (*rectiligne*), suivant ox, cette accélération n'est autre que

$$\frac{dv}{dt} = \frac{d^2x}{dt^2}.$$

On a donc :

$$m \frac{d^2x}{dt^2} = X$$

et de même :

$$m \frac{d^2y}{dt^2} = Y$$

$$m \frac{d^2z}{dt^2} = Z.$$

X, Y, Z étant supposées connues à chaque instant, ces équations différentielles, une fois qu'elles ont été intégrées, font connaître x, y, z, en fonction du temps.

Deuxième cas : le point matériel n'est pas libre.

En tenant compte de la réaction de la courbe ou de la surface que le point est par exemple astreint à décrire, ce cas est ramené au précédent.

Mouvement du corps matériel. Théorème de D'Alembert. Théorème relatif aux quantités de mouvement. — Le théorème de D'Alembert s'énonce de diverses façons ; la suivante nous a paru la plus simple pour les applications que nous aurons à en faire.

Dans un système quelconque de points en mouvement, il y a équilibre à chaque instant, grâce aux liaisons, entre les forces directement appliquées aux divers points du système et les forces d'inertie de ces points.

Les liaisons consistent en certaines conditions fixées d'avance pour le mouvement. Ainsi assujettir le corps à ne pas se déformer, l'obliger à décrire une surface ou une courbe, etc., revient à établir des liaisons.

En vertu de l'énoncé précédent, on a pour définir le mouvement les six conditions d'équilibre et les équations exprimant les liaisons. Ces dernières deviennent d'ailleurs des identités si le corps considéré est indéformable, ou encore si le mouvement envisagé est compatible avec les liaisons. Dans ce cas on a les six équations différentielles du mouvement décomposé suivant ox, oy, oz en écrivant qu'il y a équilibre entre les forces directement appliquées de composantes telles que X, Y, Z, et les forces d'inertie de composantes

$$- m \frac{d^2x}{dt^2}, \; - m \frac{d^2y}{dt^2}, \; - m \frac{d^2z}{dt^2}.$$

On obtient ainsi :

$$\Sigma X - m \frac{d^2x}{dt^2} = 0, \quad \Sigma Y - m \frac{d^2y}{dt^2} = 0, \quad \Sigma Z - m \frac{d^2z}{dt^2} = 0.$$

et :

$$\Sigma (Zy - Yz) - \Sigma m \left(y \frac{d^2z}{dt^2} - z \frac{d^2y}{dt^2} \right) = 0$$

et deux autres équations analogues.

Les signes Σ expriment les sommes des composantes ou des moments.

Dans le cas d'un affût rigide, il y a, au départ du coup des déformations de nature à faire naître des forces intérieures considérables entre les divers points. Il faudrait donc dans ce cas ajouter aux équations précédentes celles résultant de l'action de ces forces, et celles-ci sont plus ou moins mal connues comme nous le verrons. Cette difficulté peut être évitée en appliquant *le théorème relatif aux quantités de mouvement*.

Ce théorème se déduit facilement du théorème de d'Alembert, en ne tenant compte que des six équations d'équilibre dans lesquelles n'interviennent pas comme nous le savons, les forces intérieures ou de liaison.

La première par exemple des équations fournies par le théorème de d'Alembert peut en effet s'écrire :

$$\Sigma X - m\,\frac{dv_x}{dt} = 0$$

d'où :

$$\Sigma \int_0^t X dt = mv_x - mv_{0_x}.$$

C'est le théorème des quantités de mouvement en projection sur ox.

Remarque. — Dans le théorème des quantités de mouvement, les forces intérieures et les liaisons n'ont pas à intervenir[1]. L'application de ce théorème permet donc de connaître la vitesse du système sans tenir compte des forces intérieures et des liaisons. Nous verrons dans l'étude des affûts rigides que cette remarque est la base de la solution proposée par *Poisson* pour la détermination approchée des dimensions de ces affûts.

Rappel de quelques notions de cinématique. — La cinématique a pour objets principaux, *l'étude du mouvement le plus général d'un solide, la composition des mouvements, et la théorie du mouvement relatif.* Nous nous

---

[1] Il convient de bien comprendre ce qu'on entend par « *forces intérieures* », une même force pouvant, suivant le point de vue où l'on se place, être intérieure ou extérieure. Par exemple lorsqu'on considère le système pièce-affût, les actions qui s'exercent entre la bouche à feu et l'affût sont des forces intérieures mais si l'on considère l'affût seul, les réactions de la bouche à feu sont vis à vis de lui des forces extérieures.

bornerons à rappeler cette dernière qui nous sera utile dans l'étude des affûts à lien élastique et bêche de crosse.

Si un corps est en mouvement par rapport à des axes fixes les équations du mouvement par rapport à ces axes sont celles du mouvement réel ou absolu. Si les axes deviennent mobiles, les équations précédentes, sont celles du mouvement relatif par rapport aux axes considérés.

Le mouvement des axes mobiles est appelé mouvement d'entraînement. *On démontre en mécanique que la vitesse absolue du mobile est la résultante de la vitesse relative et de la vitesse d'entraînement.*

Dans le cas où les axes mobiles sont seulement soumis à un mouvement de rotation on applique aux accélérations le *théorème suivant, dû à Coriolis : L'accélération relative est la résultante de l'accélération absolue, de l'accélération d'entraînement prise en sens contraire et d'une troisième accélération dite accélération centrifuge composée.*

Cette dernière a pour expression le double produit des vitesses, angulaire et relative, par le sinus de l'angle formé par la vitesse relative et l'axe de la rotation d'entraînement. Dans le cas où la vitesse relative est perpendiculaire à cet axe, le sinus en question est égal à l'unité.

Quant à la direction et au sens de l'accélération centrifuge composée on les obtient comme il suit : la direction est perpendiculaire à la fois à l'axe de rotation et à la vitesse relative, le sens s'obtient en menant par un point O de l'espace (fig. 10) deux vecteurs parallèles et de même sens que l'axe de rotation[1] et que la vitesse relative, soient OA, OV, et en prenant sur la perpendiculaire au plan ainsi déterminé, le sens tel qu'un observateur qui aurait

---

[1] Le sens positif de l'axe de rotation est défini un peu plus loin.

les pieds dans ce plan, et la tête dans la direction choisie
verrait s'effectuer, dans le sens des aiguilles d'une montre,
la rotation nécessaire pour amener la direction positive
OV_r de la vitesse relative sur la direction positive OA de l'axe de rotation. Sur la figure 10 le sens cherché
serait en arrière du plan du tableau.
Par convention la direction positive
de l'axe de rotation est telle qu'un
observateur couché sur l'axe, dans cette direction en
allant des pieds à la tête, verrait la rotation d'entraînement
s'effectuer dans le sens des aiguilles d'une montre.

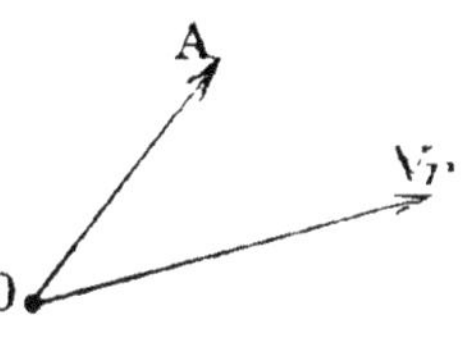

Fig 10.

Principes de statique graphique. Polygone funi-
culaire.

— La statique graphique permet, au moyen de
constructions géométriques, généralement très simples,
d'éviter des calculs qui seraient parfois longs, fastidieux,
sujets à erreurs.

En choisissant convenablement les échelles des gra-
phiques, on peut obtenir facilement le degré de précision
suffisant pour nos applications qui ne comportent pas
une rigueur absolue.

Le principe de la méthode consiste dans la représenta-
tion d'une grandeur quelconque par un vecteur dont la
longueur est, à l'échelle choisie, la grandeur à représenter. Quand les vecteurs représentent uniquement des forces
la méthode prend le nom de « *statique graphique* ». Une
force est alors figurée par un vecteur de longueur égale à
l'intensité de la force réduite à l'échelle et dont la direction et le sens sont ceux de la force.

Composition de forces situées dans le même plan. —
Soient (figure 11), F_1, F_2, F_3, F_4, F_5, etc. des forces

situées dans le même plan. Par un point quelconque A de ce dernier menons le vecteur AB représentant la force F_1, par le point B un vecteur BC représentant la force F_2 et ainsi de suite.

On démontre en statique graphique que le vecteur AF représente en grandeur, direction et sens la résultante des forces F_1, F_2, F_3, F_4, F_5, etc. Il reste encore à déterminer la ligne d'action de cette résultante. Pour cela on construit ce qu'on appelle *le polygone funiculaire*. On opère de la façon suivante :

Soit O un point quelconque du plan ; on le joint aux sommets A, B, C, etc. Par un point quelconque q on mène une parallèle à OA et on arrête cette ligne au point 1 sur la force F_1 ; par le point 1 on mène une parallèle à OB et ainsi de suite. On obtient ainsi le polygone 1, 2, 3, 4,

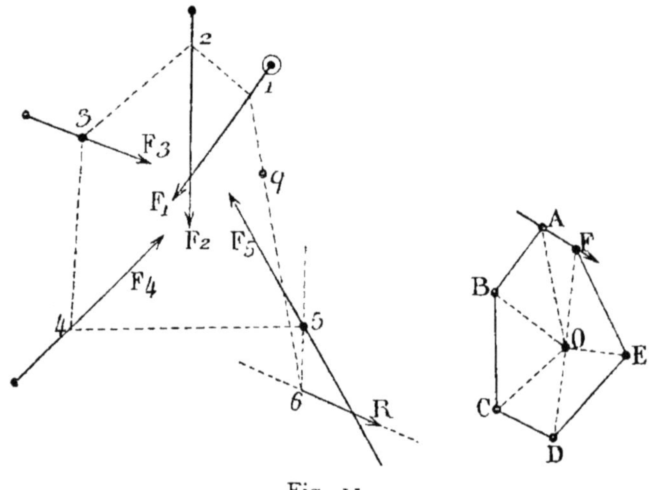

Fig. 11.

5 et 6, dont les côtés sont respectivement parallèles aux *rayons « polaires »* OA, OB et OF et dont les sommets sauf le dernier sont situés sur les lignes d'action des

forces : *c'est le polygone funiculaire*. On démontre en statique graphique que la ligne d'action cherchée passe par le point 6. On a donc la résultante cherchée en menant par le point 6 une parallèle à AF et en portant sur cette ligne la longueur du vecteur AF à l'échelle. Sur la figure 11 la résultante cherchée est en position, grandeur et sens, représentée par le vecteur 6. R.

Le polygone ABCD…F se nomme *le polygone des forces*. Lorsque le polygone des forces et le polygone funiculaire sont fermés, les forces se font équilibre.

Lorsque le polygone des forces est fermé et le polygone funiculaire ouvert, les forces se réduisent à un couple.

Ces notions trouvent une application dans la détermination du centre de gravité d'un canon ou d'un affût en projet.

Rappel de quelques notions d'hydrodynamique. — *Le mouvement d'un fluide, dans une région de l'espace, est dit permanent, si, en chaque point de cette région, la densité, la pression, et la vitesse du fluide restent invariables c'est-à-dire sont indépendantes du temps.*

En supposant que le mouvement est permanent et, en outre, que les réactions intérieures au fluide sont des pressions normales aux éléments (fluides parfaits), on démontre en *Hydrodynamique* qu'il n'existe qu'une trajectoire pour un point déterminé du fluide. On appelle alors *filet*, le fluide contenu, à un instant *t*, dans un petit canal, qui comprend une de ces trajectoires et dont les sections normales à cette trajectoire ont des dimensions très petites.

On démontre encore le théorème suivant reposant sur quelques hypothèses exprimées dans l'énoncé :

Théorème de Bernoulli. Quand un liquide incompressible, homogène et pesant est animé d'un mouvement permanent, la somme des trois hauteurs suivantes :

1° hauteur z d'un point quelconque du fluide au-dessus d'un plan horizontal arbitraire mais situé au dessous du fluide ;

2° hauteur $\dfrac{v^2}{2g}$ due à la vitesse v du liquide au point considéré ;

3° hauteur représentative de la pression p en ce point ; *est constante tout le long du filet liquide comprenant le point considéré.*

En appelant ρ_0 la masse de l'unité de volume du liquide, la hauteur h représentative de la pression est telle que $h\rho_0 g = p$. On a donc d'après l'énoncé de Bernoulli :

$$z + \frac{v^2}{2g} + \frac{p}{\rho_0 g} = \text{Constante.}$$

Théorème de Toricelli. — Considérons un réservoir où l'eau est maintenue à un *niveau constant* C (fig. 12), percé

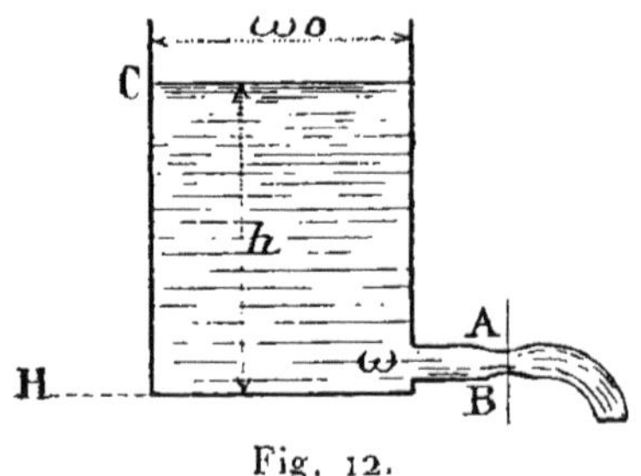

Fig. 12.

d'un *orifice de très petite dimension* ω de façon qu'à l'intérieur de la veine liquide qui en sort la pression soit sensiblement constante. Négligeons de plus la différence de pression atmosphérique en C et ω. Soient v_0 et v la vitesse du liquide en C et ω et H le plan horizontal auquel est rapportée la hauteur z du théorème de Bernoulli. On a en appliquant ce théorème à l'orifice et au point C :

$$O + \frac{v^2}{2g} + \frac{p}{\rho_0 g} = \text{constante} = h + \frac{v_0^2}{2g} + \frac{p}{\rho_0 g}$$

p étant la pression atmosphérique en C et ω.

On en déduit :

$$\frac{v^2 - v_0^2}{2} = gh.$$

Mais, en exprimant que le liquide qui descend du niveau C et le liquide qui sort de l'orifice ω, dans le même temps ont même volume, on a :

$$\omega_0 v_0 = \omega v.$$

On a donc :

$$v^2 \left(1 - \frac{\omega^2}{\omega_0^2} \right) = 2gh,$$

ou, *en négligeant* $\frac{\omega^2}{\omega_0^2}$:

$$v^2 = 2gh.$$

Telle est la formule qui exprime le théorème de Toricelli.

Parmi les hypothèses faites, il en est une qui consiste à admettre que la pression dans la section ω est sensiblement constante, de façon que la constante du théorème de Toricelli soit la même pour tous les filets qui passent par l'orifice ω, ce qui a permis d'écrire l'égalité qui a servi de base au théorème. En réalité on démontre que cette pression n'est constante que dans la section contractée AB de la veine liquide. C'est donc quand le liquide passe dans cette section que l'on a $v^2 = 2gh$.

L'expérience confirme d'ailleurs ce résultat.

Soient ω_c la section contractée et v_c la vitesse du liquide dans cette section. On a évidemment :

$$\omega_c v_c = \omega v.$$

D'où :

$$v = \frac{\omega_c}{\omega} v_c = \frac{\omega_c}{\omega} \sqrt{2gh}.$$

ω_c peut se mesurer par le volume V d'eau débité *dans l'unité de temps*. On a :

$$\omega_c = \frac{v_c}{V} = \frac{\sqrt{2gh}}{V}.$$

D'autre part on peut mesurer directement ω. On peut donc obtenir la valeur du rapport $\frac{\omega_c}{\omega}$.

On trouve ainsi que ce rapport varie avec la forme de ω. Pour un orifice rond ou carré, on trouve respectivement $\frac{\omega_c}{\omega} = 0{,}60$ ou $0{,}62$. Pour les orifices ronds on a donc :

$$v = 0{,}60 \sqrt{2gh}.$$

D'une façon générale on peut poser :

$$v = k \sqrt{2gh},$$

k étant un nombre inférieur à l'unité, variable avec la forme de l'orifice mais s'écartant assez peu de $0{,}6$.

§ 2. — NOTIONS PRÉLIMINAIRES RELEVANT DE LA PHYSIQUE

Lois de Mariotte et de Gay-Lussac. Détente adiabatique. — Nous considérons ce paragraphe comme relevant de la physique à cause des expériences de *Mariotte*,

Gay-Lussac, *Regnault*, etc. ; en réalité il se rattache à *la Thermodynamique.*

Lorsque, pour modifier l'état d'une masse gazeuse, on dépense un travail quelconque, on constate que non seulement la pression et le volume de cette masse varient, mais qu'il en est de même de sa température. Ce changement de température est dû précisément au travail dépensé.

Mariotte avait vérifié pour l'air, *la température étant laissée constante,* la loi :

$$pv = \text{constante,}$$

p et v représentant à un moment quelconque la pression et le volume de la masse d'air considérée.

D'autre part *Gay-Lussac* admettait pour tous les gaz le même coefficient de dilatation à toutes les températures ; en d'autres termes il admettait la loi :

$$v = v_0(1 + \alpha t),$$

t étant l'élévation de température de la masse gazeuse dont le volume initial est v_0, *la pression étant maintenue constante.*

Cela posé, considérons une masse gazeuse occupant, à la température $0°$ centigrade, le volume v_0 à la pression p_0. A $0°$ et à la pression p elle occupera le volume v_1, tel que :

$$pv_1 = \text{constante} = p_0 v_0. \quad \text{(Loi de Mariotte)}.$$

A $t°$ centigrades, à la pression p, elle occupera le volume v tel que

$$v = v_1(1 + \alpha t) \quad \text{(Loi de Gay-Lussac)}.$$

On déduit de là :

$$\frac{pv}{1 + \alpha t} = p_0 v_0,$$

ou, en remplaçant α par sa valeur $\frac{1}{273}$:

$$pv = p_0 v_0 \frac{t + 273}{273} = \frac{p_0 v_0}{273} \, \mathrm{T}.$$

T *se nomme température absolue.*

Prendre T au lieu de t revient à compter les températures, non plus à partir du zéro de l'échelle centigrade, mais à partir d'une température idéale égale à $- 273°$ centigrades. *Si la masse gazeuse considérée est celle de l'unité de poids*, $p_0 v_0$ est un nombre bien déterminé pour chaque gaz et l'on a :

$$\frac{pv}{\mathrm{T}} = \text{constante.}$$

Cette formule est, *pour l'unité de poids des gaz*, la conséquence de l'ensemble des lois de Mariotte et de Gay-Lussac.

Régnault a montré que ces lois n'étaient pas exactes. Toutefois pour les gaz qui, comme l'air, sont très loin de leur point de liquéfaction, la loi de Mariotte est assez voisine de la vérité.

Ainsi pour réduire une masse d'air à $\frac{1}{10}$, $\frac{1}{4}$, $\frac{1}{2}$ de son volume primitif, il faut, d'après le mémoire de Régnault, multiplier la pression initiale respectivement par 9,2262, 3,8288, 1,9828 au lieu de 10, 4, 2 qu'indiquerait la loi de Mariotte.

Ces résultats permettront d'apprécier la valeur des calculs que nous ferons pour l'organisation des *récupérateurs à air comprimé* des affûts modernes.

Parmi le nombre infini de transformations qu'on peut faire éprouver à une masse gazeuse, en faisant varier à la fois v, p, t, il en est une particulièrement intéressante pour les applications ; c'est celle où la transformation se fait sans que le gaz reçoive ou fournisse de la chaleur à son enveloppe. Cette transformation est appelée *adiabatique* du mot grec Ἀδιάβατος qui signifie « *impénétrable* » (à la chaleur).

Appelons C la chaleur spécifique des gaz à pression constante c'est-à-dire le rapport $\dfrac{dQ}{dt}$, dQ étant la quantité de chaleur nécessaire pour élever de dt la température de 1 kilogramme de gaz, en laissant la pression constante. Soit, d'autre part, c la chaleur spécifique à volume constant. On a évidemment $c < C$, car lorsque le gaz s'échauffe, sous pression constante, il se dilate et cette dilatation tend à le refroidir. Il faut donc, pour la même élévation de température chauffer davantage ce kilogramme de gaz que lorsque son volume est maintenant constant.

Or, on démontre en thermodynamique, sans faire d'hypothèse sur C et c, que la quantité de chaleur dQ correspondant à un accroissement infiniment petit dv du volume v et à un accroissement dp de la pression p, a pour expression :

$$dQ = \mathrm{K}\left[cvdp + Cpdv\right].$$

Par hypothèse, on a $dQ = 0$ dans la transformation adiabatique. On a donc dans ce cas :

$$vdp + \frac{C}{c}\,pdv = 0$$

$\dfrac{C}{c}$ a été trouvé égal à 1,41 par *Laplace* en partant de la mesure expérimentale de la vitesse du son dans l'air. Nous avons donc :

$$\frac{dp}{p} = -\,1,41\,\frac{dv}{v}$$

d'où :

$$p = \frac{\text{cons}^{\text{te}}}{v^{1,41}}$$

soit :

$$pv^{1,41} = \text{cons}^{\text{te}} \quad (\text{équation de Laplace}).$$

Si l'on admet en outre les lois de Mariotte et de Gay-Lussac on a :

$$\frac{pv}{T} = \text{cons}^{\text{te}}.$$

On a donc, en posant $1,41 = \gamma$:

$$v^{\gamma-1} \times T = \text{cons}^{\text{te}}.$$

Cette relation nous sera utile.

§ 3. — NOTIONS PRÉLIMINAIRES

RELEVANT DE LA BALISTIQUE INTÉRIEURE.

Généralités. — La connaissance aussi exacte que possible de la loi du développement des pressions dans l'âme est indispensable, non seulement à la détermination logique du profil longitudinal des bouches à feu, mais encore à la bonne organisation des affûts modernes à freins hydrauliques.

Lorsqu'il s'agit d'un matériel existant, l'expérience permet, par l'emploi des crushers, d'obtenir cette loi d'une façon très suffisamment approchée. Quand il s'agit d'un matériel en projet, il faut recourir aux formules de la balistique intérieure. C'est également à cette science que l'on s'adresse pour avoir la vitesse du projectile et la vitesse de recul de la bouche à feu.

Les formulaires de balistique intérieure dont on dispose actuellement sont assez riches. Les formules qu'ils renferment peuvent se diviser en *formules semi-empiriques*, et en *formules théoriques*. Parmi ces dernières, celles qui sont déduites de la loi du mouvement du projectile dans l'âme sont particulièrement intéressantes car elles dérivent de la méthode la plus logique. Toutefois, dans les applications, certaines formules semi-empiriques donnent des résultats aussi approchés que les autres avec des calculs moins laborieux. En outre, l'emploi simultané de plusieurs formules peut être avantageux en vue de comparaisons intéressantes. Dans tous les cas, il est bon de connaître le *point de départ* des formules employées, les *hypothèses* sur lesquelles elles reposent, les *limites de leur exactitude*, en un mot il faut en faire une étude approfondie.

Choix des formules qui seront employées dans ce volume. — Comme nous l'avons déjà fait remarquer, ce sont les formules déduites de l'équation du mouvement dans l'âme qui satisfont le plus l'esprit méthodique.

Telles sont les formules, établies par *Sarrau* pour les poudres noires, étendues aux poudres B par le commandant *Jacob*. Le commandant *Charbonnier* a suivi une méthode analogue pour les formules générales qu'il propose dans cette encyclopédie.

Le principe de la méthode consiste à appliquer les théorèmes de la mécanique rationnelle aux données expé-

3.

rimentales du problème, données dérivant de quelques lois physiques telles que :

Le mode de combustion des grains de poudre ;

L'influence de la pression du milieu sur la vitesse de combustion ;

Les variations de la pression en fonction des quantités de poudre brûlée ;

La loi de détente des produits gazeux.

Ces lois peuvent être obtenues, à peu de frais, et dans des limites très étendues, grâce à l'emploi du vase clos appelé *bombe* en terme de métier.

Les formules semi-empiriques, elles, n'empruntent que leur forme à la théorie et demandent tous leurs coefficients, par empirisme, à l'expérience. Il en résulte qu'il ne faut appliquer ce genre de formules qu'avec la plus grande circonspection. En particulier elles cessent d'être vérifiées en dehors des limites des expériences qui leur ont servi de base ; *en d'autres termes l'extrapolation est dangereuse.* C'est ce danger que visent les partisans des formules déduites de l'équation du mouvement du projectile dans l'âme quand ils font remarquer que, vu les limites très étendues dans lesquelles ils peuvent établir les lois physiques à utiliser, l'extrapolation n'a pour ainsi dire pas à intervenir dans les applications des formules en question. Malheureusement, si séduisante que soit cette idée, elle n'a pas donné, du moins jusqu'à présent, tous les résultats qu'elle promettait[1]. De nombreux facteurs échappent en effet à la théorie et, pour rendre utilisables les formules déduites de cette dernière, il faut les affecter de coefficients expérimentaux qui viennent en limiter le

---

[1] Cependant le commandant Charbonnier pense avoir obtenu le résultat voulu.

champ d'application et rendre dangereuses les extrapolations faites à la légère.

Aussi, pour simplifier les applications, emploierons-nous uniquement dans ce volume, les formules semi-empiriques du capitaine d'artillerie *Leduc,* dans la forme où elles ont été professées à l'Ecole d'application *de Fontainebleau.* Elles sont très simples et conviennent très bien aux systèmes des bouches à feu actuelles et aux poudres B employées en France. Toutefois, avec elles, comme avec les meilleures formules théoriques, il faut s'attendre à certains écarts entre le calcul et l'expérience puisque les formules employées sont toujours relatives à des conditions moyennes.

En particulier, avant de mettre en service un lot de poudre de fabrication récente, on s'assure qu'il satisfait bien à certaines conditions, dites *conditions de recette.* Or ces conditions ne sont pas absolues. Elles disent par exemple que telle poudre ne doit être acceptée que si, tirée dans des conditions déterminées, elle donne des résultats compris entre des limites fixées. Ainsi la vitesse initiale peut s'écarter de près de 5 mètres de la vitesse moyenne sans que le lot essayé soit à rejeter.

D'autre part la température du moment du tir, le temps écoulé depuis l'époque de la fabrication etc. exercent aussi des influences appréciables.

Aussi doit-on considérer comme *très satisfaisantes* les formules qui donnent les vitesses du projectile avec une approximation de 10 à 20 mètres et les pressions à une centaine de kilogrammes près. Les formules du capitaine Leduc ont satisfait à ces désiderata pour des matériels et des conditions de tir assez variés pour que leur champ d'application soit très vaste comme le lecteur aura d'ailleurs l'occasion de le constater dans les applications.

Considérations servant de base aux formules du Capitaine Leduc. — *Mesure et définition de la vitesse initiale V_0[1] du projectile.*

Comme on peut le voir en détail dans un autre volume de cette encyclopédie, la méthode actuellement en usage pour la mesure de la vitesse d'un projectile, en un point M (fig. 13) consiste à faire interrompre par le passage de l'obus, deux circuits électriques C_1 et C_2, placés à égale distance du point M et à mesurer au chronographe le temps T qui s'est écoulé entre les deux ruptures. En appelant D la distance des deux circuits $C_1 C_2$, le rapport $\dfrac{D}{T}$ représente la vitesse horizontale moyenne du projectile dans l'espace considéré. Cette valeur peut être admise comme valeur de la vitesse horizontale au milieu M de l'inter-

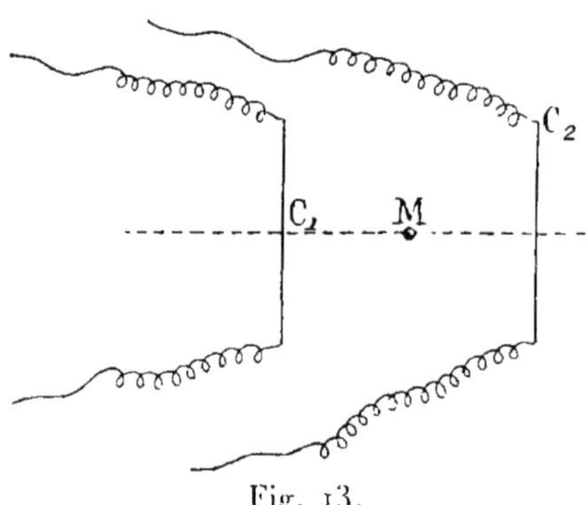

Fig. 13.

valle $C_1 C_2$ si celui-ci est assez faible, comme cela a lieu dans la pratique.

C'est de la vitesse V_m mesurée au point M qu'on

---

[1] Nous nous efforcerons toujours d'adopter des notations très faciles à retenir. Ainsi quand il s'agira des vitesses du canon et du projectile nous les représenterons par v et par V pour rappeler que celle-ci est la plus grande. De même, quand il s'agira de poids, p sera celui du projectile, P celui du canon, etc.

déduit, au moyen d'une formule de balistique extérieure, la vitesse initiale V_0 définie ci-après.

L'expérience montre que les gaz de la charge continuent à pousser le projectile en avant sur un espace appréciable au-delà de la bouche du canon. Si donc on pouvait mesurer exactement la vitesse que le projectile a réellement à la bouche, il faudrait dans l'étude du mouvement dans l'air, tenir compte de cette action des gaz en dehors de la pièce. On préfère éviter cette complication en opérant de la façon suivante : la mesure de la vitesse V_M est toujours faite en principe à une distance D de la bouche assez grande pour que l'action des gaz ait cessé de se faire sentir. On appelle alors vitesse initiale V_0, non pas la vitesse réelle du projectile à la bouche, mais bien la vitesse fictive qu'il devrait avoir en ce point pour que l'action des gaz, étant supposée cesser instantanément à ce moment, le projectile se trouve avoir la vitesse mesurée V_M. L'action des gaz sur le projectile en dehors du canon peut ainsi être laissée de côté sans qu'il en résulte aucune altération dans la suite du mouvement. D'ailleurs la vitesse réelle à la bouche, qu'il serait avantageux de connaître aussi dans bien des cas, n'a pas encore pu être mesurée d'une façon précise.

Définition du potentiel. Potentiel utilisable.

On appelle potentiel d'une poudre ou d'un explosif le travail maximum que peut produire en se décomposant 1 kilogramme de cette poudre ou de cet explosif.

Il ne faut pas perdre de vue que, dans la pratique, le potentiel est loin d'être dépensé en entier pour produire un effet utile. Les chocs, les frottements, etc., en absorbent toujours une fraction plus ou moins considérable.

Une autre cause de perte a disparu avec la disparition des résidus solides grâce à l'adoption des poudres sans fumée.

Courbe des pressions sur le culot du projectile.

Les poudres actuelles sont progressives, c'est-à-dire que la combustion de toute la charge n'est pas instantanée ; on dit alors que la *combustion est continue*. Lorsque la combustion est continue, la pression, nulle au début, augmente rapidement. Le projectile ne peut se mettre en mouvement que lorsque la pression a acquis une valeur suffisante pour vaincre les résistances passives opposées au mouvement (forcement de la ceinture, frottements). Soit Op_m cette pression (fig. 14).

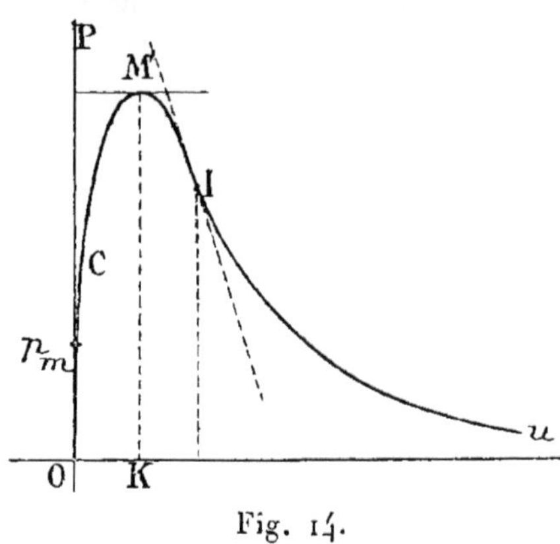

Fig. 14.

La courbe C qui représente les variations de la pression avec l'espace parcouru par le culot du projectile, part de p_m tangentiellement à l'axe OP.

En effet, la pression continuant à croître à partir du moment où le projectile se déplace, $\dfrac{dp}{dt}$ est > 0. La vitesse du projectile un instant dt après le commencement du mouvement est infiniment petite. On a donc :

$$\frac{dp}{du} = \frac{\dfrac{dp}{dt}}{\dfrac{du}{dt}} = \infty .$$

Dans la pratique on peut considérer la courbe C comme tangente en O à OP.

Courbe des vitesses du projectile.

La vitesse du projectile, nulle au début, augmente assez rapidement et la courbe s'élève le long de l'axe des vitesses tangentiellement à cet axe. On a en effet :

$$\frac{dV}{du} = \frac{dV}{dt}\frac{dt}{du} = \frac{\frac{dV}{dt}}{\frac{du}{dt}}.$$

Or $\frac{dV}{dt} = \frac{P}{m}$, P étant la pression totale des gaz sur le culot du projectile de masse m (*en négligeant les résistances passives*). Mais, à l'origine du mouvement, $\frac{du}{dt}$ est nulle, P a une certaine valeur, non nulle. On a donc $\frac{dV}{du} = \infty$ pour $u = 0$.

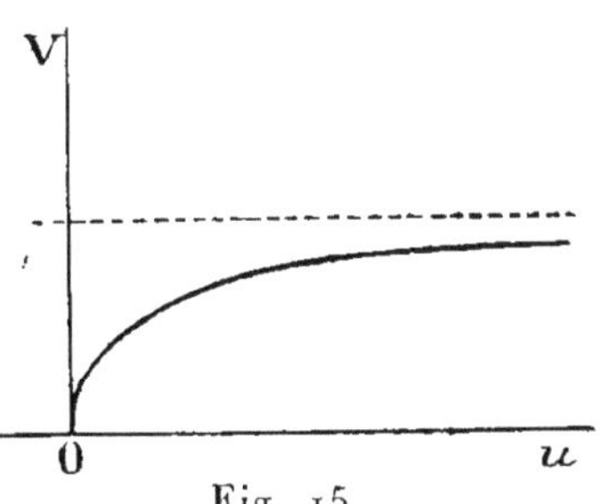

Fig. 15.

La vitesse V ne croissant pas d'ailleurs indéfiniment avec u, la courbe a une asymptote parallèle à Ou. Ces considérations déterminent l'allure du tracé de la figure 15.

Formules du capitaine Leduc. — On avait essayé depuis longtemps d'assimiler la courbe des vitesses, dont la forme est donnée par la figure 15, à une branche d'hyperbole équilatère ayant pour équation :

$$uV + bV - au = 0$$

u étant la longueur d'âme parcourue par le culot du projectile, dont la vitesse est V à ce moment, a et b sont des paramètres à déterminer par l'expérience. On déduit de là :

$$(1) \qquad V = \frac{au}{b + u} .$$

Cette formule très simple se prête à des calculs faciles tout en étant assez approchés si les paramètres a et b sont convenablement déterminés.

Remarquons d'ailleurs, dès maintenant, que la tangente à l'origine, qui a pour équation $bV - au = 0$, ne se confond sensiblement avec l'axe OV (fig. 15) que si b est très petit par rapport à a de façon que le coefficient angulaire $\frac{a}{b}$ soit très grand. D'autre part nous n'avons démontré que la courbe des vitesses n'avait, à l'origine, une tangente verticale que parce que nous avons négligé les résistances passives ; sans cette hypothèse, qui n'est évidemment pas absolument exacte, la tangente à l'origine eût été inclinée sur OV.

Interprétation et détermination du paramètre a.

D'après la formule $V = \frac{au}{b + u}$, a est la valeur de V pour $u = \infty$. A ce moment la charge a sûrement dépensé tout le travail qu'elle est susceptible de produire. Ce travail est égal à $\varpi \mathcal{P}$, ϖ étant le poids de la charge, et $\mathcal{P}$ le potentiel de la poudre. En réalité le travail $\varpi \mathcal{P}$ n'est pas uniquement employé à pousser le projectile : une partie est absorbée par les résistances passives et le recul du canon.

Appelons donc $h\varpi$ la fraction du travail $\varpi\mathscr{E}$ utilement employée à pousser le projectile dans une arme de longueur indéfinie : le nombre h est évidemment une fraction de $\mathscr{E}$. Par définition de h on a :

$$\frac{1}{2}\,ma^2 = h\varpi.$$

D'où

$$a = \sqrt{2hg}\left(\frac{\varpi}{p}\right)^{\frac{1}{2}}.$$

h étant une constante dépendant uniquement de la nature chimique de la poudre et de la grandeur des résistances passives. Quant au paramètre b il est forcément, d'après cela, fonction des conditions de chargement. La formule des vitesses devient :

$$V = \frac{\sqrt{2hg}\left(\dfrac{\varpi}{p}\right)^{\frac{1}{2}} u}{b + u}.$$

Elle fait connaître la vitesse réelle à la bouche pour la longueur d'âme parcourue u. Il serait donc facile d'obtenir la valeur de h s'il était possible de mesurer, dans les mêmes conditions de chargement, deux ou mieux plusieurs vitesses réelles à la bouche, correspondant à des valeurs de u différentes obtenues par tronçonnements du canon type, les variations des résistances passives, en passant d'une longueur à l'autre pouvant être considérées comme négligeables. En réalité on ne peut opérer ainsi : d'une part, on ne sait pas bien, à cause du souffle des gaz au départ du coup, mesurer la vitesse réelle à la bouche, et d'autre part ce n'est pas cette vitesse qu'il est utile de connaître dans la pratique ainsi que nous l'avons fait remarquer page 49. Il faut donc déterminer les paramètres a et b de façon que la formule, reproduise bien, pour la longueur totale de l'âme, la vitesse initiale mesurée expérimentalement, les cadres-cibles se trouvant à une certaine distance de la bouche à feu. A cet effet de nombreux résultats d'expériences ont été utilisés. On a trouvé, après des tâtonnements bien conduits, que les expressions de a et b pouvaient être :

$$(2) \qquad a = 2\,090 \left(\frac{\varpi}{p}\right)^{\frac{1}{2}} \Delta^{\frac{1}{12}}.$$

Δ étant la densité de chargement.

Rappelons que $\Delta = \dfrac{\varpi}{s}$, s étant le volume de la chambre. (ϖ en kilogrammes, s en litres).

$$(3) \qquad b = \beta \left(\frac{s}{p}\right)^{\frac{3}{8}} \left(1 - \frac{3}{4}\,\Delta\right).$$

β étant un coefficient variable avec l'espèce de poudre employée : il a été appelé *coefficient de progressivité*.

REMARQUE. — La valeur de $V = \dfrac{au}{b+u}$ représente la vitesse après le parcours u. Après la longueur totale u on a la vitesse à la bouche qui se confond avec la vitesse initiale étant donnée la façon de calculer a et b.

Valeurs de β pour les diverses poudres.

Pour déterminer le coefficient β d'une poudre, on part des conditions de recette de cette poudre. Celles-ci nous disent qu'un poids ϖ de cette poudre, tiré dans un canon donné (u, s et par suite Δ connus), doit lancer un projectile de poids p à une vitesse initiale moyenne V_0. On peut donc calculer a par la formule précédente. Connaissant a on calcule b :

$$b = a\,\frac{u}{V_0} - u.$$

De l'expression de b on tire alors facilement β.

Nous admettrons dans les applications les valeurs approchées de β ci-après :

BCNL	BM_0	BR	BM_1 et BC	BSP	BM_3
2	3,7	5,5	5,6	12	12,8

BM_5	BGC_1	BM_7	BM_9	BM_{11}	BM_{13}
21,13	25,3	30	40,3	53,4	64,7

Ces opérations effectuées, on trouve que la formule des vitesses reproduit les vitesses initiales des bouches à feu construites jusqu'à ce jour dans les limites que nous avons indiquées page 47. Cela autorise l'emploi de la formule dans des limites très étendues sans extrapolation les matériels étant très variés dans la pratique.

Formule des pressions.

Elle est directement déduite de la formule des vitesses. En appelant P la pression par unité de surface sur le culot du projectile de section ω et u la longueur d'âme parcourue par ce culot à l'instant t, on a :

$$P\omega = m\,\frac{d^2u}{dt^2} = m\,\frac{dV}{dt} = m\,\frac{dV}{du}\cdot\frac{du}{dt} = mV\,\frac{dV}{du}.$$

Or, de :

$$V = \frac{au}{b + u}$$

on tire :

$$\frac{dV}{du} = \frac{ab}{(b + u)^2}.$$

Par suite :

$$P = \frac{m}{\omega} \frac{a^2bu}{(b + u)^3}.$$

Pression maximum.

La pression P part de zéro pour $u = 0$, augmente d'abord avec u, passe par un maximum pour $\frac{dP}{du} = 0$ ou $u = \frac{b}{2}$, et s'annule enfin pour $u = \infty$. La valeur de la pression maximum est :

$$(4) \qquad P_0 = \frac{4}{27} \frac{m}{\omega} \frac{a^2}{b}.$$

Le coefficient angulaire de la tangente à l'origine de la courbe des pressions est égal $\frac{m}{\omega} \frac{a^2}{b}$.

Comme, pratiquement, a est très grand par rapport à b la tangente en o à la courbe des pressions se confond sensiblement avec l'axe vertical comme sur la figure 14.

L'abscisse du point d'inflexion I de la courbe représentée sur la figure 14 est donnée par la relation $\frac{d^2P}{du^2} = 0$ d'où l'on tire $u = b$.

Interprétation du paramètre b.

b est le double de l'abscisse $\frac{b}{2}$ qui correspond au maximum de pression. Cette longueur, qui varie évidemment avec les conditions de chargement, est avant tout fonction du degré de progressivité de la poudre employée. Il était donc naturel de mettre en évidence dans l'expression de b, le coefficient β de progressivité.

Pressions le long de l'âme d'une bouche à feu en projet.

Nous avons vu que :

$$P = \frac{m}{\omega} \frac{a^2 bu}{(b + u)^3}$$

et que

$$P_0 = \frac{4}{27} \frac{m}{\omega} \frac{a^2}{b}.$$

On en déduit :

$$(5) \qquad P = \frac{27}{4} \frac{b^2 u}{(b + u)^3} P_0.$$

Il est commode de calculer P en fonction de P_0 pour les valeurs de u multiples de b. On trouve les nombres du tableau suivant :

Valeurs de u	b	$2b$	$3b$	$4b$	$5b$
Valeurs de P	$0,85\,P_0$	$0,50\,P_0$	$0,32\,P_0$	$0,22\,P_0$	$0,15\,P_0$
Valeurs de u	$6b$	$7b$	$8b$	$9b$	$10b$
Valeurs de P	$0,12\,P_0$	$0,09\,P_0$	$0,07\,P_0$	$0,06\,P_0$	$0,05\,P_0$

Calcul du temps t mis par le projectile à parcourir la longueur d'âme u.

La connaissance du temps t est utile, comme nous le verrons, dans le calcul des freins hydrauliques surtout quand ils sont à course relativement faible. La formule des vitesses peut s'écrire :

$$dt = \frac{b + u}{au}\, du.$$

D'où

$$t = \frac{b}{a}\, \mathrm{L_{nep.}} u + \frac{1}{a}\, u + \text{constante.}$$

Cette formule ne convient évidemment pas à l'origine du mouvement puisque $\mathrm{L_{nep}} u$ part de $-\infty$. On peut cependant évaluer t en se basant sur les considérations suivantes : nous avons fait remarquer qu'au début la courbe des pressions se confond en réalité, sur une certaine longueur avec l'axe des pressions. Il paraît alors admissible de considérer, pendant le développement de la pression maximum, de $u = 0$ à $u = \dfrac{b}{2}$, le projectile comme soumis à une force constante et égale à la pression maximum $\dfrac{4}{27}\, m\, \dfrac{a^2}{b}$ et d'utiliser ensuite la formule précédente à partir de $u = \dfrac{b}{2}$.

Le temps t' mis pour parcourir $u = \dfrac{b}{2}$ sous l'action de la force constante $\dfrac{4}{27}\, m\, \dfrac{a^2}{b}$ est donné par la relation du mouvement uniformément accéléré :

$$\frac{b}{2} = \frac{1}{2}\, \frac{4}{27}\, \frac{a^2}{b}\, t'^2.$$

D'où

$$t' = \sqrt{\frac{27}{4}} \frac{b}{a}.$$

Il ne reste plus pour éliminer la constante qui entre dans l'expression de t, qu'à y faire $t = t'$ pour $u = \dfrac{b}{2}$ ce qui donne :

$$t' = \frac{b}{a} \, \mathrm{L_{nep}} \, \frac{b}{2} + \frac{b}{2a} + \text{constante.}$$

Par suite :

$$t = \frac{b}{a} \left[\sqrt{\frac{27}{4}} + \frac{u}{b} - \frac{1}{2} + \mathrm{L_{nep}} \, \frac{2u}{b} \right].$$

Ou :

$$(6) \qquad t = \frac{b}{a} \left[2 + \frac{u}{b} + 2{,}3 \log \frac{2u}{b} \right].$$

Vitesse de recul du canon. — *Nous supposons* forcément *que le canon recule librement* car sans cela il faudrait tenir compte de la résistance opposée au mouvement et de sa nature. C'est précisément le problème que nous aurons à résoudre dans l'étude des freins et des récupérateurs. Si, en outre, la pesanteur et les résistances passives, qui constituent pour le système (bouche à feu, charge, projectile) des forces extérieures, peuvent être considérées comme négligeables, le théorème des quantités de mouvement (voir page 33) en projection sur l'axe du canon donne :

$$\mathrm{M}v - m\mathrm{V} - \mu\theta\mathrm{V} = 0,$$

car, dans les hypothèses faites on a $X = 0$; M, m, μ sont les masses respectives du canon, du projectile et de la charge, v, V et θV leur vitesse à un instant quelconque t. Le coefficient θ est un nombre évidemment compris entre zéro et 1 tant que le projectile est dans l'âme car la vitesse du centre de gravité de la masse gazeuse est évidemment inférieure à celle du projectile puisque le canon recule.

Piobert avait établi une théorie, reconnue fausse depuis, mais dont le résultat a été reconnu expérimentalement assez exact pour les besoins de la pratique, et cette théorie conduisait à la détermination du nombre θ. La valeur ainsi trouvée et contrôlée par l'expérience est égale à $\frac{1}{2}$ *tant que le projectile est dans l'âme*. On a ainsi :

$$Mv = mV \left(1 + \frac{1}{2} \frac{\mu}{m} \right)$$

ou, en remplaçant les masses M, m, μ par les poids correspondants P, p, ϖ :

$$(7) \qquad Pv = pV \left(1 + \frac{1}{2} \frac{\varpi}{p} \right).$$

Lorsque le projectile est sorti du canon, l'expérience montre que la vitesse de recul de ce dernier continue à croître ainsi d'ailleurs que celle du projectile. Ce résultat doit être attribué à la continuité de l'action des gaz. Il est intéressant d'avoir la vitesse maximum du canon *en recul libre*. Les raisonnements qui avaient servi de base à la détermination de θ sont alors inapplicables : des forces extérieures comme la résistance de l'air opposée au mouvement des gaz ne peuvent plus être négligées et l'équation précédente, déduite du théorème des quantités de mouvement en supposant $X = o$, ne peut plus être admise. Cependant, on en a conservé la forme et on a déterminé expérimentalement θ au vélocimètre.

On a trouvé que, pour les poudres B, on peut admettre $\theta = 2,5$.

On doit alors considérer comme semi-empirique la formule suivante, qui donne la vitesse maximum v_0 du canon en recul libre, en fonction de la vitesse V_0 définie plus haut (voir page 49) :

$$(8) \qquad Pv_0 = pV_0 \left(1 + 2,5\, \frac{\varpi}{p} \right).$$

On se sert aussi d'autres formules qui ne diffèrent guère d'ailleurs de celle-ci. Ainsi on emploie assez souvent, en France, la formule :

$$Pv_0 = pV_0 + 1\,3oo\,\varpi,$$

qui coïncide avec la formule (8) en y remplaçant le terme $2,5\,\varpi V_0$ par une valeur constante moyenne $1\,3oo\,\varpi$ pour $V_0 = 52o$.

A l'étranger les formules en usage sont analogues aussi à la première formule (8). *Krupp* prendrait quelquefois le coefficient $2,6$ au lieu de $2,5$. Les formulaires étrangers indiquent aussi :

$$Pv_0 = pV_0 + \varpi(2,3\,V_0 - o,oo1\,V_0^2).$$

Cette formule diffère de la formule (8) en ce que le terme

4

$2,5\,V_0$ est remplacé par le produit $V_0\,(2,3 - 0,001\,V_0)$: il semble qu'elle doive donner des vitesses maxima de recul un peu faibles si les poudres employées sont analogues à nos poudres B, mais la différence ne saurait être bien grande, étant donné l'ordre de grandeur de P et p par rapport à ϖ.

Ainsi avec

$$P = 500 \text{ kg.,} \quad p = 10 \text{ kg.,} \quad \varpi = 1 \text{ kg.,} \quad V_0 = 500^{\mathrm{m}},$$

la formule (8) donne $v_0 = 12^{\mathrm{m}},50$, alors que l'on a, avec la dernière, $v_0 = 11^{\mathrm{m}},80$.

Dans nos applications c'est la formule (8) que nous utiliserons.

Les deux périodes du recul. — On emploie assez souvent les expressions « 1re *période du recul du canon* », « 2e *période du recul* ». La première est relative au mouvement du canon pendant l'action des gaz jusqu'au moment où il acquiert sa vitesse maximum de recul v_0 en recul libre. Dans la seconde période du recul le canon n'est plus soumis à l'action des gaz de la poudre.

§ 4. — UNITÉS EMPLOYÉES

Similitude mécanique. Unités. — Les trois *unités fondamentales* seront les unités de temps, de longueur et de force. En général nous adopterons dans les questions de mécanique, la seconde, le mètre et le kilogramme, malgré l'imperfection signalée page 11 pour cette dernière unité.

On sait qu'une fois les unités fondamentales choisies, toutes les autres unités s'en déduisent, d'où leur nom d'*unités dérivées*. Ainsi avec les unités fondamentales précédentes, l'unité de travail, appelée *kilogrammètre* est le travail produit par l'unité de force (un kilogramme) dans le déplacement du point d'application, égal à l'unité de longueur (un mètre) dans la direction de la force.

Mais si en mécanique nous emploierons, à moins d'indications contraires, le mètre, le kilogramme et la seconde comme unités fondamentales, il n'en sera pas de même dans les calculs relevant des formules de balistique intérieure. Il semble que cette manière d'opérer puisse causer des hésitations et des erreurs, alors qu'elle a précisément pour but de les éviter. Si en effet on évaluait dans la formule de la pression maximum par exemple, la pression en kilogrammes par mètre carré, on risquerait, lors des applications, d'oublier d'exprimer ainsi la pression maximum généralement donnée en kilogrammes par centimètre carré par les documents usuels. Nous préférons n'avoir qu'à remplacer dans les formules, le cas échéant, les éléments par leur valeur tirée *sans transformation* de ces documents. Pour les mêmes raisons le volume de la chambre à poudre est exprimé en décimètres-cubes, la longueur d'âme parcourue par le culot du projectile en décimètres, la vitesse initiale V_0 du projectile en mètres par seconde, etc. Ainsi dans la formule (1) (page 52) les unités sont le mètre par seconde pour V et a, le décimètre pour u et b.

Dans les formules (2) et (3) page 54), ϖ, p sont évalués en kilogrammes, s en décimètres-cubes. Il en est de même pour $\Delta = \dfrac{\varpi}{s}$. β est un nombre, b est exprimé en décimètres.

La formule (4) s'applique en particulier avec les unités mètre, kilogrammes, seconde et l'on a $m = \dfrac{p}{g}$ avec $g = 9,8$. Si l'on veut exprimer b en décimètres comme on l'a fait pour les formules précédentes, il faut, pour que P_0 conserve la même valeur, multiplier le second membre par 10 et l'on a, dans ce système d'unités :

$$P_0\omega = \frac{4}{27} \frac{p}{g} \frac{a^2}{b} \times 10.$$

D'autre part ω s'évalue en décimètres carrés et P_0 en kilogrammes par centimètre carré. Pour que la formule reste exacte dans ce nouveau système d'unités, il faut remplacer $P_0\omega$ par $100\,P_0\omega$ en sorte que, dans le système d'unités ordinairement employées en balistique intérieure, la formule (4) doit s'écrire :

$$(9) \qquad\qquad P_0 = \frac{4}{270} \frac{p}{g\omega} \frac{a^2}{b}$$

où $g = 9,8$.

Dans la formule (5) P et P_0 sont exprimées en kilogrammes par centimètre carré, u et b en décimètres.

La formule (6) nous sera utile dans des questions relevant de la mécanique et pour lesquelles nous aurons adopté le mètre, la seconde et le kilogramme comme unités fondamentales. b et u devraient alors être exprimés en mètres mais pour ne pas changer nos habitudes nous continuerons à les exprimer en décimètres : cela ne changera pas le rapport $\dfrac{u}{b}$ qui entre dans la formule (6), seul le numérateur sera remplacé par un nombre 10 fois trop grand. Pour pouvoir utiliser la formule avec les unités ainsi adoptées il faudra donc l'écrire :

$$(10) \qquad t = \frac{b}{10\,a}\left[\, 2 + \frac{u}{b} + 2,3\,\log\frac{2u}{h}\,\right].$$

En résumé dans les questions relevant de la balistique nous emploierons des unités un peu variées, mais nous en avons vu la raison pratique, et pour éviter d'autre part tout inconvénient nous aurons soin d'indiquer à côté des principales formules, les unités à employer pour exprimer les divers éléments qu'elles contiennent.

Similitude en mécanique et en balistique intérieure. — A la question des unités se rattache l'étude de la *similitude mécanique* dont la considération peut rendre de très grands services, comme on peut s'en rendre compte lorsqu'il s'agit de procéder à l'*avant-projet d'un matériel d'artillerie*. La base de cette théorie est fournie par le *Théorème de Newton*.

Rappelons d'abord ce que l'on entend par *dimensions d'une quantité*. Supposons que les trois unités fondamentales soient celles qui sont relatives aux longueurs, aux temps et aux forces. On appelle dimensions d'une quantité, l'expression de celle-ci mise sous la forme $L^{\alpha}T^{\beta}F^{\gamma}$ qui signifie qu'elle est de degré α par rapport à l'unité de longueur, de degré β par rapport à celle du temps, de degré γ par rapport à celle des forces.

Rappelons d'autre part que les équations de la mécanique sont indépendantes du choix des trois unités fondamentales, c'est-à-dire qu'elles sont homogènes.

Soit $L^{\alpha}T^{\beta}F^{\gamma}$ les dimensions d'une quantité : si les trois unités fondamentales deviennent respectivement λ, τ, φ fois plus petites, les nombres mesurant L, T, F deviennent λL, τT, φF et la même quantité a pour dimensions dans ce nouveau système d'unités $L^{\alpha}T^{\beta}F^{\gamma} \lambda^{\alpha}\tau^{\beta}\varphi^{\gamma}$.

De l'homogénéité des équations établies en mécanique, il résulte que si l'on a $f(L, T, F) = 0$, on a aussi $f(\lambda L, \tau T, \varphi F) = 0$, λ, τ, φ étant des nombres arbitraires.

La similitude mécanique se définit de la façon suivante : *On dit que deux systèmes matériels sont semblables au point de vue mécanique quand les longueurs, les forces, les temps, et les masses sont, pour l'un, dans des rapports constants* λ, τ, φ, μ *avec les éléments homologues de l'autre.*

Théorème de Newton. — Supposons que, pour un système, on ait établi la relation $f(L, T, F, M) = 0$, cette relation est encore vraie, en vertu de l'homogénéité, pour λL, τT, φF, μM.

Mais en Mécanique, les trois unités fondamentales étant choisies, les autres sont déterminées. Il en résulte que μ dépend de λ, τ, φ, et *Newton* a démontré que l'on a

$$\mu = \frac{\varphi \tau^2}{\lambda}.$$

En d'autres termes, pour que l'équation $f(L, T, F, M) = 0$ s'applique à tous les systèmes semblables, il faut et il suffit que les rapports de similitude satisfassent à la relation $\mu = \dfrac{\varphi \tau^2}{\lambda}$.

Conséquence. — *Quel est, pour deux machines semblables, le rapport des vitesses des points homologues ?*

Pour ces deux machines, le rapport des longueurs étant λ, le rapport des volumes est λ^3. En supposant en outre les deux machines formées des mêmes matériaux, le rapport des masses est aussi λ^3 ainsi que celui des forces puisque les parties homologues sont dans ce rapport et que ces poids sont des forces agissantes. On a donc $\varphi = \mu = \lambda^3$. La relation de Newton se réduit alors à $\tau = \sqrt{\lambda}$. Le rapport des vitesses est d'autre part $\dfrac{\lambda}{\tau}$, puisqu'une vitesse a pour dimensions LT^{-1}. Comme $\tau = \sqrt{\lambda}$ le rapport cherché est égal à $\sqrt{\lambda}$.

Similitude en balistique intérieure. — En balistique intérieure nous avons pour les vitesses une formule de la forme $f(L, V, T, M) = 0$, et pour les pressions $f_1(L, T, M, F) = 0$.

Si on voulait que ces formules soient vraies pour toutes les bouches à feu semblables considérées comme des machines ordinaires, il faudrait que, λ étant le rapport des dimensions linéaires, les vitesses V soient dans le rapport $\sqrt{\lambda}$ ainsi que les temps correspondants. Il en résulterait que les grains de poudre dont les épaisseurs sont dans le rapport λ, devraient être brûlés dans des temps proportionnels à $\sqrt{\lambda}$. D'un calibre à l'autre il faudrait non seulement faire varier l'épaisseur des grains dans le rapport λ mais encore l'état de la matière poudre pour qu'elle brûle suivant la loi voulue. Dans la pratique la poudre est sous le même état et des épaisseurs proportionnelles aux calibres sont comburées dans des temps proportionnels aux calibres, toutes choses égales d'ailleurs. Aussi les bouches à feu semblables de l'artillerie ne constituent-elles pas des machines semblables telles qu'on les entend en mécanique.

En artillerie on appelle bouches à feu semblables et semblablement chargées des bouches à feu pour lesquelles :

1° toutes les dimensions linéaires sont entre elles dans le rapport λ des calibres ;

2° toutes les dimensions linéaires des grains de poudre, de même forme, sont entre elles dans le rapport λ des calibres ;

3° les quantités de gaz émises pendant des temps proportionnels aux calibres sont elles-mêmes proportionnelles aux cubes de ces derniers. Cette dernière condition revient à dire que les grains sont comburés dans des temps qui sont entre eux dans le rapport λ précédent.

Cela posé, supposons que pour une bouche à feu chargée d'une façon déterminée on ait établi la formule

$$f(\mathrm{L,\ V,\ T.\ M}) = 0.$$

Pour les bouches à feu semblables les dimensions L, T, M, sont respectivement dans les rapports λ, λ et λ^3. La formule homogène $f(\mathrm{L,\ V,\ T,\ M}) = 0$ sera encore vraie pour toutes ces bouches à feu en adoptant pour les vitesses le rapport de similitude convenable. Ce rapport est évidemment l'unité puisque V a pour dimensions $\mathrm{LT^{-1}}$ et que L et T sont entre eux dans le même rapport λ.

On peut donc dire que pour un système d'artillerie composée de bouches à feu semblables et semblablement chargées telles qu'elles ont été définies plus haut, les vitesses initiales sont les mêmes.

De plus les pressions *par unité de surface* sont aussi égales.

En effet dans la formule $f(\mathrm{L,\ T,\ M,\ F}) = 0$, F étant une force a pour dimensions $\mathrm{MLT^{-2}}$. Il en résulte que les pressions totales sont dans le rapport λ^2 et par suite qu'elles sont égales *par unité de surface.*

Ces résultats sont vrais pour toutes les formules homogènes des vitesses et des pressions établies en balistique intérieure indépendamment de leur forme et de la méthode suivie pour les établir.

En réalité le principe de similitude est très sensiblement suivi dans la construction des systèmes d'artillerie. La pression maximum, en effet, qui dépend du taux auquel on veut faire travailler le métal à canon varie peu pour les bouches à feu d'une même catégorie et les vitesses initiales sont comparables. Toutefois si ce principe est observé, il ne peut l'être d'une façon rigoureuse. En particulier on ne saurait avoir autant de types de poudres que de calibres ; les approvisionnements seraient trop compliqués. On se contente d'utiliser dans les bouches à feu le type de poudre qui convient le mieux parmi ceux qui sont en service. On peut aussi être amené à s'écarter des règles du principe de similitude pour d'autres raisons par exemple si l'on veut tirer avec une bouche à feu un projectile particulièrement lourd. Toutefois les écarts sont généralement assez faibles pour que les résultats obtenus par application du principe de similitude puissent être considérés comme des approximations déjà fort utiles. Le tableau suivant (p. 70) permet de s'en rendre compte :

Les unités employées sont celles de la balistique intérieure (Voir ci-dessus page 63).

Calcul par similitude des dimensions relatives à quelques canons longs en partant du canon de 80 millimètres pris comme type.

DÉSIGNATION des éléments divers	80 millim. de campagne	90 MILLIMÈTRES		120 LONG		155 LONG		240 MILLIMÈTRES ORDINAIRE	
		Dimensions calculées par similitude	Dimensions réelles	Calculées	Réelles	Calculées	Réelles	Calculées	Réelles
Longueur d'âme parcourue par le culot du projectile . .	$17^{dcm},135$	19,28	16,695	25,70	24,83	33,242	32,233	51,405	50,483
Volume de la chambre . .	$2^{l},073$	2,951	2,800	6,996	6,045	15,133	12,784	55,971	53,730
Poids du projectile . . .	$5^{kg},600^{l}$	7,973	8,000	18,900	17,800	40,880	40,000	151,200	155,000
Vitesse initiale	490^{m}	490	471	490	480	490	480	490	497
Poids de la charge . . .	$1^{kg},500C_1$	2,135	2,000	5,062	4,500 SP_1	10,950	9,500 SP_1	40,500	$42,000A\frac{26}{34}$
Densité de chargement.	0,72	0,72	0,71	0,72	0,74	0,72	0,74	0,72	0,70
Epaisseur des grains (poudres noires).	$6^{mm},5$	7,2	6,5	9,75	10,00	12,61	10,00	19,6	26

CHAPITRE II

AFFUTS RIGIDES NON POURVUS DE FREIN HYDRAULIQUE

Certains affûts rigides ont reçu une bêche de crosse. Ils constituent un système mécanique particulier, présentant une fois que la bêche est bien fixée au sol, un point fixe autour duquel l'ensemble peut tourner. Nous les étudierons après les affûts dépourvus de bêche.

§ I. — AFFUTS RIGIDES SANS FREIN HYDRAULIQUE NI BÊCHE

Pour bien fixer les idées sur le système à étudier, décrivons, au moins sommairement, un affût de ce genre. Il comprend (fig. 16) une sorte de poutre métallique

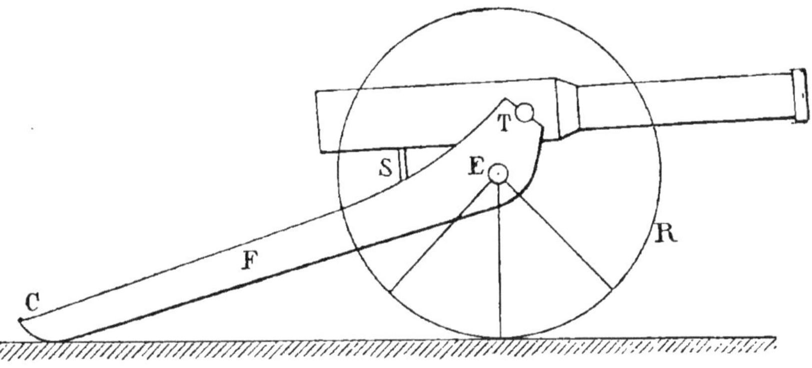

Fig. 16.

creuse formée principalement de deux *flasques* F réunis par des *entretoises*. La partie postérieure C se nomme la *crosse*.

Cette poutre métallique est munie de roues R pour faciliter les transports. L'essieu E est fixé aux flasques F.

La bouche à feu repose sur l'affût par ses tourillons T et par le système de pointage S qui sert ainsi à la fois de support et d'organe mécanique de pointage destiné à soulever ou à abaisser, à volonté, la culasse.

La partie de l'affût comprise entre C et F se nomme *la flèche*.

Les flasques, formés de tôles minces, sont réunis par les entretoises et aussi par les plaques de dessus et de dessous de flèche, ces diverses parties étant assemblées de façon assez simple comme le montrent les figures ci-dessous.

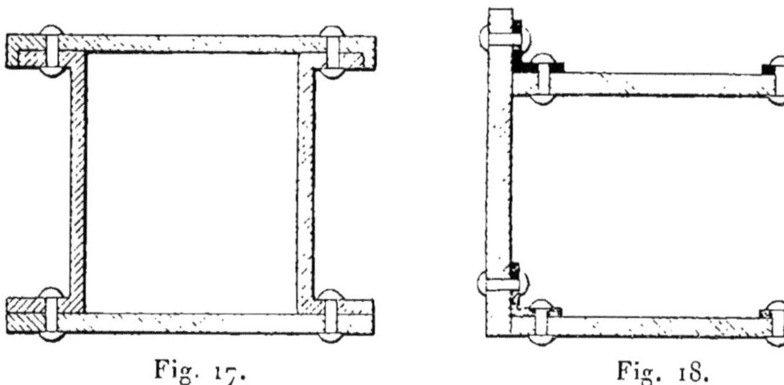

Fig. 17.   Fig. 18.

Les tôles sont d'un emploi très commode car elles sont faciles à fabriquer, à plier et à monter. Par contre, comme elles présentent la même épaisseur, en tous les points d'une même pièce, on est parfois conduit à renforcer les parties de cette pièce qui sont soumises à des efforts plus grands que les autres.

La longueur du recul des affûts de ce genre est simplement diminuée, soit au moyen de sabots d'enrayage destinés à empêcher les roues de rouler sur le sol pendant le recul, soit au moyen de freins à patins jouant le même rôle.

La construction des affûts, telle qu'elle vient d'être indiquée, a pour résultat une poutre creuse dont la matière se trouve toute accumulée à la périphérie. On sait que, pour une même quantité de matière, la résistance à la flexion est alors beaucoup plus considérable que si la poutre métallique était pleine. C'est d'ailleurs en considération du même principe que les essieux des affûts modernes sont généralement creux. Dans un autre ordre d'idées le vide du corps d'essieu peut être utilisé comme logement au lubrifiant destiné à faciliter le glissement des boîtes des roues sur les fusées d'essieu.

La détermination des dimensions des diverses parties des affûts, ainsi que le choix de leur agencement, ont pour base l'étude des effets du tir sur ces affûts. C'est cette étude que nous allons entreprendre.

Pour les affûts rigides, que nous envisageons dans ce chapitre, la question se pose de la façon suivante :

Au départ du coup les gaz de la poudre exercent sur la bouche à feu un effort considérable. Ainsi pour un canon de 100 millimètres de calibre, cet effort atteint, pour une pression maximum de 2000 kilogrammes par *centimètre carré*, la valeur $3,14 \dfrac{\overline{10^2}}{4} \times 2\,000 = 157$ tonnes. Cet effort serait employé tout entier à mouvoir la bouche à feu si elle était libre dans l'espace mais il n'en est pas ainsi. La bouche à feu est en effet liée au corps d'affût par les tourillons et le support de pointage, le corps d'affût est lui-même lié à des roues et le tout repose sur le sol ou sur une plate-forme. L'effort des gaz de la poudre se partage donc en plusieurs composantes : les unes impriment à la bouche à feu, à l'affût, aux roues, des mouvements compatibles avec les liaisons dont nous venons de parler, et les autres sont détruites par la résistance de ces liaisons elles-mêmes. Ce sont ces dernières composantes qu'il faut connaître pour déterminer les épaisseurs à donner aux diverses parties du système.

Les liaisons peuvent évidemment être remplacées par des forces capables de produire le même effet. Ainsi, pour un affût, considéré en dehors du tir et immobile, la condition de reposer sur une plate-forme est une liaison qui peut être remplacée par les réactions normales de la plate-forme aux points d'appui de la crosse et des roues par exemple.

Si l'on connaissait toutes les forces, y compris les réactions dues aux liaisons, qui agissent sur les différentes parties du sytème, il suffirait, pour déterminer les.dimensions à donner à ces diverses parties, d'appliquer les formules de la résistance des matériaux. Sans doute ces formules supposent des efforts statiques et les efforts que nous considérons s'exercent dynamiquement, mais il suffit dans la pratique d'adopter en conséquence des charges de sécurité assez faibles. Cette précaution n'est toutefois pas encore suffisante, comme on va le voir, pour arriver à une solution satisfaisante du problème. Le théorème de d'Alembert (voir page 31) ne permet en effet de déterminer les efforts auxquels est soumis un corps en mouvement que si l'on possède toutes les équations qui expriment les liaisons. Dans le cas que nous envisageons tous les mouvements ne sont pas en effet compatibles avec les liaisons et, d'autre part, l'affût n'est pas un solide invariable. Il est soumis au départ du coup à des déformations élastiques donnant naissance à des forces intérieures considérables, par suite non négligables, qui concourent avec les forces directement appliquées au solide, pour en maintenir l'équilibre. Il faudrait donc connaître ces forces intérieures, ce qui n'a pas lieu dans la pratique, les expériences faites dans ce but n'ayant encore donné que des résultats peu nets.

Conclusions : il faut renoncer à déterminer les forces en jeu dans le problème que nous avons à résoudre. Or, si au lieu de considérer les efforts, on envisage seulement les quantités de mouvement qui en sont la conséquence, on peut négliger les forces intérieures, car elles n'ont aucune influence sur le mouvement général du système, et par suite sur les quantités de mouvement calculées. Mais que faire de ces quantités de mouvement? On sait que le produit mv (voir page 17) peut servir de mesure à l'intensité d'une percussion F pendant un temps très court τ, c'est-à-dire on sait que :

$$mv = \int_0^\tau F\,dt.$$

On sait aussi que la valeur moyenne de la percussion F est égale à $\dfrac{\displaystyle\int_0^\tau F\,dt}{\tau}$ soit $\dfrac{mv}{\tau}$. Connaissant mv et la balistique intérieure permettant de calculer τ comme nous le montrons un peu plus loin, on peut obtenir la valeur moyenne de l'effort F. Certes c'est l'effort maximum qu'il faudrait connaître, mais la connaissance de l'effort moyen peut, en opérant par comparaison avec un matériel existant bien construit, fournir une solution approchée du problème[1].

[1] Poisson.

Mais nous avons vu (page 17) que la durée τ d'action de la force F doit être assez petite pour pouvoir admettre que, pendant ce temps τ, la direction de F reste constante. En d'autres termes il reste à examiner si l'effort des gaz peut être assez bien assimilé à une pression telle qu'elle est définie en mécanique (voir page 17).

Comme nous l'avons vu page 62 le recul du canon supposé libre comprend deux périodes : c'est pendant la première seulement qu'agissent les gaz de la poudre. Pendant cette période l'effort des gaz varie mais il est toujours considérable ; d'autre part la durée de cette période, qui se termine un peu après la sortie du projectile de l'âme du canon, est très petite.

La formule (6) de la page 59 va nous permettre de nous en rendre compte, après une petite transformation qui nous sera d'ailleurs utile dans la suite. Cette formule donne le temps t_0 mis par le projectile à parcourir l'âme du canon de longueur u. En appelant t_1 le temps qui s'écoule depuis le départ du coup jusqu'à la fin de la détente des gaz, il suffit, pour avoir t_1, de calculer $t_1 - t_0$. On peut y arriver de la façon suivante : en recul libre, la quantité de mouvement de la masse reculante est, au temps t_0,

$$m V_b \left(1 + \frac{1}{2} \frac{\varpi}{p} \right)$$

en appelant m la masse du projectile, V_b la vitesse de ce dernier à la bouche, ϖ le poids de la charge de poudre, p celui du projectile [formule (7) de la page 60].

Après le temps t_1 cette quantité de mouvement est :

$$m V_0 \left(1 + 2,5 \frac{\varpi}{p} \right)$$

Elle a donc cru de

$$mV_0 \left(1 + \frac{5}{2}\frac{\varpi}{p} \right) - mV_b \left(1 + \frac{1}{2}\frac{\varpi}{p} \right),$$

soit :

$$2\frac{\varpi}{g} V_0 + m(V_0 - V_b)\left(1 + \frac{1}{2}\frac{\varpi}{p} \right)$$

Comme nous ne connaissons pas exactement V_b, nous négligerons le terme $m(V_0 - V_b)\left(1 + \frac{1}{2}\frac{\varpi}{p} \right)$ qui est effectivement très petit par rapport au premier. Si nous considérons en effet le rapport

$$\frac{m(V_0 - V_b)\left(1 + \frac{1}{2}\frac{\varpi}{p} \right)}{2\frac{\varpi}{g}V_0} = \frac{V_0 - V_b}{2}\frac{p}{\varpi}\left(1 + \frac{1}{2}\frac{\varpi}{p} \right)$$

nous voyons qu'il est pratiquement sensiblement égal à $5(V_0 - V_b)$ car on a, à très peu près, $\frac{\varpi}{p} = \frac{1}{10}$. (Principe de similitude, voir page 68 et suivantes).

Or nous savons (voir la remarque de la page 54) que dans les formules employées V_b se confond très sensiblement avec V_0.

Négligeons donc $5(V_0 - V_b)$. L'accroissement de la quantité de mouvement, qui est ainsi $\frac{2\varpi}{g}V_0$, est égal à l'impulsion totale de la pression P des gaz sur la culasse pendant le temps $t_1 - t_0$.

En appelant ω la section de l'âme, on a donc :

$$\frac{2\varpi}{g} V_0 = \omega \int_0^{t_1-t_0} Pdt.$$

Évaluons P. Pratiquement la courbe des pressions de la figure 14 (voir page 50) a, dans la partie comprise entre la bouche du canon et la fin de la détente des gaz, la forme $P_b KD$ (fig. 19) que nous remplaçons par la ligne droite $P_b D$ qui s'en écarte peu et qui est légèrement au-dessus d'elle.

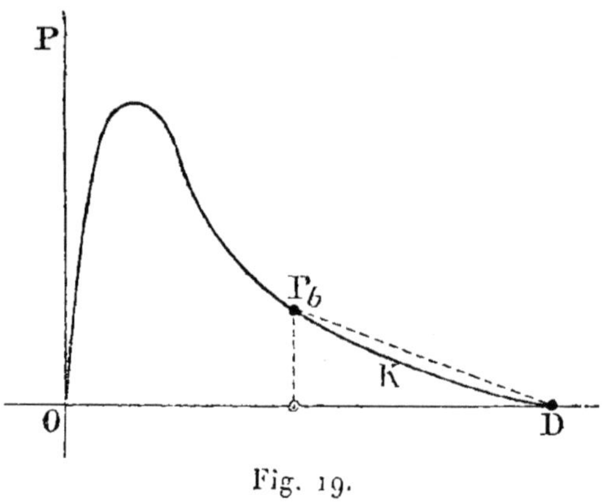

Fig. 19.

Cela posé l'équation précédente peut s'écrire :

$$\frac{2\varpi}{g}\,\frac{V_0}{t_1 - t_0} = \omega\,\frac{\displaystyle\int_0^{t_1 - t_0} P\,dt}{t_1 - t_0}.$$

Le second membre est la valeur moyenne de P laquelle est égale à $\dfrac{P_b}{2}$ vu l'assimilation de la courbe $P_b KD$ à la droite $P_b D$.

Or la pression P_b est connue. Nous avons établi, en effet [formule (5) page 57]

$$P_b = \frac{27}{4}\,\frac{b^2 u}{(b + u)^3}\,P_0$$

u étant la longueur d'âme totale parcourue par le culot du projectile. On a donc :

$$\frac{2\varpi}{g}\frac{V_0}{t_1 - t_0} = \frac{\omega}{2}\frac{27}{4}\frac{b^2 u}{(b + u)^3}\,P_0.$$

On en déduit :

$$t_1 - t_0 = \frac{16\dfrac{\varpi}{g}V_0(b + u)^3}{27\,ub^2 P_0\omega}$$

ou, en vertu de l'expression de V_0 :

$$(11)\quad t_1 = t_0 + \frac{16\varpi a(b + u)^2}{264,6\,b^2 P_0\omega} = t_0 + \frac{16\varpi a\left(1 + \dfrac{u}{b}\right)^2}{264,6\,P_0\omega}$$

D'après l'ordre de grandeur des quantités négligées, on voit que la valeur de t_1 donnée par la formule (11) doit être très voisine de la valeur exacte et, en tout cas, qu'elle doit lui être plutôt très légèrement inférieure.

Cela posé cherchons à avoir une idée de la grandeur pratique de t_1. A cet effet appliquons la formule (11) à un matériel de $\frac{7}{5}$, non construit il est vrai, mais rationnellement établi. A cet effet calculons d'abord a et b au moyen des formules (2) et (3) (page 54) en supposant pour notre canon idéal :

$$\frac{\varpi}{p} = \frac{1}{10}\quad \varpi = 0^k,720\quad p = 7^k,200\quad \Delta = 0,5\quad s = 1^{lit},300$$

$$\beta = 12\qquad u = 23^{dcm}.$$

$$a = 2\,090\left(\frac{1}{10}\right)^{\frac{1}{2}}(0,5)^{\frac{1}{12}} = 624$$

$$b = 12\left(\frac{13}{72}\right)^{\frac{3}{8}}\left(1 - \frac{3}{4}\times\frac{1}{2}\right) = 3,95$$

$$V_0 = \frac{au}{b + u} = \frac{624\times 23}{26,95} = 532^m \text{ environ.}$$

La formule (10), (page 65) et la formule (11) précédente donnent pour $\omega = 45^{\text{cmq}}$ et $P_0 = 2\,400$ kilogrammes par centimètre carré.

$$l_0 = \frac{3,95}{6\,240}\left(2 + \frac{23}{3,95} + 2,3 \; \text{Log} \; 2 \times \frac{23}{3,95}\right) = 0^s,00656$$

$$l_1 = 0^s,00656 + \frac{16 \times 0,72 \times 624 \times \overline{26,95}^2}{264,6 \times 2\,400 \times 15 \times \overline{3,95}^2}$$

$$= 0^s,00656 + 0^s,01170 = 0^s,01826.$$

Le principe de similitude (voir page 65 et suivantes) va alors nous permettre d'avoir une idée de l'ordre de grandeur du temps t_1 en général.

D'après la formule (10), page 65, t_0 est proportionnel au calibre.

D'après la formule (11), le second terme de l'expression de t_1 est proportionnel au carré du calibre. En admettant donc que t_1 croît proportionnellement au calibre, on est *un peu au-dessous* de la vérité. Pour plus de facilité admettons cette proportionnalité. Comme les calibres des canons longs de siège et place ne dépassent guère 150 millimètres, soit le double du précédent, on voit que t_1 peut varier pratiquement depuis un peu moins de $\frac{1}{100}$ de seconde à environ $\frac{5}{100}$ de seconde[1].

Cette durée est assez faible pour qu'on puisse admettre

[1] Les calculs précédents faits pour le canon de 155 long caractérisé par $\varpi = 3^{\text{kg}},230$ BC, $p = 40^{\text{kg}},800$ $u = 32^{\text{dcm}}$ $s = 13^l,218$ $\Delta = 0,244$, $\frac{\varpi}{p} = 0,079$, $\beta = 5,6$ donnent avec $P_0 = 2\,400^{\text{kg}}$ et $\omega = 1^{\text{dcm2}},92$ $a = 522^m$ $b = 3^{\text{dcm}},43$ $V_0 = 570^m$ environ $t_0 = 0^s,0093$ $t_1 = 0^s,0329$.

que l'action des gaz s'exerce pendant un temps très court. Les gaz agiraient donc comme une percussion c'est-à-dire dynamiquement si le déplacement de la bouche à feu pendant leur action était insensible. L'expérience montre qu'il n'en est pas tout à fait ainsi. En d'autres termes les gaz n'agissent ni statiquement ni dynamiquement. Cependant il est plus exact d'admettre que leur action est dynamique, et de considérer leur effet comme une percussion mesurée par l'impulsion totale qui en résulte à la fin de la première période du recul.

Pour déterminer alors les dimensions d'un affût rigide en projet, on peut opérer de la façon suivante :

On calcule les quantités de mouvement des diverses parties en lesquelles on peut décomposer le système pièce-affût : ce seront par exemple la bouche à feu seule, l'affût seul, etc., de façon à pouvoir obtenir les inconnues relatives à la partie considérée au moyen des relations fournies par le théorème des quantités de mouvement. Ces quantités de mouvement ayant été calculées on en déduit, *par comparaison* avec un ou deux matériels existants, les dimensions à donner à la partie considérée.

Les applications sont simplifiées si l'on admet que le système pièce-affût est symétrique par rapport au plan de tir ce qui est généralement à peu près exact à condition de négliger la réaction exercée sur la pièce par le projectile animé d'un mouvement de rotation pendant son parcours de la partie rayée de l'âme. Grâce à ces hypothèses les équations déduites du théorème des quantités de mouvement se réduisent à trois : deux relatives aux projections sur deux axes rectangulaires, une relative aux moments par rapport à un axe perpendiculaire au plan de symétrie.

Enfin la méthode graphique, employée par les Com—

mandants *Hermary et Henry* dans les cours de l'école d'application de l'artillerie et du génie, conduit au résultat par des constructions simples et élégantes[1].

Principe de la méthode graphique.

Le principe de la méthode consiste à représenter les percussions par des vecteurs. En entendant par le mot « percussion », l'impulsion totale due à cette percussion (voir page 18), ces vecteurs peuvent se composer comme des vitesses puisque, pour une même masse m, les percussions mv représentent des quantités proportionnelles à des vitesses.

D'une façon générale, pour obtenir la grandeur des percussions qui agissent sur une partie déterminée d'un affût rigide, nous admettrons que cette partie, partant du repos, est soumise au moment du tir aux percussions ci-après ;

1° *Une percussion directement appliquée qui sera connue.* — Ce sera, par exemple pour la bouche à feu, la percussion des gaz dirigée suivant l'axe du tube, pour les autres parties de l'affût, sous-bandes, système de pointage, roues etc., une percussion dérivée, comme nous le verrons, de la précédente. On conçoit déjà la possibilité d'obtenir ces percussions dérivées par l'application successive du théorème des quantités de mouvement aux diverses parties du système en partant de la pièce.

2° *Des percussions à déterminer, dues aux réactions des appuis.*

3° *La percussion d'inertie.*

Nous avons vu page 18, que cette percussion d'inertie est égale et directement opposée à la percussion motrice. Nous avons vu comment on pourrait en déterminer (voir page 19) la ligne d'action.

[1] HERMARY, HENRY. 1.

Dans la suite nous négligerons les efforts qui ne sont pas dérivés de l'action des gaz, notamment les poids. Nous négligerons aussi les déplacements pendant la première période du recul.

Ces simplifications sont justifiées par les considérations précédentes qui nous ont fait assimiler l'action des gaz à une percussion.

Entrons maintenant dans le détail de la question.

L'expérience montre qu'au tir, un matériel du genre représenté par la figure 16 de la page 71 se comporte de la façon suivante :

Lorsque l'angle de tir[1] est supérieur à une certaine limite, le canon ne tend nullement à tourner autour de ses tourillons. Tout le système recule comme s'il n'y avait pas d'articulation. De plus ce bloc ne fait que reculer sans chercher à se soulever. C'est par ce cas simple que nous commencerons notre étude.

Soient (fig. 20) C la crosse, R le point d'appui des roues sur le sol AB que nous supposerons incliné pour plus de généralité.

Considérons les 3 percussions dont nous avons parlé plus haut et qui se font équilibre. Ce sont 1°) la percussion TP des gaz dirigée suivant l'axe TP de la bouche à feu ; 2°) la percussion due à la réaction du sol : dans l'hypothèse faite aucun soulèvement n'étant à craindre, il y a simple glissement de l'ensemble sur le plan AB[2]. Par suite la réaction du sol est la résultante des composantes qui passent par C et R et dont les directions font avec les

---

[1] L'angle de tir est l'inclinaison de l'axe de la bouche à feu sur le plan horizontal.

[2] Nous supposerons les roues enrayées de façon à ne pouvoir rouler.

normales au sol en C et R un angle égal à l'angle de frottement i. Les vitesses dues à ces percussions ont la même direction et par suite aussi les quantités de mou-

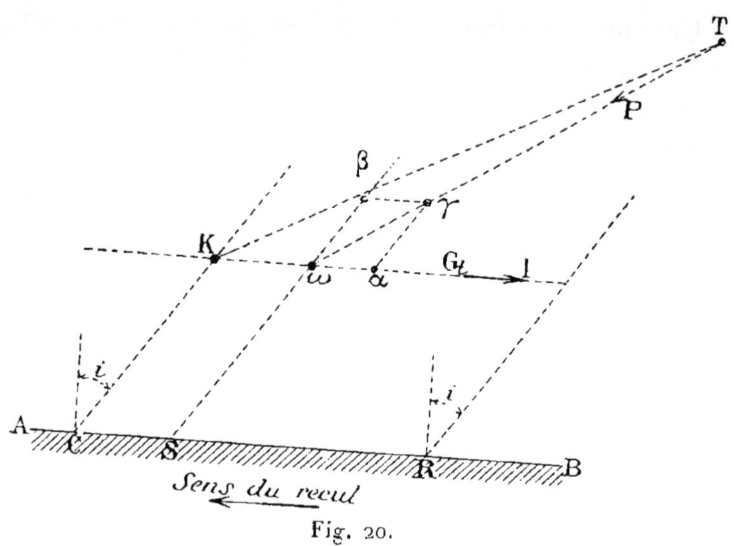

Fig. 20.

vement qui en résultent. Enfin [3°] il y a la percussion d'inertie.

D'après ce que nous avons vu page 18, le mouvement que nous considérons étant par hypothèse une simple translation, la ligne d'action de cette percussion d'inertie passe par le centre de gravité G_t de l'ensemble bouche à feu-affût ; de plus elle est dirigée parallèlement à AB et en sens inverse de la translation.

En définitive, les percussions qui se font équilibre sont :

TP connue en grandeur et direction

$$TP = Mv_o = mV_o \left(1 + 2,5 \frac{\varpi}{p} \right)$$

la percussion d'inertie dont on connait la direction et le sens G_iI, la percussion de réaction du sol dont on connaît la direction.

TP et G_iI se rencontrant au point ω, la percussion du sol doit passer par ce point ω et comme on en connaît la direction on peut la tracer. Il résulte de l'équilibre qu'en décomposant alors le vecteur $\omega\gamma$, égal et directement opposé à TP, suivant les lignes d'action connues des deux autres percussions, nous avons en $\omega\beta$ la percussion du sol, et en $\omega\alpha$ la percussion d'inertie.

Exemple numérique. — Application au système canon-affût de 90 millimètres. Tout l'ensemble reculant à la fois d'après notre hypothèse, le poids de la masse reculante est de 1 262 kilogrammes. D'autre part le canon de 90 millimètres lance un projectile de 8 kg. 500 à la vitesse initiale de 432 mètres avec la charge de 1 kg. 900 C_1. En appelant v la vitesse de recul de l'ensemble, on a en appliquant la formule (7) de la page 60 [1] :

$$1262\, v = 8,5 \times 432 \left(1 + 2\, \frac{1,9}{8,5} \right)$$

d'où :

$$v = 4^m 22 \text{ environ.}$$

Le vecteur $\omega\gamma$ représente ainsi

$$M v = \frac{1262}{g} \times 4,22 \text{ soit } \omega\gamma = M_v$$

Le vecteur $\omega\alpha$ représente alors la percussion (sens

---

[1] Nous prenons toutefois dans la parenthèse le coefficient 2, et non 2,5 car nous avons affaire à une poudre noire.

abrégé indiqué page 18, d'inertie dont on peut déduire la vitesse effective de recul v_e.

On a :

$$v_e = \frac{\omega\alpha}{M} = \frac{\omega\alpha}{\omega\gamma}\,v.$$

Sur la figure 20, $\omega\gamma = 14$ millimètres. $\omega\alpha = 7$. Nous avons trouvé $v = 4,22$. Donc : $v_e = \frac{7}{14}\,4,22 = 2^m,11$ environ avec l'angle de frottement adopté sur la figure 20.

Variations de la vitesse de recul avec l'angle de tir, les conditions de chargement et le frottement restant les mêmes. — Soit (fig. 21) TD la direction de l'axe de la bouche à feu; l'angle de tir est l'angle de la direction TD et de l'horizontale TH : on le désigne par α par opposition à l'angle de chute que l'on appelle ω parce qu'il est à l'autre extrémité de la trajectoire.

Pour $\alpha = 90° - i$, la ligne TP de la figure 20 est parallèle à $\omega\beta$ et par suite la composante $\omega\alpha$ est nulle : la bouche à feu ne recule pas : toute la percussion est supportée par le sol et, par suite de la réaction de ce dernier, l'affût fatigue beaucoup.

Faisons tourner TD dans le sens de la flèche f (fig. 21), l'angle de tir α va décroître : la composante $\omega\alpha$ va croître et par suite aussi la vitesse de recul. D'autre part la réaction du sol passe par le point S (fig. 20) qui se rapproche d'autant plus de C que α diminue davantage.

Or $\omega\beta$ peut se décomposer suivant des parallèles passant par C et R : la réaction du sol sur la roue est donc plus grande dans le tir sous les grands angles que dans le tir sous les petits. Le contraire a lieu pour les réactions sur la crosse.

Lorsque l'inclinaison de la bouche à feu est telle que son axe passe par le point K (fig. 20), inclinaison corres-pondant à la direction TD' (fig. 21), la réaction du sol sur les roues est nulle. Pour une inclinai-son inférieure à α_s la réaction sur les roues change ainsi de sens, c'est-à-dire elle s'exerce de bas en haut. Il en résulte pour l'affût une tendance au soulèvement.

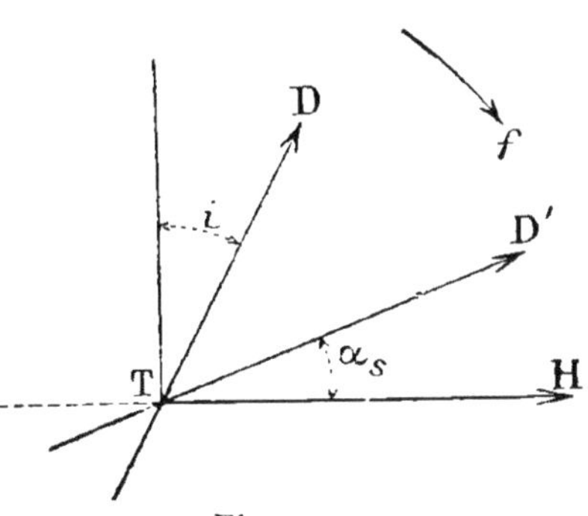

Fig. 21.

C'est à ce moment que la vitesse de recul est la plus grande. Nous avons vu en effet (page 86) que la vitesse effective de recul est proportionnelle au vecteur $\omega\alpha$. Or $\omega\alpha$ va en croissant jusqu'à l'inclinaison TK (fig. 20). Ensuite le soulèvement commence. Nous étudierons ce cas ultérieurement.

Résistance du sol adoptée pour les calculs. — Les constructions précédentes supposent que l'on connait l'angle i. Cet angle est variable avec la nature du sol. C'est pour le sol le plus défavorable à la résistance des affûts qu'il faut établir ces derniers. Aussi dans les cal-culs suppose-t-on les matériels placés sur les plates-formes en bois. Celles-ci ont en effet des réactions plus grandes que les sols naturels plus ou moins mous qui cèdent plus ou moins aux chocs. Cela ne veut pas dire qu'il faut proscrire l'usage des plates-formes : elles pré-sentent des avantages de service qui sont à considérer et, d'ailleurs, si le terrain manque trop de résistance, la crosse s'y enfonce peu à peu, s'y ancre en quelque sorte et nous verrons plus loin qu'il résulte de cet ancrage des soulèvements de l'affût nuisibles au matériel et à son emploi. Dans les applications on peut prendre pour i la valeur définie par $\operatorname{tg} i = \frac{1}{2}$ [1].

Détermination des dimensions d'une partie de l'affût connaissant les percussions en jeu. — La méthode précédente fait connaître les percussions ou quantités de mouvement $\omega\alpha$, $\omega\beta$. En les divisant par la durée τ précédemment définie on obtient les efforts moyens qui leur ont donné naissance. C'est à ces efforts moyens que l'on applique les théories de la résistance des matériaux. Avant de faire une de ces applications cherchons à nous rendre compte du degré de précision de cette façon d'opérer. En adoptant les données correspondant à la figure 20, on trouve

$$\omega\alpha = \frac{1262}{9,81} \times 2,11 = 271.$$

En admettant $\tau = \frac{1}{100}$ on trouve comme effort moyen correspondant 27 tonnes environ. Si au lieu d'être obligé de considérer les quantités de mouvement on avait pu considérer les pressions, on aurait eu $\omega\gamma = 100$ tonnes soit $\omega\alpha = 50$ tonnes, mais nous avons montré que l'on n'avait pas le droit d'opérer ainsi (voir page 75)[2]. Il faut donc se contenter de la valeur de l'effort moyen ce qui revient à calculer l'affût pour des efforts inférieurs à ceux

[1] Cette valeur correspond au frottement du fer sur le bois.
[2] Pour le problème des forces v. cependant KAISER.

de la réalité mais cela n'a pas d'inconvénient si l'on a la précaution d'adopter des taux de sécurité convenables pour le métal qui constitue l'affût. A cet effet on calcule comme ci-dessus les efforts moyens qui s'exercent sur un affût analogue existant, bien construit et, d'après ses dimensions, on en déduit les taux à admettre. Avec ces précautions nous pouvons appliquer les théories de la résistance des matériaux aux efforts moyens.

A titre d'exemple nous allons montrer comment on peut ainsi calculer les dimensions de la flèche d'un affût qui ne se soulève pas.

Dans ce qui va suivre nous appellerons forces les efforts moyens déduits comme nous l'avons dit des quantités de mouvement précédemment déterminées.

Soit mn (fig. 22) la section de la flèche dont on cherche

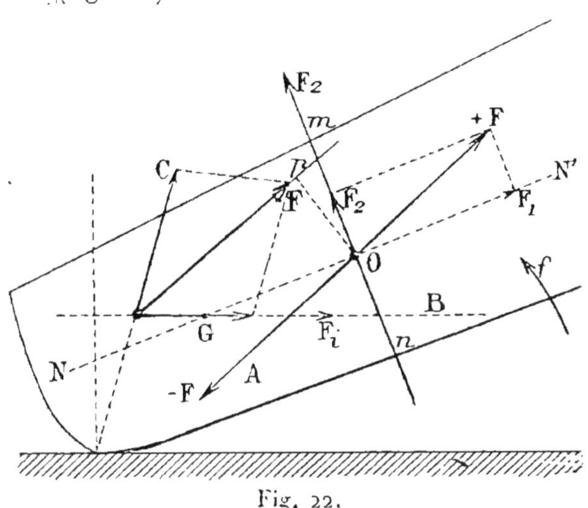

Fig. 22.

les dimensions et qui partage le système en deux parties A et B. Pour la partie A il est facile de calculer la force d'inertie F_i : elle passe par G, centre de gravité de cette

partie et elle est parallèle au sol ; son intensité résulte de
la proportion :

$$\frac{F_i}{F_{i_t}} = \frac{M}{M_t}.$$

F_{i_t} étant la force d'inertie totale du système de masse
M_t et M étant la masse de la partie A.

D'autre part nous connaissons la réaction C du sol sur
la crosse.

La réaction de B sur A doit donc équilibrer F_i et C.
Cette réaction est donc égale et opposée à la force F de la
figure 22. En d'autres termes F représente l'action de A
sur B.

Soit NN' la fibre neutre (celle qui dans la flexion conserve sa longueur). Elle rencontre mn en O et l'équilibre
n'est pas changé en appliquant en ce point O deux forces
opposées égales et parallèles à F.

L'action de A sur B est donc représentée par le couple
$F \times Op$ et la force $+ F$ appliquée en O et qui a pour composantes F_1 et F_2. Sous l'action de ces 2 composantes la
flèche travaille à la compression et au cisaillement pendant
que le couple $F \times Op$ cause une flexion. A ce dernier
point de vue l'action de B sur A donne naissance à un
couple égal et inverse du couple représenté sur la figure 22.
La flexion se produit donc comme si B se relevait par
rapport à A dans le sens de la flèche f. Il en résulte une
tension en n et une compression en m. On démontre dans
les traités de résistance des matériaux que cette tension t
et cette compression p ont pour valeur :

$$t = \mu \times \frac{on}{I} \qquad\qquad p = \mu \frac{om}{I}$$

μ étant la valeur du couple $F \times Op$ et I le moment d'inertie de la section mn autour d'un axe mené par son centre de gravité O.

Admettons que les réactions élastiques dues à la force F soient les sommes de celles qui seraient dues séparément aux actions μ, F_1 et F_2. En appelant alors ω la section du métal par le plan mn et en posant $on = d$, $om = d'$ on a :

en n la tension :
$$\frac{\mu d}{I} - \frac{F_1}{\omega}$$

en m la compression :
$$\mu \frac{d'}{I} + \frac{F_1}{\omega}$$

et en tout point de la section mn un effort de cisaillement $\frac{F_2}{\omega}$. Comme les fibres qui subissent les plus grands efforts sont les fibres extrêmes m et n, il suffit, pour que la pièce résiste, d'imposer une charge de sécurité aux efforts correspondants. On doit donc avoir, en appelant C_1, C_2, C_3 les charges de sécurité à la tension, à la compression et au cisaillement :

$$\frac{\mu d}{I} - \frac{F_1}{\omega} \leqslant C_1 \qquad \frac{\mu d'}{I} + \frac{F_1}{\omega} \leqslant C_2 \qquad \frac{F_2}{\omega} \leqslant C_3.$$

On vérifiera ces inégalités par tâtonnements en adoptant pour C_1, C_2, C_3, des valeurs correspondant à un matériel existant ayant fait ses preuves de résistance : c'est à ce moment qu'on utilise précisément l'artifice qui consiste à tourner la difficulté en opérant par comparaison.

Remarque. — Dans les applications il y a lieu de tenir compte intelligemment de la présence des trous de rivets pour l'assemblage des flasques, des entretoises et des plaques de dessus et de dessous de flèche. Il ne résulte de ces trous aucune diminution de résistance à la compression, les trous étant remplis par les rivets alors qu'au contraire la résistance à l'extension est fortement diminuée. Aussi, dans ces calculs qui sont assez longs et qui sont basés sur de nombreuses hypothèses plus ou moins exactes, il y a lieu de ne pas hésiter à arrondir les chiffres trouvés de façon à être bien sûr que la construction effective donnera naissance à un matériel solide.

Effets du tir sur un affût rigide dans le cas du soulèvement. — Nous supposerons l'angle de tir assez petit pour que l'affût se soulève sûrement sans que toutefois l'articulation des tourillons puisse jouer. Dans ce cas l'effort des gaz a pour effet d'imprimer à tout le système une certaine vitesse angulaire autour d'un centre instantané de rotation situé sur la normale à la plate-forme issue du point de contact de la crosse avec le sol.

Cherchons les trois percussions dont nous avons parlé, page 83, percussions que nous savons devoir se faire équilibre.

Ce sont 1° la percussion TP des gaz (fig. 23) dirigée suivant l'axe TP de la bouche à feu ;

2° La percussion due à la réaction du sol sur la crosse. Elle passe par le point C et fait avec la normale CN à la plate-forme l'angle de frottement i car en même temps que le système tourne, le point C glisse en arrière. La percussion de réaction du sol a donc pour ligne d'action la ligne $C\beta$.

3°) Enfin la percussion d'inertie. Nous avons vu, page 19, qu'elle a pour grandeur $Ma\omega$, ω étant la vitesse angulaire prise par le système autour d'un certain centre instantané O non encore connu, mais situé forcément sur la normale CN. En outre, nous avons vu que sa ligne d'ac-

tion est la symétrique par rapport au point G_t de la polaire
du point O dans le cercle de centre G_t et de rayon K_t,
K_t étant le rayon de gyration de tout le système, ce rayon

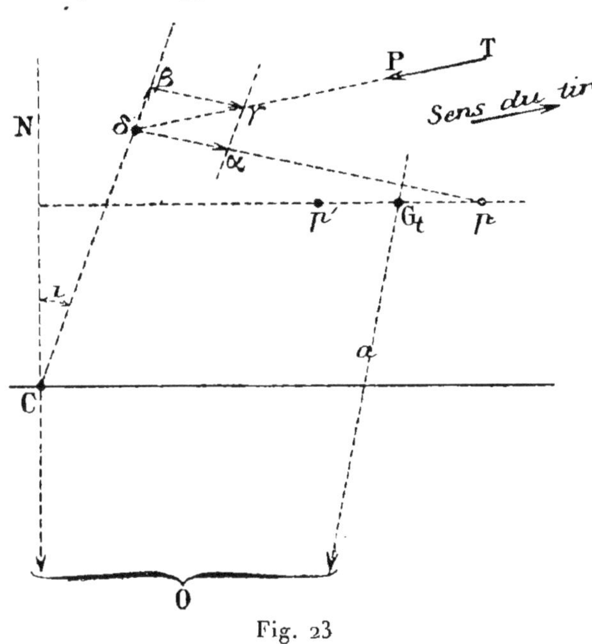

Fig. 23

étant obtenu comme nous l'avons indiqué pages 19 et 20.
Ce cercle est généralement appelé « *cercle d'inertie* ».
Mais nous ne connaissons pas le point O. Nous savons
toutefois, en vertu d'une propriété des polaires (voir
page 23), que la polaire du point O, dans le cercle d'inertie, passe par le point p' pôle de CN par rapport à ce
cercle. La ligne d'action de la percussion d'inertie passe
donc par le point p symétrique de p' par rapport à G_t. Les
2 premières percussions se rencontrant en δ, la percussion d'inertie doit aussi passer par ce point δ : on a donc
en $p\delta$ la ligne d'action de cette percussion. La perpendi-

culaire menée par G_l à cette ligne d'action donne, par son intersection avec la normale CN, le centre instantanée de rotation O et le problème est résolu. On connaît en effet toutes les percussions, puisque la percussion TP est toujours égale à $mV \left(1 + 2,5\, \dfrac{\varpi}{p} \right)$ en vertu de la formule (7) de la page 60.

Les calculs relatifs à la position du centre de gravité et à la valeur des rayons de gyration peuvent être abrégés, tout en restant suffisamment approchés pour les affûts rigides habituels, par l'emploi de formules empiriques proposées par M. *Kaiser*, très légèrement modifiées. Voici ces formules dont les lettres ont leur signification mise en évidence par la figure 24 ci-après, où G_a, G_p, G_l

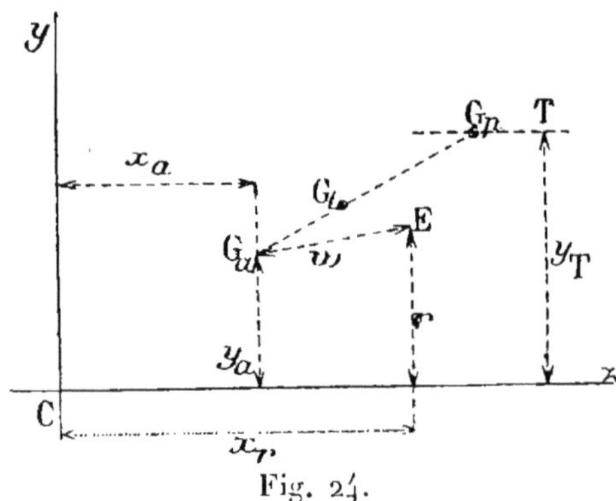

Fig. 24.

sont les centres de gravité respectifs de l'affût seul, sans roues, du canon seul, et de l'ensemble pièce-affût, sans roues, E axe de l'essieu, T axe des tourillons, C crosse. On suppose connus le rayon r des roues, la hauteur de genouillère y_T et la longueur x_p.

La position du centre de gravité G_a est alors donnée par les formules empiriques :

$$y_a = \frac{1}{3}\,(y_T + r)$$

$$x_a = 0,7\,x_p + 0,2\,(y_T - r).$$

Le rayon de gyration K_a autour d'un axe passant par G_a est donné par :

$$K_a = 0,30\,w + 0,25\,x_r$$

où w est connu puisqu'on connaît la position des points E et G_a.

Le rayon de gyration K_p, de la pièce seule, par rapport à l'axe passant par G_p est, en appelant L la longueur du canon :

$$Kp = \frac{1}{4}\,L.$$

Connaissant les points G_a, G_p, G_t ainsi que les rayons K_a et K_p on obtient facilement K au moyen de la formule $I_1 = I'_1 + \mu.d^2$ de la page 21.

Application. — Supposons que pour le matériel en projet on ait :

$$y_{\scriptscriptstyle T} = 1^m,20, \quad r = 0^m,715, \quad x_r = 1,84.$$

(Ces nombres sont relatifs au matériel de 90 millimètres, modèle 1877).

Les formules empiriques donnent :

$$y_a = \frac{1}{3} \times 1^m915 = 0^m,638$$

$$x_a = 0,7 \times 1,84 + 0,2\,(1,20 - 0,713) = 1^m,385.$$

A titre de renseignement. on a pour le matériel de 90 millimètres, modèle 1877 :

$$x_a = 1^m,25, \quad y_a = 0^m,66.$$

Enfin on a, sur la figure 24 :

$$w^2 = (1,84 - 1,385)^2 + (0,715 - 0,638)^2 = 0,2129.$$

D'où :

$$w = 0^m,46,$$
$$K_a = 0^m60 \text{ environ.}$$

En réalité

$$K_a = 0,654.$$

Cet exemple donne une idée du degré d'approximation obtenu avec les formules en question. Elles facilitent dans tous les cas l'exécution des avant-projets d'affût rigide.

Inconvénients du soulèvement. Moyens de le diminuer. — Le soulèvement a pour conséquence, une retombée des roues sur le sol, qui compromet la solidité du matériel. De plus, la longueur du recul est généralement augmentée, bien que cela ne soit pas évident à priori. D'une part, en effet, l'affût est soumis, dans ce cas, à une série de cabrés et de ruades, accompagnés de glissements alternatifs de la crosse et des roues, et, d'autre part, une partie du poids est soulevée. Or, si ces cabrés et ces ruades diminuent les frottements, ils absorbent par contre une certaine énergie, et l'on ne peut prévoir à priori celle des deux causes qui l'emportera et influera le plus sur la longueur du recul. Quoiqu'il en soit, puisque le soulèvement est nuisible au moins à un point de vue, il faut l'éviter le plus possible, c'est-à-dire qu'il faut essayer de construire l'affût de façon que les angles de tir usuels soient toujours supérieurs à l'angle α_s précédemment défini. En d'autres termes il faut chercher à diminuer α_s le plus possible. Pour cela calculons-en l'expression : Soient (fig. 25) y_r et

x_T les coordonnées de l'axe T des tourillons, C la crosse,
G_t le centre de gra-
vité du système
pièce-affût avec
roues. D'après ce
que nous avons dit
page 87, l'angle α_s
s'obtient en joi-
nant TK, le point K
étant l'intersection
de la parallèle au sol
menée par G_t avec

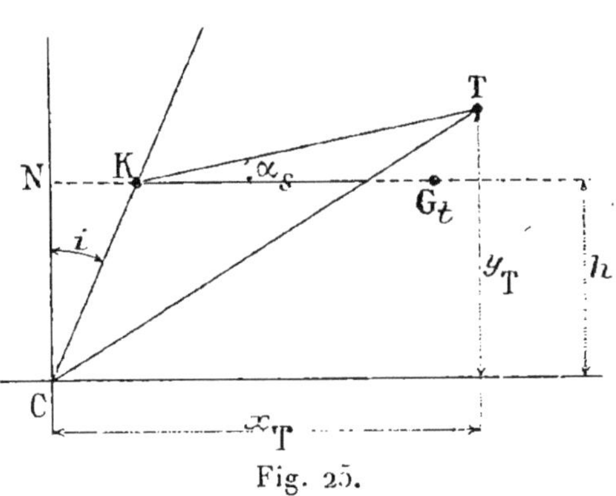

Fig. 25.

la droite CK qui fait avec la normale CN l'angle de
frottement i. On a sur la figure 25 :

$$\operatorname{tg} \alpha_s = \frac{y_\mathrm{T} - h}{x_\mathrm{T} - \mathrm{NK}} = \frac{y_\mathrm{T} - h}{x_\mathrm{T} - h \operatorname{tg} i}.$$

Pour le canon de 90, par exemple

$$x_\mathrm{T} = 1^\mathrm{m},96, \quad y_\mathrm{T} = 1^\mathrm{m},20, \quad h = 0^\mathrm{m}90.$$

En adoptant $\operatorname{tg} i = \frac{1}{2}$ (voir page 88), on a :

$$\operatorname{tg} \alpha_s = \frac{0,30}{1,96 - 0,45} = \frac{0,30}{1,51} = 0,199 \text{ environ.}$$

D'où :

$$\alpha_s = 11°20 \text{ environ.}$$

L'expression de α_s montre que, pour diminuer cet angle,
il faudrait, pour des valeurs données y_T et x_T, augmenter h.
On a en effet :

$$\frac{d}{dh}(\operatorname{tg} \alpha_s) = \frac{y_\mathrm{T} \operatorname{tg} i - x_\mathrm{T}}{(x_\mathrm{T} - h \operatorname{tg} i)^2},$$

expression pratiquement négative. Or l'augmentation de h
est très limitée ; elle ne peut être réalisée, pour une

6

valeur donnée de y_T, que par l'augmentation du poids de la pièce par rapport à celui de l'affût et, dans la pratique, pour diverses raisons, celui-ci finit souvent par être le plus lourd.

Il reste encore pour diminuer α_s à augmenter x_T et à diminuer y_T. Ici encore des limites s'imposent. Ainsi la hauteur y_T doit être suffisante si l'on veut avoir des roues assez hautes pour un bon roulement de la voiture en terrain varié. (Voir l'expression de l'effort de traction, page 29). Quant à la longueur x_T, elle ne doit pas être exagérée, si l'on veut avoir une voiture-pièce assez maniable, c'est-à-dire susceptible de tourner et faire demi-tour facilement dans les circonstances ordinaires. Le centre de gravité G_t doit en effet être compris entre les points d'appui de la crosse et des roues sur le sol, et assez près de celles-ci pour que la pression sur la crosse ne soit pas trop forte. Avec une pression de 70 à 80 kilogrammes les servants ont déjà de la peine à soulever la flèche en vue de déplacer l'affût à bras dans les terrains un peu lourds. La longueur x_T, qui est ainsi voisine de la longueur comprise entre la crosse et le bas des roues, ne peut guère dépasser 2 mètres. Quant à la hauteur y_T elle ne peut guère, pour les raisons indiquées plus haut, descendre au-dessous de 1 mètre. Pour le canon de 90 millimètres, modèle 1877, déjà un peu plus léger que son affût, $y_\text{T} - h$ est égale à $0^\text{m},30$. On peut donc admettre que l'on est dans de bonnes conditions au point de vue qui nous occupe, en supposant $y_\text{T} - h = 0^\text{m},20$.

Avec les nombres les plus favorables ainsi obtenus on trouve pour α_s une valeur d'environ 7 degrés.

Ce résultat montre que, pour les matériels ordinaires, le soulèvement ne peut être évité dans le tir sous des angles inférieurs à une huitaine de degrés. En d'autres termes les canons de campagne sur affût rigide se soulèvent toujours, car à une huitaine de degrés correspond une portée de 3 à 4 kilomètres environ. Ainsi, pour l'obus à mitraille de 90 millimètres, tiré à la vitesse initiale de 432 mètres, sous 8° d'angle de tir correspond la portée de 3 300 mètres environ.

Mais si, dans la pratique, l'on ne peut guère éviter le soulèvement, on doit du moins chercher à en diminuer l'amplitude, en réduisant le plus possible la vitesse angulaire de rotation ω. Nous allons montrer qu'on arrive à ce résultat précisément par les mêmes moyens que ceux qui ont été indiqués pour diminuer l'angle limite α_s.

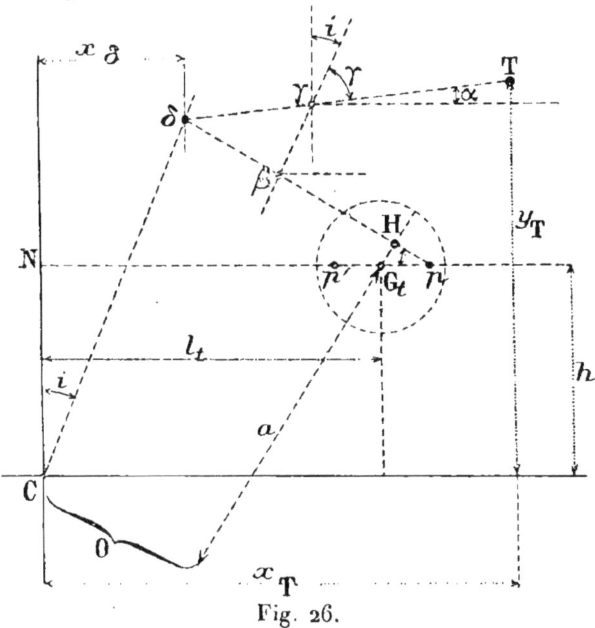

Fig. 26.

Soit en effet (fig. 26) T, G_t, p', p, O les éléments figurés sur la figure 23 de la page 93.

La percussion d'inertie passe par les points δ et p. Elle est comme on le sait égale à $M_t a \omega$.

On a donc en prenant $\delta\gamma = M_t v_0$ et en menant $\gamma\beta$ parallèle à $C\delta$:

$$M_t a \omega = \beta\delta.$$

D'où :

$$\omega = \frac{\beta\delta}{a M_t}.$$

Evaluons $\beta\delta$. On a sur la figure 26 :

$$\frac{M_t v_0}{\sin (\alpha + p + \gamma)} = \frac{\beta\delta}{\sin \gamma} = \frac{\beta\delta}{\cos (\alpha + i)}$$

ou :

$$\frac{M_t v_0}{\cos (i - p)} = \frac{\beta\delta}{\cos (\alpha + i)}.$$

D'où :

$$\beta\delta = M_t v_0 \frac{\cos (\alpha + i)}{\cos (i - p)}.$$

Remplaçant dans l'expression de ω, il vient :

$$\omega = v_0 \cos (\alpha + i) \frac{1}{a \cos (i - p)} = v_0 \cos (\alpha + i) \frac{1}{l_t} \frac{\sin p}{\cos (i - p)}$$

On voit que l'on diminue ω en augmentant l_t et en diminuant $\dfrac{\sin p}{\cos (i - p)}$ ce qui se fait en diminuant p comme on le verrait en considérant la dérivée de cette fonction de p. Mais diminuer p revient à augmenter le coefficient angulaire de la droite OH. Or les coordonnées des points δ et p sont :

$$\delta \begin{cases} y_\delta = \dfrac{y_T - x_T \operatorname{tg} \alpha}{1 - \operatorname{tg} i \operatorname{tg} \alpha} \\ x_\delta = y_\delta \operatorname{tg} i \end{cases} \qquad p \begin{cases} y_p = h \\ x_p = l_t + \dfrac{K^2}{l_t}. \end{cases}$$

Le coefficient angulaire de la droite $o'p$ est donc :

$$\dfrac{h - \dfrac{y_{\scriptscriptstyle\mathrm T} - x_{\scriptscriptstyle\mathrm T}\,\mathrm{tg}\,\alpha}{1 - \mathrm{tg}\,i\,\mathrm{tg}\,\alpha}}{l_t + \dfrac{\mathrm K^2}{l_t} - \dfrac{(y_{\scriptscriptstyle\mathrm T} - x_{\scriptscriptstyle\mathrm T}\,\mathrm{tg}\,\alpha)\,\mathrm{tg}\,i}{1 - \mathrm{tg}\,i\,\mathrm{tg}\,\alpha}}$$

et par suite celui de la droite OH :

$$\dfrac{l_t + \dfrac{\mathrm K^2}{l_t} - \dfrac{(y_{\scriptscriptstyle\mathrm T} - x_{\scriptscriptstyle\mathrm T}\,\mathrm{tg}\,a)\,\mathrm{tg}\,i}{1 - \mathrm{tg}\,i\,\mathrm{tg}\,\alpha}}{\dfrac{y_{\scriptscriptstyle\mathrm T} - x_{\scriptscriptstyle\mathrm T}\,\mathrm{tg}\,\alpha}{1 - \mathrm{tg}\,i\,\mathrm{tg}\,\alpha} - h}\,.$$

C'est cette fraction qu'il faut augmenter.

On voit qu'elle augmente bien lorsqu'on augmente l_t ainsi que $x_{\scriptscriptstyle\mathrm T}$ pendant qu'on diminue $y_{\scriptscriptstyle\mathrm T}$ et qu'on augmente h.

Ce sont précisément les moyens indiqués pour diminuer α_s comme nous l'avions annoncé.

Efforts auxquels sont soumis les organes de pointage dans les affûts rigides. — Il s'agit ici des efforts qui ont été définis page 88. Nous envisagerons d'abord le cas où il n'y a pas soulèvement.

L'expérience montre qu'alors l'articulation des tourillons ne joue pas pendant le tir. Nous verrons que la théorie confirme ce résultat. Nous savons déterminer dans ce cas la percussion d'inertie $Mv_e = P_{i_t}$ du système total pièce-affût (voir page 85). Appelons P_{i_p}, P_{i_a} les percussions d'inertie partielles relatives au canon et à l'affût considérés isolément. Puisqu'il n'y a pas soulèvement les trois percussions P_{i_t}, P_{i_a}, P_{i_p} sont parallèles à la translation générale du système et passent par les centres de gravité respectifs G_t, G_a, G_p de l'ensemble, de l'affût seul, et de la pièce seule. On a donc facilement P_{i_p} et P_{i_a} en décomposant en conséquence la percussion connue P_{i_t}.

Cela posé, considérons une pièce reposant sur l'affût par ses tourillons T (fig. 27) et, par la culasse en contact avec une vis de pointage V, comme cela a lieu pour le canon de 90 millimètres modèle 1877 par exemple. Il s'agit de déterminer les percussions subies par l'affût en V et T

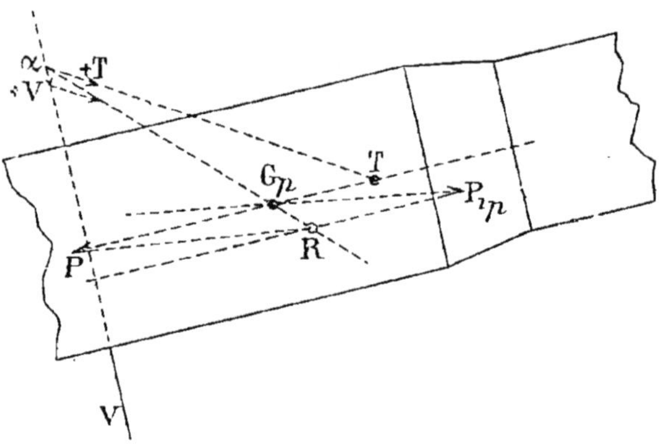

Fig. 27.

Appelons V et T ces percussions. La pièce peut être considérée comme libre si on remplace ces liaisons V et T par les percussions V et T changées de sens. Appliquons alors le théorème des quantités de mouvement à la pièce seule. Puisque nous supposons que les tourillons ne jouent pas dans les sous-bandes la percussion — T de l'affût sur la pièce passe par T, et la percussion — V est normale à la pièce suivant la direction V. Soit $G_p P$ la percussion des gaz Mv et $G_p P_{i_p}$ la percussion d'inertie de la pièce seule.

Composons ensemble ces deux dernières percussions

qui sont connues : leur résultante est $G_p R$. Cette percussion doit équilibrer — V et — T. On a donc, sur la figure 27, en + V et + T les percussions de la pièce sur le système de pointage et sur les sous-bandes.

Connaissant en particulier la percussion subie par la vis de pointage, on peut, *par comparaison*, déterminer, comme nous l'avons fait pour la flèche de l'affût, les dimensions à donner à cette vis.

Discussion dans le cas où la culasse repose simplement sur la vis de pointage sans lui être invariablement fixée. — La solution précédente suppose que l'articulation des tourillons ne joue pas pendant le tir. Pour cela il faut et il suffit que la percussion subie par la vis de pointage soit dirigée de haut en bas. Cette percussion est + V.

Adoptons comme sens positif de rotation le sens de la rotation des aiguilles d'une montre. Pour qu'il n'y ait pas rotation de la pièce autour de T grâce à l'appui de la culasse sur la vis V il faut que l'on ait, en prenant le moment par rapport à l'axe T :

$$m_{\mathrm{T}} (+ \mathrm{V}) < 0.$$

Admettons que T est sur l'axe de la pièce. Les 4 percussions P, — V, — T, T_{i_p} se faisant équilibrer la somme de leurs moments par rapport à un axe est nulle. On a donc, en prenant les moments par rapport à T.

$$m_{\mathrm{T}} (- \mathrm{V}) + m_{\mathrm{T}} \left(\mathrm{P}_{i_p} \right) = 0.$$

d'où ;

$$m_{\mathrm{T}} (+ \mathrm{V}) = m_{\mathrm{T}} \left(\mathrm{P}_{i_p} \right).$$

La condition précédente devient :

$$m_{\mathrm{T}}\left(\mathrm{P}_{i_p}\right) < 0.$$

Il est facile de voir qu'elle est toujours remplie lorsque l'affût ne peut se soulever (angles de tir supérieurs à une huitaine de degrés pour les matériels analogues au matériel de 90 millimètres, modèle 1877). Nous supposerons bien entendu que les tourillons sont placés un peu plus près de la bouche de la pièce que le centre de gravité de celle-ci, en d'autres termes que la pièce a une légère *prépondérance de culasse* de façon à bien suivre les mouvements de la vis V. L'angle de tir étant supérieur à zéro par hypothèse, le centre de gravité G_p (fig. 28) est toujours au-dessous de l'axe T ; d'autre part la percussion P_{i_p} a une direction inverse de celle du recul ; son moment par rapport au point T est donc négatif étant donné le sens positif de rotation que nous avons adopté page 103.

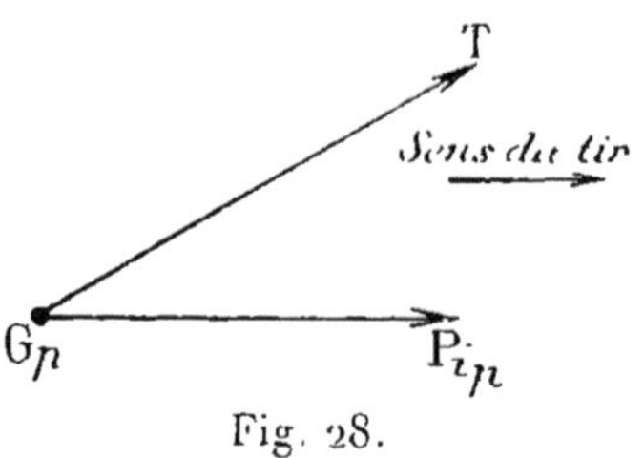

Fig. 28.

Par conséquent quand il n'y a pas tendance au soulèvement, la culasse appuie sur la vis. Il serait facile de calculer la valeur de la percussion ainsi reçue par la vis pour réduire au minimum cette percussion. Nous passerons ce calcul sous silence.

Examinons maintenant si la condition $m_{\mathrm{T}}\left(\mathrm{P}_{i_p}\right) < 0$ est également toujours remplie lorsqu'il y a soulèvement. Il convient d'abord de déterminer dans ce cas la percussion d'inertie partielle P_{i_p}. Pour cela nous remarquons que, tant que l'articulation des tourillons ne joue pas, le système formant un seul bloc, le centre instantané de rotation est le même pour chacune des parties constituant ce bloc. La percussion d'inertie partielle de la pièce a donc pour ligne d'action la symétrique de la polaire de ce centre instantané par rapport au cercle décrit de G_p comme centre avec K_p comme rayon. En considérant alors la percussion d'inertie du système total, qui a été déterminée page 93, comme la résultante de P_{i_p} et de la percussion d'inertie P_i subie par l'affût seul, on peut obtenir la grandeur de P_{i_p} : il suffit de décomposer le vecteur ∂a de la figure 23 suivant la ligne d'action de P_{i_p} et suivant celle de P_{i_a} laquelle est obtenue de la même facon que P_{i_p}. D'ailleurs ce qui nous intéresse en ce moment, c'est simplement le signe de $m_T (P_{i_p})$. Or, si l'on fait la construction de P_{i_p} comme il vient d'être dit, on trouve que pour les matériels existants, on a $m_T (P_{i_p}) < 0$ pour des angles de tir un peu inférieurs à α_s et que pour l'angle de tir zéro on a $m_T (P_{i_p}) > 0$. Par suite, à partir d'un angle $\alpha_n < \alpha_s$ mais > 0, la culasse quitte la vis, ce qu'on exprime en disant que le pièce *saigne du nez*. Plus une pièce saigne du nez plus elle fatigue la vis lorsqu'elle retombe sur cette dernière : c'est donc en comparant la percussion $-\!-V$ que subit la pièce sous l'angle zéro par exemple avec celle que reçoit une pièce existante sous le même angle que l'on peut déterminer par comparaison les dimensions à donner à la vis V.

Mais, dès que la pièce saigne du nez, la méthode indiquée ci-dessus pour déterminer les percussions n'est plus admissible *à priori* et il faut adopter la solution suivante qui correspond au cas où *l'articulation des tourillons joue pendant le tir*.

Nous supposerons d'ailleurs comme nous l'avons fait

jusqu'ici que les roues ne tournent pas c'est-à-dire qu'elles sont enrayées à bloc.

Appelons M_a, G_a, K_a, M_p, G_p, K_p les masses, les centres de gravité et les rayons de gyration respectifs de l'affût seul (y compris les roues) et de la pièce seule.

Nous connaissons, dans le cas du soulèvement, la ligne d'action de la réaction du sol sur la crosse : elle passe par le point d'appui de la crosse et fait avec la normale au sol en ce point un angle égal à l'angle de frottement i.

Nous connaissons aussi la ligne d'action et l'intensité de la percussion due aux gaz de la poudre.

La première idée qui vient à l'esprit est de décomposer le mouvement élémentaire du système en deux autres, un mouvement connu d'entraînement consistant dans un soulèvement sans saignement de nez et un mouvement relatif de la pièce par rapport à l'affût. Mais alors dans le mouvement relatif de l'affût, on ne voit pas bien ce que devient la réaction du sol et il nous paraît préférable d'adopter la solution professée en 1893, à l'Ecole d'application de *Fontainebleau* par M. le Commandant *Henry*[1].

Cet auteur, décompose le mouvement élémentaire du système en deux autres : un mouvement d'entraînement analogue à celui que prend *réellement* l'affût mais sans jeu des tourillons et un mouvement relatif de la pièce autour de ceux-ci. Puisque le point C (fig. 29) glisse sur la plate-forme le mouvement d'entraînement consiste dans une rotation ω autour d'un certain point de la verticale CN. Ce point n'est pas le point O de la page 93 car nous considérons le mouvement *réel* de l'affût dans le cas du saignement de nez. Si le centre de rotation était connu ainsi

[1] HENRY. 2.

que ω on connaîtrait les percussions d'inertie P_{i_a} et P_{i_p} relatives à l'affût et à la pièce considérés isolément. On aurait :

$$P_{i_a} = M_a a_a \omega \qquad P_{i_p} = M_p a_p \omega$$

a_a, a_p représentant les distances respectives aux points G_a, G_p de ce centre instantané de rotation. Il faut donc

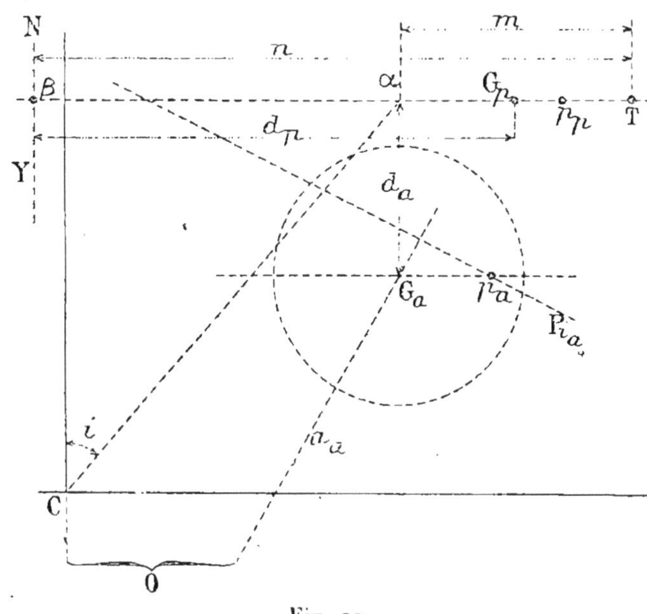

Fig. 29.

avant tout déterminer la position de ce centre sur la normale CN.

Tout d'abord nous savons que les percussions P_{i_a}, P_{i_p} passent par les pôles p_a p_p de cette normale dans les cercles de rayon K_a et K_p.

D'autre part, dans le mouvement relatif de la pièce, celle-ci tournant autour de l'axe des tourillons, la percussion d'inertie relative de la pièce a pour ligne d'action la symétrique de la polaire du centre de rotation dans le cercle de rayon K_p.

Enfin nous supposerons que la percussion reçue par les tourillons passe par le centre de ces derniers.

Représentons sur la figure 29 ces différentes percussions. Examinons l'équilibre de l'affût seul sous l'action : 1° de la percussion d'inertie P_{i_a} dont on connaît le point p_a ; 2° de la percussion — T de la pièce sur les sous-bandes, qui passe par le point T ; 3° de la percussion C dont on connaît la ligne d'action $C\alpha$. En prenant les moments par rapport au point α, on a :

$$(\lambda) \qquad - T \times \alpha_{\scriptscriptstyle T} + P_{i_a}\, \alpha_{i_a} = 0$$

en désignant par $\alpha_{\scriptscriptstyle T}$, α_{i_a} les distances respectives du point α aux percussions T et P_{i_a}.

De même l'équilibre de la pièce seule dans le mouvement absolu va donner une relation où entrera T et P_{i_p}. Les percussions qui agissent sur la pièce sont[1] : la percussion des gaz suivant $T\alpha$, la percussion $+$ T passant par le point T, la percussion P_{i_p} dont on connaît le point p_p, la percussion d'inertie de rotation autour de T dans le mouvement relatif. Cette dernière a pour ligne d'action la symétrique γ de la polaire du point T dans le cercle d'inertie de rayon K_p. En prenant les moments par rapport à β on a :

$$(\mu) \qquad\qquad T\beta_{\scriptscriptstyle T} + P_{i_p} \times \beta_{i_p} = 0.$$

[1] Pour avoir les percussions dans le mouvement absolu, il faut composer les percussions d'entraînement et les percussions du mouvement relatif, comme on le fait pour les vitesses (voir page 34).

De plus, puisque :

$$P_{i_p} = M_p a_p \omega, \qquad\qquad P_{i_a} = M_a a_a \omega$$

on a :

$$\frac{P_{i_a}}{P_{i_p}} = \frac{M_a a_a}{M_p a_p}.$$

Remplaçant cette dernière équation P_{i_a}, P_{i_p} par leurs valeurs tirées de (λ) et (μ) il vient :

$$-\frac{\dfrac{T\alpha_r}{\alpha_{i_a}}}{\dfrac{T\beta_r}{\beta_{i_p}}} = \frac{M_a a_a}{M_p a_p}$$

ou :

$$\frac{M_a a_a \alpha_{i_a}}{\alpha_r} + \frac{M_p a_p \beta_{i_p}}{\beta_r} = 0.$$

Or les distances α_r, β_r sont proportionnelles aux distances connues $T\alpha = m$, $T\beta = n$ en sorte que :

$$\frac{M_a a_a \alpha_{i_a}}{m} + \frac{M_p a_p \beta_{i_p}}{n} = 0,$$

Cette équation contient deux inconnues α_{i_a} a_a, β_{i_p} a_p qui dépendent uniquement des coordonnées du centre instantané O : elle définit donc un lieu du point O : en le construisant son intersection avec la normale CN donnera le point cherché O.

Le problème revient ainsi à construire ce lieu. Pour cela on s'appuie sur le théorème de géométrie ci-après : *le rapport des distances de deux points A et B (fig. 3o) au centre C d'un cercle est égal au rapport des distances de chacun de ces points pris dans le même ordre à la polaire de l'autre.* On a ainsi :

$$\frac{AC}{BC} = \frac{AE}{BD}.$$

Ce théorème, appliqué aux points O et α et au cercle de rayon K_a, donne sur la figure 29 :

$$\frac{a_a}{d_a} = \frac{OP_\alpha}{\alpha_{i_a}}$$

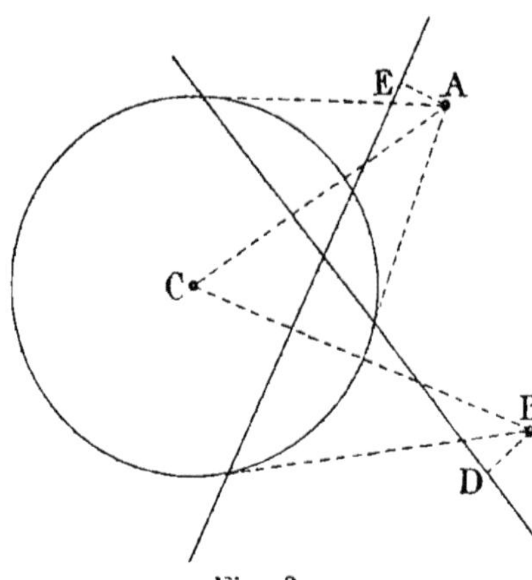

Fig. 30.

OP_α représentant la distance du point O à la polaire du point α dans le cercle K_a. Cette polaire est connue.

De même en considérant les points O, β dans le cercle de rayon K_p on a :

$$\frac{a_p}{d_p} = \frac{OP_\beta}{\alpha_{i_p}}$$

OP_β représentant la distance du point O à la polaire connue du point β dans le cercle de rayon K_p. En vertu de ces deux égalités, l'équation qui définit le lieu peut s'écrire :

$$OP_\alpha \frac{M_a d_a}{m} + OP_\beta \frac{M_p d_p}{n} = 0$$

ou, en posant :

$$\frac{M_a d_a}{m} = A, \quad \frac{M_p d_p}{n} = B, \quad OP_\alpha = X, \quad OP_\beta = Y$$

$$AX + BY = 0.$$

Cette équation exprime que le rapport des distances Y et X de tout point du lieu à deux droites connues, polaires des points α et β dans les cercles de rayon K_a, K_p, est constant.

Le lieu est donc une droite passant par le point de rencontre des polaires des points α et β respectivement dans les cercles K_a et K_p.

Cette intersection est connue. Pour construire le lieu qui est une droite, il faut en construire un second point ce qui est facile puisqu'on connaît A et B. Soient (fig. 31) P_α, P_β les deux polaires définies ci-dessus : le lieu passe par I.

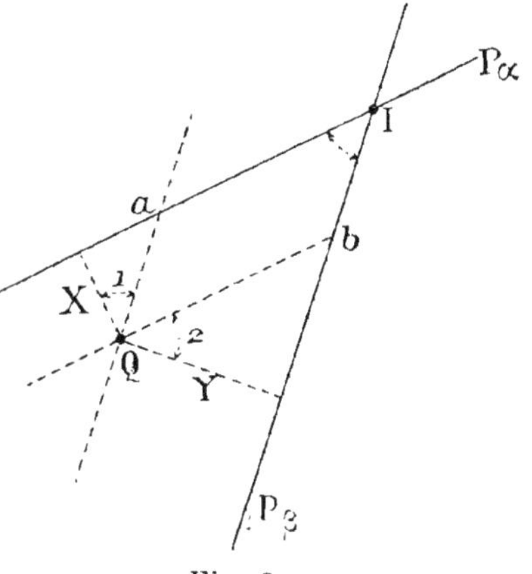

Fig. 31.

Soient alors $Ia = A$, $Ib = -B$; en menant bQ parallèle à P_α et aQ parallèle à P_β, Q est un second point du lieu. En effet l'angle 1 étant égal à l'angle 2, comme ayant même complément I la similitude des triangles de la figure donne :

$$\frac{X}{Y} = \frac{Qa}{Qb} = \frac{Ib}{Ia} = \frac{-B}{A}.$$

On a ainsi le point cherché O par l'intersection de IQ et de la normale au sol menée par le point d'appui de la crosse. Connaissant le point O les lignes d'action des percussions P_{i_p}, P_{i_a} sont facilement obtenues. On en déduit alors la ligne d'action de la percussion $-T$ de la pièce sur l'affût en joignant le point T au point de rencontre des percussions C et P_{i_a} par lesquelles elle est équilibrée.

Connaissant les lignes d'action de toutes les percussions, leurs grandeurs s'obtiennent facilement en partant de la percussion connue des gaz et en appliquant les règles de composition des vecteurs.

Pratiquement on peut opérer comme il suit :

Sur la pièce sont appliquées les percussions :

OP (fig. 32) des gaz, connue en grandeur, et les suivantes dont on connaît seulement les lignes d'action : Y, T et P_{i_p}.

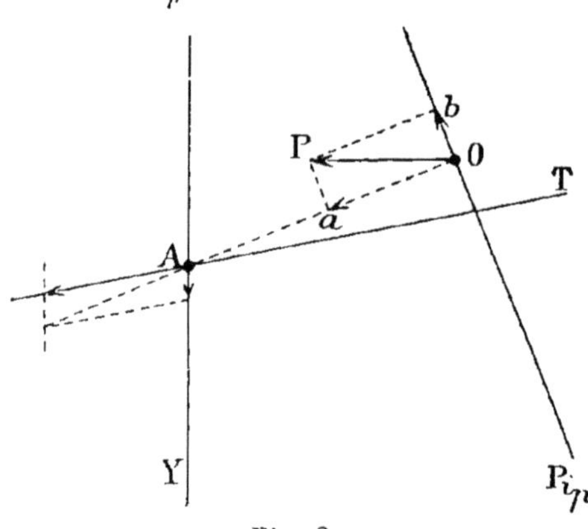

Le vecteur OP se décompose en Ob et Oa. Il ne reste plus qu'à décomposer Oa suivant Y et T ce qui se fait facilement.

Sur l'affût les percussions se réduisent à 3, dont — T vient d'être déterminée : la règle du parallélogramme fait connaître la grandeur des percussions C et P_{i_a}.

Fig. 32.

Le commandant Henry a appliqué la solution précédente au canon de 90 millimètres modèle $18\frac{7}{7}$ sous l'angle de tir zéro : il a trouvé que la percussion Y est négligeable vis à vis des autres.

M. le commandant *Gautier*[1] dans son cours de l'école

---

[1] GAUTIER.

d'application a montré qu'il fallait s'attendre à ce résultat. En effet la percussion d'inertie de la pièce dans le mouvement d'ensemble est égale à $M_p a_p \omega$. la distance a_p étant très grande. Au mouvement relatif correspond une percussion d'inertie $M_p \varpi \omega'$, ω' étant la vitesse relative de rotation du canon et ϖ la prépondérance de culasse (distance TG).

Pratiquement ϖ est égale à quelques millimètres, ω' n'est jamais bien grande et $M_p \varpi \omega'$ est négligeable devant $M_p a_p \omega$.

Mais alors tout se passe comme si le canon avait même axe instantané de rotation que l'affût et par suite comme si le système total était rigide (cas étudié page 92).

Remarques sur les théories précédentes. — Les applications sont souvent assez compliquées malgré la simplicité de la méthode graphique et bien que nous ayons vu que les formules empiriques de M. Kaiser permettent d'abréger les calculs.

Il convient d'ailleurs de déterminer dans tous les cas le centre de gravité du canon avec assez d'exactitude pour avoir la prépondérance de culasse voulue ce qui est important. La détermination de ce centre de gravité se fait facilement par la statique graphique (voir page 35).

Quoiqu'il en soit les résultats ne constituent dans leur ensemble que des approximations. L'expérience seule peut fournir la solution définitive mais la théorie lui prête un concours précieux tant pour l'agencement logique du système que pour la détermination de ses dimensions. On en est quitte pour renforcer si cela est nécessaire certaines parties reconnues trop faibles pratiquement.

§ 2. — AFFUTS RIGIDES A BÊCHE DE CROSSE
ET SANS FREIN HYDRAULIQUE.

Ce genre de matériel est plus moderne que le précédent. La bêche qui, après enfoncement, supprime le recul de l'affût, a permis de réduire la durée des opérations relatives au tir. Celui-ci est devenu ainsi notablement plus rapide.

Ce progrès, combiné avec d'autres relatifs au chargement, à la fermeture de culasse, à la mise de feu, a conduit aux matériels modernes, dits à *tir accéléré* avec lesquels on peut arriver à tirer 4 à 5 coups par pièce à la minute. Quelques puissances européennes se contentent encore aujourd'hui (1907) d'armements de cette nature.

Nous avons vu que les canons sur affûts rigides, surtout les canons longs, se soulèvent toujours et que ce soulèvement est d'autant moins fort que l'affût est plus long et plus bas. Il est facile de vérifier que, pour une même longueur et une même hauteur d'affût, le soulèvement est plus considérable lorsque l'affût est doté d'une bêche de crosse.

Dans ce cas en effet le centre instantané O de la figure 26 (page 99) coïncide avec un point de la bêche de crosse autour duquel tourne le système. Par suite, toutes choses égales d'ailleurs, la longueur que nous avons appelée a est aussi réduite que possible et nous savons (page 99) que la vitesse de rotation ω est inversement proportionnelle à cette longueur. De plus le soulèvement commence pour des angles de tir supérieurs à ceux pour lesquels l'affût sans bêche se soulèverait. En négligeant en effet les saignements de nez[1] les percussions appliquées au système pièce-affût sont :

1° La percussion TP des gaz (fig. 33) ;

2° La percussion du sol sur la crosse (on en connaît le point C) ;

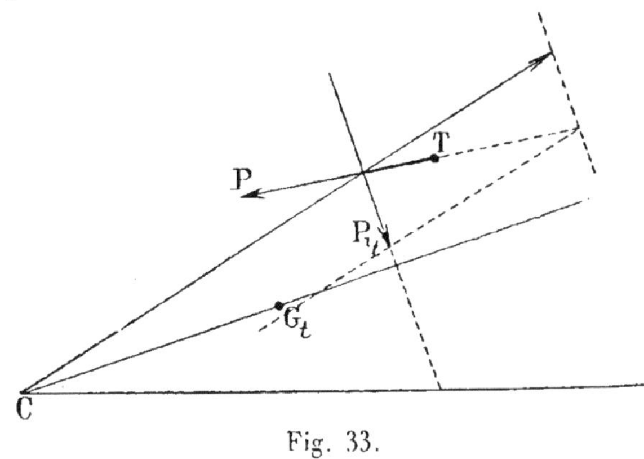

Fig. 33.

3° La percussion d'inertie P_{i_t} du système total : cette percussion a pour ligne d'action la symétrique de la polaire du centre C de rotation dans le cercle d'inertie G_t, G_t étant le centre de gravité du système pièce-affût. Lorsque l'angle de tir croît c'est-à-dire lorsque la direction TP se rapproche de la direction TC et même la dépasse, la percussion P_{i_t} devient nulle puis change de sens. Le soulèvement a donc lieu pour les angles de tir inférieurs ou égaux à celui qui est défini par l'inclinaison TC. Cette inclinaison limite, à partir de laquelle le soulèvement commence, est donc bien plus considérable pour un affût pourvu d'une bêche puisqu'elle s'obtient en joignant le point T à un point bien plus bas que pour un affût dépourvu de bêche.

[1] On est en droit de le faire comme nous l'avons vu, page 113.

Conclusion. — Les affûts rigides à bêche de crosse manquent de stabilité au tir : ils se soulèvent toujours au départ du coup. Pour ces affûts il y a lieu de considérer non seulement la résistance du matériel mais encore la conservation du pointage pendant le tir. Alors que pour les affûts sans bêche, qui reculent tout en se soulevant, la conservation du pointage est impossible à réaliser, il est intéressant de chercher pour ceux qui ne reculent pas, à réduire le soulèvement au minimum de façon à rendre très petits et, à la rigueur, négligeables, les dépointages de la bouche à feu.

Or d'après ce qui a été dit précédemment, le soulèvement est d'autant plus prononcé que l'angle de tir est plus petit. En général on peut se contenter d'étudier le soulèvement dans le tir sous l'angle zéro.

Considérons ce cas. Soient (fig. 34) G_t le centre de gra-

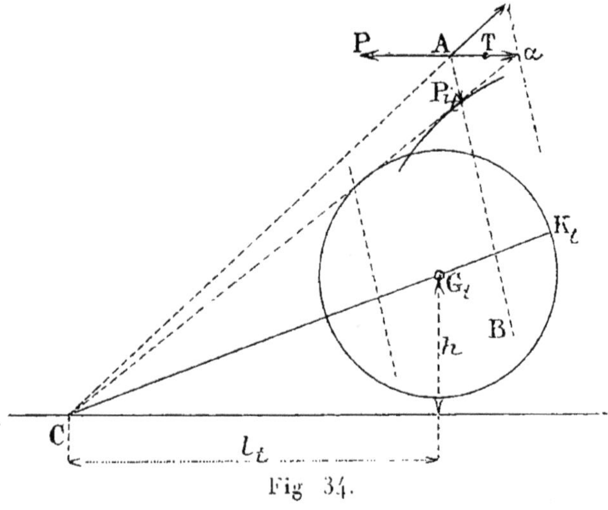

Fig 34.

vité du système total pièce-affût, C le point fixe de la bêche de crosse, TP la percussion connue des gaz, $G_t K_t$ le cercle d'inertie. La percussion d'inertie a pour ligne d'action la droite AB obtenue comme on le sait. La percussion du sol a pour ligne d'action CA. On a sur la figure 34 en AP_{i_t} la percussion d'inertie. La vitesse angulaire de rotation du système a pour expression :

$$\omega = \frac{AP_{i_t}}{M_t \sqrt{h^2 + l_t^2}}.$$

Or

$$A\alpha = AP = M_t v.$$

D'où :

$$M_t = \frac{A\alpha}{v}.$$

Par suite :

$$\omega = \frac{AP_{i_t}}{A\alpha} \frac{v}{\sqrt{h^2 + l_t^2}}.$$

Cela posé, en vertu de cette vitesse angulaire le système a une force vive égale à

$$\frac{1}{2} \Sigma m r^2 \omega^2 = \frac{1}{2} \omega^2 M_t (K_t^2 + h^2 + l_t^2),$$

m étant la masse des divers points du système et r leur distance au point C. D'autre part le poids du système s'oppose au soulèvement et quand il a produit le travail $M_t g Y$, le mouvement s'arrête si la hauteur Y est telle que :

$$M_t g Y = \frac{1}{2} \omega^2 M_t (K_t^2 + h^2 + l_t^2).$$

La hauteur verticale dont s'élève par exemple le centre de gravité G_t sous l'effet du soulèvement est donc :

$$Y = \frac{1}{2g} (K_t^2 + h^2 + l_t^2) \left(\frac{AP_{i_t}}{A\alpha}\right)^2 \frac{v^2}{h^2 + l_t^2}.$$

7.

Application. — Supposons qu'on dote d'une bêche de crosse un canon de 90 millimètres, modèle 1877. On a pour ce matériel :

$$h = 0^m,906 \qquad l_i = 1^m,645 \qquad \mathrm{K}_i = 0^m,677$$
$$\text{Hauteur de } \mathrm{T} = 1^m,20.$$

Nous avons trouvé (page 85) $v = 4^m,22$. Nous avons donc :

$$\mathrm{Y} = \frac{1}{19,6} \frac{\overline{0,677}^2 + \overline{0,906}^2 + \overline{1,645}^2}{\overline{0,906}^2 + \overline{1,645}^2} \times \overline{4,22}^2 \left(\frac{\mathrm{AP}_{i_l}}{\mathrm{A}z}\right)^2.$$

Une épure donne $\mathrm{AP}_{i_l} = \dfrac{1}{2}\,\mathrm{A}z$ environ. Par suite :

$$\mathrm{Y} = 0^m,25 \text{ environ.}$$

Il serait intéressant de faire la même application au même matériel, en le supposant toutefois dépourvu de bêche de crosse, afin de bien se rendre compte de l'augmentation du soulèvement lorsque la bêche existe. Malheureusement le problème est alors très compliqué. On ne peut écrire en effet, comme dans le cas précédent, que la force vive du système est absorbée uniquement par le travail du poids dans le soulèvement. Nous savons que s'il n'y a pas de bêche, dans le tir sous petits angles, l'affût ne fait pas que se soulever : il recule aussi et, comme nous l'avons déjà dit page 96, le mouvement se compose d'une série de cabrés et de ruades accompagnés de glissements alternatifs de la crosse et des roues. La force vive du système est alors absorbée par les frottements dus au recul et par le soulèvement, dans des proportions qu'il ne nous paraît pas facile d'évaluer. On peut seulement prévoir que le soulèvement sera moindre que dans le cas précédent et l'expérience vérifie cette prévision.

Revenons aux affûts à bêche de crosse. On conçoit qu'une retombée verticale de 20 à 30 centimètres après chaque coup, fatigue beaucoup le matériel et en particulier les roues.

Aussi les Allemands, qui ont été les premiers à adopter une bêche dans leur matériel de guerre, modèle 1896, ont-ils eu la précaution de se donner le moyen de pouvoir tirer à volonté avec ou sans bêche.

A cet effet celle-ci est mobile autour de l'axe O (fig. 35). En temps ordinaire elle est relevée sur la flèche contre le dessus de laquelle elle est maintenue par le levier de pointage en direction L. Ce dernier peut d'ailleurs être rabattu sur la flè-

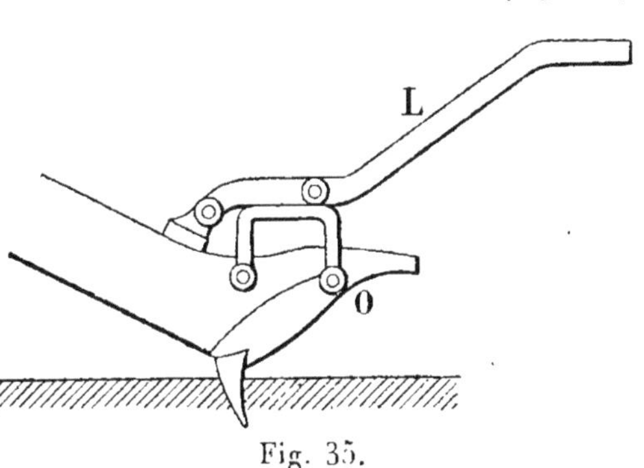

Fig. 35.

che lorsque la pièce n'est pas en batterie.

Lorsque le tir n'a pas à être accéléré, la bêche n'est pas rabattue vers le sol et le recul est simplement limité par un frein à patins et à cordes d'un système analogue à celui de notre frein *Lemoine* dont nous exposerons plus loin le principe.

Lorsqu'au contraire le tir doit être accéléré, le recul est supprimé par le rabattement de la bêche. Malgré le mouvement de cabré qui en résulte, les dépointages peuvent être assez vite corrigés et le tir peut atteindre, après le réglage, une rapidité de 5 à 6 coups par pièce et par minute. Cette cadence peut servir à définir ce qu'on entend par « *tir accéléré* », en réservant l'expression « *tir rapide* », au cas où la cadence est 4 à 5 fois plus grande, soit une vingtaine de coups par pièce et par minute, après le réglage du tir.

L'inconvénient de la solution allemande est de fatiguer beaucoup le matériel dans le tir avec bêche et de nécessiter une manœuvre précisément à un moment critique, si l'on a besoin de passer du tir ordinaire lent (1 coup par minute) au tir accéléré (5 à 6 coups par minute).

C'est pour éviter cette manœuvre, sans exagérer cependant la fatigue du matériel, que dans nombre d'artilleries étrangères à affûts rigides à bêche de crosse, on a interposé entre celle-ci et l'affût des liens élastiques convenablement choisis. On a ainsi les affûts rigides à bêche élastique.

§ 3. — AFFUTS RIGIDES A BÊCHE AVEC LIENS ÉLASTIQUES ENTRE BÊCHE ET AFFUT

Le principe de ces systèmes consiste à laisser reculer légèrement l'affût par rapport à la bêche : le cabrage est alors moins grand, puisque le recul absorbe une partie de la force vive du système au commencement de la 2ᵉ période du recul. Pendant le recul, le lien élastique est comprimé, et sa détente ramène ensuite l'affût à sa position primitive, du moins approximativement.

Comme exemple de ces dispositifs nous indiquerons celui qui a été appliqué en 1897 au matériel de campagne austro-hongrois. La bêche est mobile autour de l'axe O (fig. 36). Elle est formée de la partie L, à laquelle est fixé le soc S.

Une pile R de Rondelles Belleville est enfilée sur une tige
T, qui est articulée en ω avec la bêche, et qui traverse
l'écrou à tourillon E oscillant entre les flasques autour de
l'axe A. Supposons la bêche enfoncée. Au départ du coup,
l'affût recule en se cabrant, la bêche reste fixée au sol, et
l'écrou E entraîné glisse sur la tige T en comprimant les

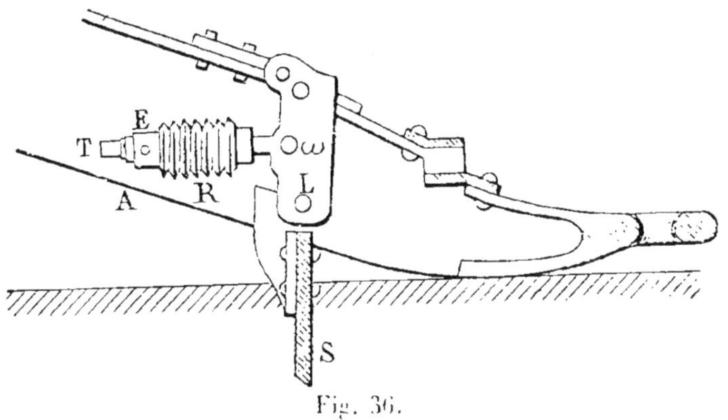

Fig. 36.

rondelles R contre la bêche, qui pivote aussi autour de
l'axe O. Après le recul, les rondelles ramènent à peu près
l'affût à sa position primitive par rapport à la bêche. Il
suffit pour cela de calculer le système de façon que
l'énergie absorbée dans le recul soit amplement suffisante
pour le retour en batterie. Le problème est analogue à
celui que nous aurons à résoudre pour l'organisation des
récupérateurs à ressort. Nous renvoyons donc le lecteur
au chapitre IV, où se trouvent les formules à employer
pour calculer les ressorts métalliques. Pour les rondelles
Belleville on trouve, dans les aide-mémoire, des formules
analogues.

§ 4. — FREIN A PATINS ET A CORDES DU SYSTÈME LEMOINE

Nous ne représenterons pas sur la figure 37 les parties de la gauche du frein, qui sont symétriques des parties situées à droite. Nous supposerons de plus l'affût transparent, afin de dessiner plus clairement le système placé *sous* l'affût.

La légende ci-après permettra de comprendre le fonctionnement de ce frein : P patin ; V volet porte-patin articulé en O_1 avec l'affût ; T tirant coudé ; C corde enroulée de deux tours sur le *moyeu de la roue*, et fixée d'une part au coude du tirant T et, d'autre part, au palonnier de frein P_f ; P_f palonnier de frein consistant en une tige flexible en acier ; P_a palonnier d'appel consistant également

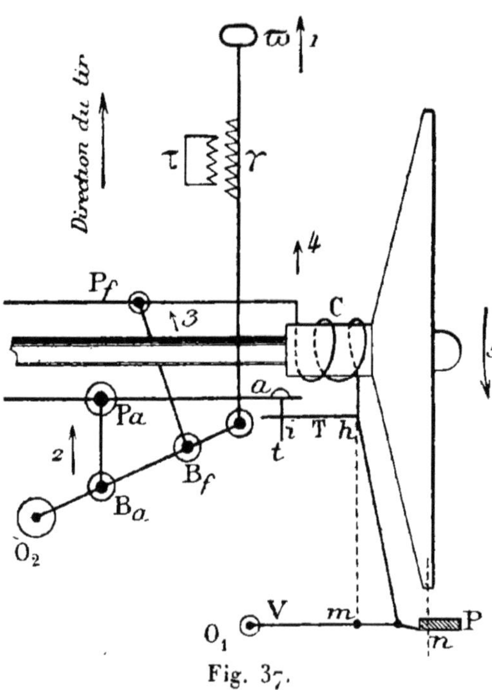

Fig. 37.

en une tige flexible en acier ; ϖ poignée permettant par traction de faire tourner le levier $O_2 B_a B_f$ autour du point O_2 de l'affût ; $B_f P_f$, $B_a P_a$ bielles articulées avec les palonniers P_f, P_a et avec le levier $O_2B_aB_f$, γ crémaillère permettant de fixer la tige $\varpi\gamma$ à une position quelconque dans le taquet denté τ porté par l'affût. t tige dite de réglage, car la distance ia peut être modifiée à volonté, en fixant t à T au moyen d'une goupille, que l'on peut déplacer à volonté le long de t.

Voici le fonctionnement du frein. On commence par l'armer avant de tirer. A cet effet on tire la poignée ϖ dans le sens de la flèche 1 : le palonnier P_a est poussé dans le sens de la flèche 2 et, par l'intermédiaire des tiges t et T, le patin P est rapproché du cercle de la roue. Lorsque le déplacement du patin a atteint 3 centimètres et demi, le palonnier P_a a ses extrémités arrêtées par des butées portées par l'affût et il cesse d'agir sur les patins. Le palonnier P_f est poussé dans le sens de la flèche 3, mais comme il ne peut entraîner la corde qui frotte sur le moyeu, il se tend et ses extrémités exercent de chaque côté de l'affût une tension sur la corde dans le sens de la flèche 4. Si la tige de réglage est bien disposée, les patins se trouvent avant l'armé, à 5 centimètres du cercle des roues. Après l'armé, qui les a rapprochés de 3 centimètres et demi, il n'en sont plus qu'à un centimètre et demi. Quand l'affût recule, la roue tourne dans le sens de la flèche 5 : la corde s'enroule sur le moyeu du côté du patin et se déroule du côté du palonnier P_a : celui-ci se détend en même temps que le cercle de la roue se rapproche du patin jusqu'au contact. A ce moment la corde ne peut plus s'enrouler, et si P_a est encore tendu pour exercer sur la corde une tension dans le sens de la flèche 4, le moyeu va tourner dans la corde avec frottement. Ce frottement, qui est considérable comme nous allons le voir, vient donc s'ajouter à celui du patin sur le cercle, et l'ensemble s'oppose à la rotation de la roue avec une force assez grande pour l'empêcher de tourner. Mais ce résultat exige que la tension 4 existe, et pour cela il faut que le patin soit arrivé au contact de la roue avant que le palonnier P_a se soit complètement débandé par suite du déroulement de la corde de ce côté. Cela explique l'utilité du réglage de la tige t.

Nous pouvons avoir une idée assez exacte de la tension de la corde du côté du tirant, tension qui applique le patin contre la roue, en appliquant à ce cas particulier les principes de la mécanique. Nous avons vu en effet (page 28) que si P est la tension cherchée et Q la tension exercée sur l'autre extrémité de la corde par le palonnier d'appel, on a, en supposant

$$f = 0,305 \quad \text{et} \quad \theta = 4\pi \ (\text{2 tours de corde})$$
$$P = Q\,(2,7)^{1,22\,\pi} = Q\,(2,7)^{3,8} = Q \times 435,7.$$

Si la tension Q = 20 kilogrammes, on a P = 870 kilogrammes environ.

Pour avoir le frottement sur le patin il faut multiplier la force normale à la roue par le coefficient de frottement 0,32 du patin sur le cercle. Cherchons donc cette force normale.

Lorsque la tension T, dirigée suivant hm (fig. 37), s'exerce sur le volet V, le patin P est au contact de la roue et la tension T peut se décomposer en une force passant par n et une force passant par O_1. La première est celle que nous cherchons. On trouve, avec les dimensions réelles, de notre affût de 90 millimètres que $O_1m = 5\,mn$. Il en résulte que la composante passant par n et parallèle à T, est égale aux 5/6 de T soit ici 725 kilogrammes.

Le frottement du patin sur la roue est donc égal à

$725 \times 0{,}32 = 232$ kilogrammes. L'effort sur les 2 roues est donc de 464 kilogrammes. Il y a aussi le frottement des moyeux dans les cordes. Ce frottement dépend de la tension de la corde. Soit t la tension de la corde en un point quelconque de l'enroulement. Au point voisin la tension est $t + dt$ puisque la tension varie depuis 20 kilogrammes jusqu'à $T = 870$ kilogrammes. En chaque point l'accroissement de tension dt est équilibré par le frottement en ce point puisque la corde ne peut se déplacer, le patin étant au contact.

Le frottement élémentaire $d\varphi$ est donc égal à dt et le frottement total est égal

$$\int_{20}^{870} dt = 870 - 20 = 850 \text{ kilogrammes.}$$

Tel est l'effort tangentiel total sur le moyeu de rayon r. Reporté sur le cercle de la roue de rayon R sa valeur x est telle que

$$850 \times r = x \times R$$

d'où

$$x = 850 \,\frac{r}{R}.$$

D'après les dimensions réelles des moyeux et roues du matériel de 90 millimètres, modèle 1877, on a $\dfrac{r}{R} = \dfrac{1}{14}$ environ. L'effort tangentiel cherché qui s'ajoute à la résistance opposée par le frottement du patin, est donc $\dfrac{1}{14}$ de 850 kg. $= 60$ kg. 700.

Pour l'ensemble des 2 roues l'effort opposé au roulement est donc 464 kg. $+$ 121 kg. environ $= 585$ kilogrammes.

Pour que les roues ne tournent pas pendant le recul il faut que cet effort soit supérieur à la composante tangentielle du frottement des roues sur le sol. Or nous avons vu (page 24) que cette composante était égale à la pression normale multipliée par le coefficient de frottement. En admettant une pression sur la crosse égale à 70 kilogrammes, la pression sur les roues est égale, pour le matériel que nous envisageons, à 1262 kg. — 70 kg. = 1192 kilogrammes. La composante tangentielle cherchée est ainsi de 596 kilogrammes. Il faudra, donc, pour caler les roues, que la tension sur le palonnier P_f dépasse très légèrement 20 kilogrammes.

CHAPITRE III

AFFUTS RIGIDES A FREINS HYDRAULIQUES
ET RECULANT SUR CHASSIS OU SUR PLATES-FORMES

§ 1. — DES FREINS HYDRAULIQUES A EFFORT CONSTANT

Utilité des freins hydrauliques. — Dans le chapitre précédent nous avons étudié les affûts rigides pouvant reculer pour ainsi dire librement. La seule résistance opposée au recul était en effet le frottement du système sur le sol ou la plate-forme, les sabots d'enrayage et les freins du système Lemoine n'ayant d'autre effet que d'empêcher les roues de tourner.

Nous allons étudier maintenant les affûts rigides dont la fixité a permis de prendre des dispositions spéciales pour accélérer le tir et faciliter le service. Ces dispositions sont d'ailleurs d'autant plus nécessaires que, pour ces affûts fixes, la considération du poids étant secondaire, les calibres sont relativement plus forts. Il faut alors pour rendre maniables d'aussi grosses pièces, les disposer sur des plates-formes ou sur des châssis. Cette solution est excellente pour faciliter le pointage et pour ramener, après le recul, la pièce à sa position primitive, mais elle a le défaut de provoquer un recul plus long que sur le sol sur lequel les frottements sont plus grands. Ce défaut est d'autant plus important que l'on veut donner aux plates-formes et aux châssis des dimensions plus réduites comme il convient surtout à bord des navires, dans les tourelles ou dans les casemates. C'est grâce à l'invention des freins hydrauliques que l'on a pu arriver, comme nous allons le montrer, à une solution satisfaisante.

Considérons un affût rigide, sans frein, autre qu'un enrayage, reculant sur une plate-forme en bois. Soient P le poids total de la pièce et son affût, f le coefficient de frottement, L la longueur du recul.

Le travail du frottement est PfL. C'est lui qui absorbe la force vive du recul. Cette force vive est $\frac{1}{2} Mv_0^2$, en appelant M la masse totale pièce-affût et v_0 la vitesse maximum de recul que nous supposerons celle du recul libre. On a donc :

$$PLf = \frac{1}{2} Mv_0^2$$

Ici $f = \frac{1}{2}$ (voir page 88), $M = \frac{P}{g}$. Par suite :

$$L = \frac{v_0^2}{g}.$$

Considérons une bouche à feu de 155 L pesant avec son affût 5 785 kilogrammes et lançant avec une charge de 3 kg. 230 de poudre BC un obus de 40 kg. 8 à la vitesse initiale de 470 mètres.

La formule (8) de la page 61 donne :

$$v_0 = 3^m,97.$$

D'où :

$$L = 1^m,60.$$

Cette longueur peut être réduite facilement de moitié en employant un frein hydraulique de résistance moyenne.

Principe du frein hydraulique. — Un frein hydraulique se compose d'un piston P (fig. 38) et d'un cylindre C que nous supposerons fixe par rapport au piston bien que, souvent, le contraire ait lieu. Ce sera donc le piston qui sera entraîné par le recul de l'affût. Le piston est percé d'un ou plusieurs orifices dont la surface totale est ω et le cylindre est plein de liquide. Le déplacement du piston, *surtout lorsqu'il est rapide*, exerce sur ce liquide une pression qui l'oblige à s'écouler par les orifices de section totale ω. Cette pression s'oppose au mouvement du piston et le travail accompli par cette résistance sur la longueur du recul, absorbe la force vive initiale du système pièce affût. La résistance opposée au recul est d'autant plus considérable que la vitesse de recul est plus grande, que les orifices sont plus petits et que la section A qui presse sur le liquide est plus considérable.

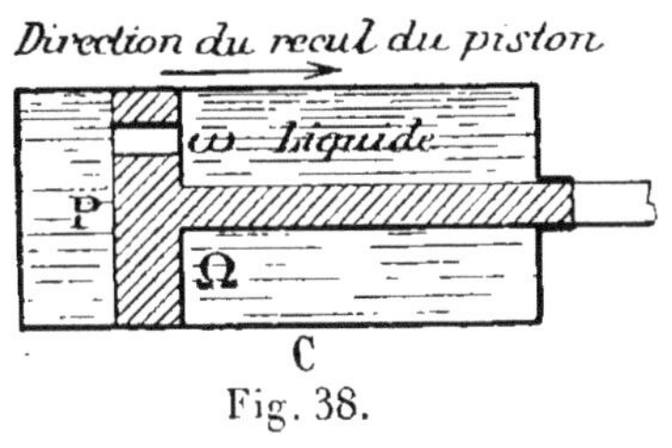

Fig. 38.

Lorsque la vitesse du piston est au contraire très faible comme cela a lieu dans le retour en batterie à bras, la résistance opposée est également très faible, comme il convient d'ailleurs.

Expression de la résistance du frein. — Cette expression résulte du théorème de Toricelli (voir page 38).

D'après ce théorème on a (voir page 40) :

$$w = K \sqrt{2gh}$$

w étant la vitesse d'écoulement du liquide par un orifice

ω très petit sous l'influence d'une pression représentée par une colonne liquide de hauteur h. La lettre K représente une constante inférieure à l'unité, variable avec la forme de l'orifice et s'écartant peu de 0,6.

Exemple. — Trouver la vitesse d'écoulement d'un liquide sous l'action d'une pression effective de 150 kilogrammes par centimètre carré, le poids spécifique étant égal à l'unité. On a par définition de h :

$$h \times 1^{mq} \times 1\,000 \text{ kg.} = 1\,500\,000 \text{ kg.}$$

d'où

$$h = 1\,500 \text{ mètres}$$

Par suite, en supposant $K = 1$:

$$w^2 = 2 \times 9{,}8 \times 1\,500 = 29\,400$$

d'où :

$$w = 171 \text{ mètres environ.}$$

Soit F l'effort total du frein en kilogrammes. Cet effort est dû à la pression opposée par le liquide au mouvement du piston et c'est précisément en vertu de cette pression que le liquide passe par les orifices de section totale ω avec une vitesse w. Si nous appelons h la hauteur en mètres à laquelle correspondrait la vitesse w nous avons :

$$w^2 = 2gh\mathrm{K}^2.$$

D'autre part en appelant Ω la section du piston qui presse réellement sur le liquide, nous avons, puisque la pression est due à une colonne liquide de hauteur h :

$$F = \Omega\,h\,\delta.$$

δ étant le poids spécifique du liquide, c'est-à-dire le poids de l'unité de volume. D'autre part la colonne du liquide qui, dans l'unité de temps, passe par la section ω est égal au volume du liquide refoulé par le piston de section utile Ω, de sorte que :

$$\Omega v = \omega w$$

v étant la vitesse de recul à un moment quelconque où la vitesse d'écoulement est w.

En éliminant h et w entre les trois équations précédentes, nous avons :

$$F = \frac{\Omega^3 \delta}{2g} \frac{v^2}{K^2 \omega^2}.$$

Vérifions l'homogénéité de cette formule. F a pour dimensions MLT^{-1} ; $\frac{\Omega^3}{2K^2\omega^2}$ a pour dimensions L^2 ; v^2 a pour dimensions $L^2 T^{-2}$; et g, LT^{-2} ; δ qui est le rapport d'un poids à un volume a pour dimensions $\frac{MLT^{-1}}{L^3}$ ou $MT^{-1} L^{-2}$. Le second membre a donc pour dimensions $L^2 \times L^2 T^{-2} \times L^{-1} T^2 \times MT^{-1} L^{-2}$ ou MLT^{-1}.

La formule est donc homogène et les unités sont arbitraires. Nous pourrions adopter par exemple le kilogramme, le mètre et la seconde, δ étant alors le poids en kilogrammes du mètre cube de liquide. Toutefois, pour faciliter les applications, nous exprimerons Ω et ω en centimètres carrés et non en mètres carrés. $\frac{\Omega^3}{\omega^2}$ sera alors représenté par un nombre 1000 fois plus grand ; d'autre part δ sera le poids en grammes du centimètre cube de liquide : il sera représenté par un nombre 1 000 fois plus petit. Par suite pour que F conserve la même valeur en kilogrammes, avec ces changements dans les unités, il faut écrire la formule :

$$F = \frac{\Omega^3 \delta}{20g} \frac{v^2}{K^2 \omega^2}.$$

Le coefficient K est égal, comme nous l'avons vu page 40, au rapport de la section de la veine contractée à celle de l'orifice d'écoulement. Ce rapport dépend évidemment de la grandeur et de la forme des orifices. Il varie donc pour un même frein à chaque instant du recul mais, dans les projets, on néglige ces variations dont il serait difficile de tenir compte et on adopte une valeur moyenne. Nous avons vu que pour les orifices ronds ou carrés, on peut prendre K = 0,60 ou 0,62.

Pour un orifice annulaire l'expérience montre que l'on peut adopter K = 0,90. D'ailleurs, d'après l'expression théorique de K (voir page 40) on peut être certain que sa valeur est toujours inférieure à l'unité. Lorsqu'on calcule ω pour réaliser une résistance F déterminée, on obtient donc en prenant K = 1 une valeur de ω inférieure à la valeur réelle. Or, ce résultat est avantageux pour le premier tracé à essayer, les orifices pouvant être ensuite agrandis à la lime, si l'expérience en montre la nécessité, alors qu'il est plus difficile de les réduire s'ils ont été construits trop grands. Par suite la formule que nous emploierons sera :

$$(12) \qquad F = \frac{\Omega^3 \delta}{20g} \frac{v^2}{\omega^2} \text{ où } \begin{cases} F \text{ en kilogr.} \\ \Omega, \omega \text{ en cmq.} \\ v, \text{ en mètres.} \\ g = 9,8, \end{cases}$$

Conséquence de l'expression de F. Freins à orifices variables. — Nous verrons, dans l'étude des matériels de campagne à bêche de crosse et lien élastique que l'effort F à demander au frein, est limité par la nécessité d'assurer la stabilité de l'affût au tir. Nous verrons au contraire que pour les affûts fixes on peut toujours s'arranger de façon à n'avoir à redouter aucun soulèvement. Pour ces matériels l'effort du frein n'a alors d'autre limite que celle de la résistance des organes de liaisons de la tige du piston ou du cylindre à l'affût. Il est facile de voir que dans ce cas on a intérêt à organiser le frein, de façon qu'il oppose au recul une résistance constante. Si, en effet, l'effort du frein variait à chaque instant, comme il part de zéro au début du recul pour revenir à zéro à la fin de la course L (figure 39), il passerait dans l'intervalle par un maximum Mm. Or la force vive absorbée par le frein est représentée par l'aire comprise entre la courbe OML et l'axe OL. Cette aire est équivalente à celle du rectangle ob aL. La même force vive de recul peut ainsi être

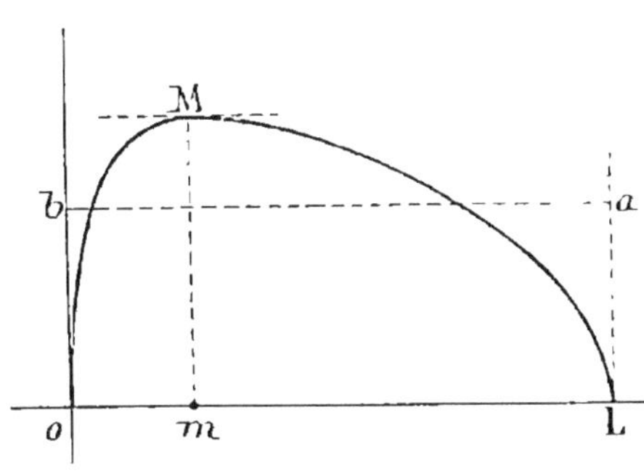

Fig. 39.

absorbée avec un frein dont l'effort constant est ob. Il suffit de calculer les organes du frein et les liaisons pour cet effort ob alors que, dans le frein à effort variable agissant sur la même longueur oL, il faudrait les calculer pour l'effort maximum Mm.

D'après la formule (12) il suffit, pour rendre l'effort F constant de faire varier les orifices ω en même temps que la vitesse de recul v du piston et proportionnellement à cette vitesse. C'est, comme nous le verrons, la solution préférable, mais on emploie aussi quelquefois des *freins à soupapes chargées*. Dans ces systèmes on laisse constants les orifices ω mais on règle l'écoulement du liquide de façon à avoir toujours dans le frein la même pression. Ce résultat est obtenu au moyen de ressorts calculés pour ne céder qu'à cette pression. Nous les étudierons plus loin.

Théorie élémentaire des freins hydrauliques à écoulement libre et à orifices variables. — Le calcul des freins hydrauliques, comme celui de toutes les parties d'un matériel peut se faire d'une façon plus ou moins approchée. Une première approximation consiste à admettre l'hypothèse suivante que nous désignerons sous le nom « *d'hypothèse de la vitesse maximum de recul libre instantanément acquise* ». Elle revient à négliger l'action du frein et toutes les autres résistances pendant la première période du recul ainsi que l'espace parcouru par le système pendant cette période. Cette manière de faire paraît, du moins *à priori*, assez justifiée lorsque le recul total est assez grand, un mètre par exemple. L'espace parcouru pendant la première période du recul peut en effet être calculé d'une façon approchée comme il suit :

On a vu page 61 que :

$$\mathrm{P}v_0 = p\mathrm{V}_0 \left(1 + 2{,}5\,\frac{\varpi}{p} \right)$$

V_0 est la vitesse initiale définie pages 48 et 49 ; elle n'est certainement pas très supérieure à la vitesse à la bouche V_b : ce n'est pas en effet lorsque le projectile a démasqué cette dernière que les gaz peuvent agir très efficacement pour accélérer son mouvement. Nous pouvons donc admettre qu'en posant :

$$v_0 = \frac{5}{4} \frac{p}{P} \, V_h \left(1 + 2{,}5 \, \frac{\varpi}{p} \right)$$

on obtient pour v_0 une valeur plutôt trop grande mais assez approchée.

En appelant alors x_0 la longueur parcourue par le système pendant la première période du recul lorsqu'on néglige toutes les résistances et u la longueur d'âme, on déduit de l'intégration de l'équation précédente :

$$(13) \qquad x_0 = \frac{5}{4} \frac{p}{P} \left(1 + 2{,}5 \, \frac{\varpi}{p} \right) u$$

et cette valeur de x_0 est une limite supérieure mais approchée.

Pour avoir une idée de la grandeur de x_0, appliquons le principe de similitude (pages 68 et 69) en supposant :

$$\frac{\varpi}{p} = \frac{1}{10}, \qquad \frac{p}{P} = 0{,}0067$$

et $u = 30$ calibres.

La formule (13) donne alors :

$$x_0 = 0{,}0067 \times 30 \times 1{,}25 \times \frac{5}{4} \text{ calibre}$$

$$= \frac{5}{16} \text{ de calibre environ.}$$

Pour un calibre de 16 centimètres, le recul, pendant la première période, n'atteint donc pas 5 centimètres lorsqu'aucune résistance n'agit sur le système pièce-affût. Cette longueur est très petite par rapport à 1 mètre et plus. D'ailleurs elle est encore plus faible en réalité car les résistances agissent toujours un peu, ne seraient-ce que les frottements.

En ce qui concerne la vitesse du recul à la fin de la première période, on suppose que c'est celle du recul libre, donnée par la formule (8) de la page 61. Le travail des frottements pendant ce temps est assez faible en effet et il en est de même de celui du frein dont le liquide, qui contient toujours un peu d'air occlus, n'est pas absolument incompressible. En outre le cylindre du frein présente toujours une certaine élasticité qui empêche la pression de s'élever bien vite.

En résumé, 1° l'espace parcouru par la masse reculante pendant la première période du recul est relativement faible et 2° sur cet espace, le travail des résistances ne fait pas diminuer sensiblement la vitesse de recul que prendrait le système sans frein ni frottements.

Il semble donc naturel d'admettre l'hypothèse faite si le recul total est long.

Un exemple numérique nous donnera plus loin une idée de l'erreur commise en opérant ainsi.

Quoiqu'il en soit admettons pour le moment cette hypothèse et voyons comment on peut en déduire les éléments d'un frein hydraulique à effort constant.

Les forces qui s'opposent au mouvement de la masse reculante sont : l'effort constant F du frein hydraulique, la composante du poids de la masse reculante si l'affût glisse en reculant sur un châssis incliné d'arrière en avant, et les frottements. Nous avons vu, page 25, que ces frottements ne varient pas sensiblement avec la vitesse du recul, tout en diminuant un peu avec elle. Nous les supposerons constants. Leur expression est, en appelant J les frottements dans les joints du frein, γ l'inclinaison du châssis, P_r le poids de la masse reculante, f le coefficient de frottement de l'affût sur le châssis :

$$P_r f \cos \gamma + J.$$

La composante précitée du poids de la masse reculante est :

$$P_r \sin \gamma.$$

En appliquant au système le théorème des forces vives de zéro à x, on a :

$$\frac{1}{2} \frac{P_r}{g} (v_0^2 - v^2) = Fx + Jx + P_r fx \cos \gamma + P_r x \sin \gamma$$

ou :

$$\frac{v_0^2 - v^2}{2x} = \frac{Fg}{P_r} + (J + P_r \sin \gamma + fP_r \cos \gamma) \frac{g}{P_r}$$

ou, en tenant compte de l'équation (12) page 132 :

$$\frac{v_0^2 - v^2}{2x} = \frac{\Omega^3 \delta}{20 P_r} \frac{v^3}{\omega^2} + \frac{g}{P_r} (J + P_r \sin \gamma + fP_r \cos \gamma)$$

ou, en posant :

$$(14) \qquad A = \frac{\Omega^3 \delta}{20 P_r}$$

$$(15) \qquad B = \frac{g}{P_r} J + g \sin \gamma + fg \cos \gamma$$

$$(16) \qquad \frac{v_0^2 - v^2}{2} = A \left(\frac{v_0^2}{\omega_0^2} + B \right) x.$$

Généralement on se donne la longueur totale L du

8.

recul. On en déduit l'effort constant F du frein en exprimant que le travail du frein et des résistances passives est égal pendant le parcours L, à la force vive initiale du recul. On a ainsi :

$$\frac{1}{2} \frac{P_r}{g} v_0^2 = FL + JL + P_r \left(f \cos \gamma + \sin \gamma \right) L.$$

On en déduit :

$$(17) \qquad F = \frac{P_r}{g} \left(\frac{v_0^2}{2 L} - B \right).$$

Les équations 16), 17) réunies à 12) permettent d'exprimer ω^2 en fonction de x c'est-à-dire d'obtenir la loi de variation des orifices. On a en vertu de (12) :

$$\omega^2 = \frac{\Omega^3 \delta}{20 \, g} \frac{v^2}{F} = A \frac{P_r}{g} \frac{v^2}{F} = \frac{2 \, AL}{v_0^2 - 2 \, BL} v^2.$$

Or, en vertu de 16) :

$$v^2 = v_0^2 - \left(2 \, A \frac{v_0^2}{\omega_0^2} + 2 \, B \right) x.$$

On a donc :

$$\omega^2 = \frac{2 \, AL}{v_0^2 - 2 \, BL} \left[v_0^2 - \frac{2 \, A v_0^2 + 2 \, B \omega_0^2}{\omega_0^2} x \right].$$

Cette expression peut s'écrire plus simplement. De (17) et (12) on tire :

$$\frac{P_r}{g} \frac{v_0^2 - 2 \, BL}{2 \, L} = A \frac{P_r}{g} \frac{v_0^2}{\omega_0^2}$$

d'où :

$$2 \, A v_0^2 + 2 \, B \omega_0^2 = \frac{\omega_0^2 v_0}{L}.$$

Remplaçant dans l'expression de ω^2 on a :

$$\omega^2 = \frac{2\,\mathrm{AL}}{v_0^2 - 2\,\mathrm{BL}}\left(v_0^2 - \frac{v_0^2}{\mathrm{L}}\,x\right)$$

ou :

$$(18) \qquad \omega^2 = \frac{2\,\mathrm{A}v_0^2}{v_0^2 - 2\,\mathrm{BL}}(\mathrm{L} - x) = \frac{\omega_0^2}{\mathrm{L}}(\mathrm{L} - x)$$

car pour $x = 0$, on doit avoir $\omega = \omega_0$.

Cette équation représente une parabole ayant pour axe l'axe des x et son sommet au point $x = \mathrm{L}$.

L'expression $\omega_0^2 = \dfrac{2\,\mathrm{AL}v_0^2}{v_0^2 - 2\,\mathrm{BL}}$ montre que le problème n'est possible que si l'on a : $v_0^2 - 2\,\mathrm{BL} > 0$. ou $\mathrm{L} < \dfrac{v_0^2}{2\,\mathrm{B}}$. Cela tient à ce que si l'on se donne un recul trop grand le travail des résistances passives peut à lui seul absorber la force vive initiale de recul. Si la condition ci-dessus n'est pas remplie, la formule (17) donne en effet pour F une valeur négative.

Tir à charges réduites avec un même frein. — Soit v_0' la vitesse de recul correspondant à une charge réduite, la loi des orifices restant celle exprimée par l'équation (18) établie dans le cas de la vitesse v_0. Il est intéressant de voir si l'effort du frein sera encore constant. A cet effet cherchons l'expression de F dans ce cas. Le théorème des forces vives appliqué à un déplacement élémentaire dx (voir page 15) donne :

$$\frac{\mathrm{P}_r}{g}\,v\,\frac{dv}{dx} = -\mathrm{F} - \mathrm{J} - f\mathrm{P}_r\cos\gamma - \mathrm{P}_r\sin\gamma - \mathrm{F} - \frac{\mathrm{BP}_r}{g}.$$

L'intégration est très facile si l'on exprime F en fonction

de ω^2. A cet effet calculons vdv et dx en fonction de F et de ω^2. L'équation précédente donne :

$$\frac{P_r}{g}\, vdv = -\left(F + \frac{BP_r}{g}\right) dx.$$

D'autre part (18) donne :

$$d\omega^2 = -\frac{\omega_0^2}{L}\, dx.$$

Par suite :

$$\frac{P_r}{g}\, vdv = \left(F + \frac{BP_r}{g}\right) \frac{L}{\omega_0^2}\, d\omega^2.$$

Cela posé l'équation (12) donne :

$$F\omega^2 = \frac{\Omega^3 \delta}{2\,og}\, v^2 = A\, \frac{P_r}{g}\, v^2.$$

On en déduit :

$$Fd\omega^2 + \omega^2 dF = 2\,A\, \frac{P_r}{g}\, vdv.$$

On a donc en remplaçant $\dfrac{P_r}{g}\, vdv$ par sa valeur ci-dessus :

$$Fd\omega^2 + \omega^2 dF = \frac{2\,AL}{\omega_0^2}\left(F + \frac{BP_r}{g}\right) d\omega^2.$$

ou

$$d\omega^2\left[\frac{2\,AL}{\omega_0^2}\left(F + B\,\frac{P_r}{g}\right) - F\right] = \omega^2 dF$$

ou

$$\frac{d\omega^2}{\omega^2} = -\frac{dx}{L - x} = \frac{dF}{F\left(\dfrac{2\,AL}{\omega_0^2} - 1\right) + \dfrac{2\,ABLP_r}{g\omega_0^2}}.$$

Pour simplifier les écritures, posons :

$$a = \frac{2\,AL}{\omega_0^2} - 1$$

$$b = \frac{2\,ABLP_r}{g\omega_0^2}.$$

L'équation à intégrer est :

$$\frac{-\,dx}{L - x} = \frac{dF}{aF + b}.$$

On a donc, en désignant par c une constante :

$$c\,(L - x) = (aF + b)^{\frac{1}{a}}.$$

Pour $x = 0$ on doit avoir

$$F = F_0' = A\,\frac{P_r}{g}\,\frac{v_0'^2}{\omega_0^2}.$$

Par suite :

$$cL = (aF_0' + b)^{\frac{1}{a}}.$$

D'où

$$\frac{L - x}{L} = \left(\frac{aF + b}{aF_0' + b}\right)^{\frac{1}{a}}$$

ou :

$$aF + b = (aF_0' + b)\,(L - x)^a\,\frac{1}{L^a}$$

ou :

$$F = \left(F_0' + \frac{b}{a}\right)\left(L - x\right)^a\frac{1}{L^a} - \frac{b}{a}.$$

Or, si dans l'expression de a on remplace ω_0^2 par sa valeur $\dfrac{2\,AL v_0^2}{v_0^2 - 2\,BL}$ il vient :

$$a = -\frac{2\,BL}{v_0^2} \qquad \text{et} \qquad \frac{b}{a} = -A\,\frac{P_r}{g}\,\frac{v_0^2}{\omega_0^2} = -F_0.$$

On a donc :

$$(19) \qquad F = (F_0' - F_0)\,\frac{1}{(L - x)^{\frac{2\,BL}{v_0^2}}}\,L^{\frac{2\,BL}{v_0^2}} + F_0.$$

F_0' étant inférieur à F_0 par hypothèse, le premier terme du deuxième membre est < 0. L'effort F est donc toujours inférieur à F_0 et d'autant plus que cette quantité à retrancher est plus grande c'est-à-dire que $L - x$ est plus petit. L'effort F va donc en décroissant à mesure que x augmente. Il est intéressant de chercher l'expression du recul dans ce cas. En vertu de la formule (12) on a :

$$v^2 = \frac{g}{A P_r}\,F\omega^2.$$

La valeur cherchée de x est donc donnée par l'équation $F\omega^2 = 0$, ou, comme ω^2 ne s'annule que pour $x = L$, par $F = 0$ soit :

$$\frac{F_0 - F_0'}{(L - x)^{\frac{2\,BL}{v_0^2}}}\,L^{\frac{2\,BL}{v_0^2}} = + F_0.$$

D'où :

$$(L - x)^{\frac{2\,BL}{v_0^2}} = \frac{F_0 - F_0'}{F_0}\,L^{\frac{2\,BL}{v_0^2}}$$

et

$$x = L - \left(\frac{F_0 - F'_0}{F_0}\right)^{\frac{v^2_0}{2\,BL}} L$$

ou :

$$x = L\left[1 - \left(\frac{F_0 - F'_0}{F_0}\right)^{\frac{v^2_0}{2\,BL}} \right]$$

ou

$$(20) \qquad x = L\left[1 - \left(\frac{v_0^2 - v_0'^2}{v_0^2}\right)^{\frac{v^2_0}{2\,BL}} \right].$$

La longueur du recul est donc d'autant plus petite que la charge est plus réduite. Elle ne peut d'ailleurs jamais s'annuler comme on peut le prévoir. Vérifions-le : il faudrait que v'_0 soit telle que l'on ait $x = 0$ ce qui ne peut avoir lieu puisque v'_0 est positive.

Tir avec une charge supérieure à celle pour laquelle le frein a été calculé. — Dans ce cas la formule (19) montre que, $F'_0 - F_0$ étant > 0, F est supérieur à F_0 et d'autant plus que $L - x$ est plus petit, tant que x est inférieur à L. F croit donc dans ce cas avec x. Il est d'ailleurs infini pour $x = L$. Quant à la vitesse de recul, elle s'annule pour $x = L$. Le carré de cette vitesse est en effet proportionnel à $F\omega^2$ soit à :

$$(L - x)^{1 - \frac{2BL}{v_0^2}}$$

et on sait que $v_0^2 > 2BL$.

Il est donc dangereux de tirer avec une charge supérieure à celle pour laquelle le frein a été calculé.

Dans la pratique ce danger ne peut se présenter si l'on prend la précaution de calculer le frein à effort constant pour la plus forte charge existant dans les approvisionnements.

Applications numériques. — Nous allons calculer un frein hydraulique pour une pièce de 155 millimètres long dont nous avons déjà indiqué, page 128, quelques éléments. Nous supposerons que l'affût recule sur une plate-forme telle que $f = \frac{1}{2}$ et $\gamma = 0$. Nous admettrons en outre que $J = 100$ kilogrammes. Nous allons calculer un frein hydraulique à effort constant de 1 mètre de course et un autre de $0^{m},50$ seulement. En traitant plus loin les mêmes problèmes d'une façon plus approchée que celle qui vient d'être indiquée nous pourrons avoir une idée du degré d'exactitude de la méthode élémentaire précédente. La pression dans le frein, par centimètre carré, est arbitraire. Toutefois pour faciliter l'organisation des joints nous supposerons qu'elle est de 120 kilogrammes seulement.

En vertu de la formule (8) de la page 61 nous avons trouvé

$$v_0 = 3^{m},97.$$

La formule (15) de la page 137 donne

$$B = 5^{m},07.$$

On a :

$$\frac{v_0^2}{2B} = \frac{15,76}{10,14} > 1$$

le problème est possible. D'après la formule (17) on a :

$$F = 1\,657 \text{ kilogrammes}$$

avec

$$R = 2\,990 \text{ kilogrammes environ,}$$

La section utile Ω du piston est donc donnée par

$$120 \times \Omega = 1\,657.$$

D'où

$$\Omega = 13^{cmq},80.$$

La formule (14) donne, en supposant $\delta = 1$:

$$A = 0,023.$$

On a donc

$$\omega_0^2 = 0,1289.$$

D'où

$$\omega_0 = 0^{cmq},35 \text{ environ.}$$

La formule (18) s'écrit alors :

$$\omega^2 = 0,1289\,(1 - x).$$

Construisons cette parabole par points définis par le tableau suivant :

Valeurs de x	0^m	0,10	0,20	0,30	0,40	0,70	0,80	0,90	1
Valeurs de ω	$0^{cmq},35$	0,34	0,32	0,30	0,27	0,19	0,15	0,11	0

On a ainsi la branche de parabole *abc* (fig. 40). Pratiquement pour éviter un à-coup de pression au début, on fait partir l'orifice de zéro, en le faisant croître rapidement. On raccorde ensuite la courbe ainsi obtenue avec la parabole *abc*. On obtient la courbe *osbc*, dont le sommet *s* a une abscisse très peu inférieure à la valeur de x_0 donnée par la formule (13) de la page 135.

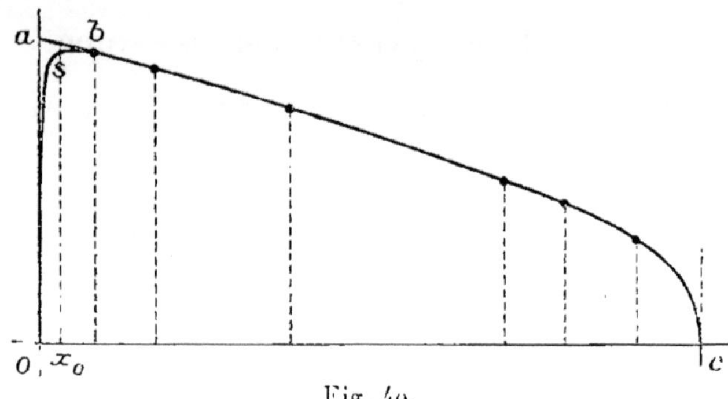

Fig. 40.

Dans le cas précédent on a, en supposant $u = 32$ décimètres

$$x_0 = 0^{\text{dcm}}.40.$$

Reprenons les calculs précédents en supposant

L $= 0^{\text{m}},50$ B a la même valeur 5,07
F $= 6\,305$ kilogrammes $\Omega = 52^{\text{cmq}},54$
A $= 1,25$ $\omega_0^2 = 1,8428$ $\omega_0 = 1,36.$

La formule (18) donne :

$$\omega = \sqrt{\frac{\omega_0^2}{\frac{1}{2}}} \sqrt{0,5 - x} = 1,92 \sqrt{0,5 - x}.$$

Valeurs de x . .	0	0,10	0,20	0,40
Valeurs de ω . .	1,36	1.28	1,05	0,60

x_0 a la même valeur que dans le cas précédent.

On obtient ainsi, de la même manière que précédemment la loi de variation des orifices représentée par la courbe de la figure 41.

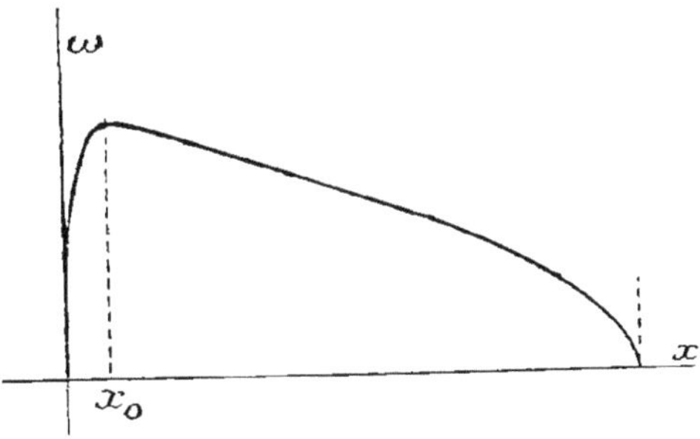

Fig. 41.

Théorie complète du frein hydraulique, à écoulement libre, à orifices variables et à effort constant. — M. le lieutenant-colonel *Vallier*[1], correspondant de l'Institut, a eu le premier l'idée d'appliquer ses formules de balistique intérieure à l'étude des freins hydrauliques, pendant les deux périodes de recul. En négligeant, dans la théorie précédente, l'action des frottements et du frein, pendant la première période du recul, on calcule en effet le frein pour une vitesse maximum v_0 supérieure à celle de la pratique. La force vive de recul à absorber sur la longueur donnée étant ainsi majorée, on est conduit à établir le frein pour un effort trop grand. Il en résulte, à égalité de surface utile du piston, une section trop petite pour les orifices d'écoulement. Toutefois on ne saurait dire à priori si l'erreur ainsi commise est bien importante, car la vitesse maximun de recul avec frein étant, elle aussi, effectivement inférieure à la valeur supposée v_0, l'effort du frein reste inférieur à celui prévu malgré l'étroitesse des orifices. Il peut ainsi s'établir une

[1] VALLIER.

sorte de compensation. Il convient donc d'étudier la question de près pour pouvoir distinguer les cas où la méthode élémentaire donne des résultats suffisamment approchés pour les besoins de la pratique et ceux où la théorie complète ci-après doit être appliquée. Les formules que nous emploierons ne seront d'ailleurs pas celles de M. le lieutenant-colonel Vallier, mais celles du capitaine *Leduc* (voir page 51 et suivantes) que nous avons déjà eu l'occasion d'appliquer.

Principe de la méthode. — Soit F_1 l'effort constant du frein pendant les deux périodes du recul. Soit x_1 l'espace parcouru par la masse reculante pendant la période d'action des gaz et soit v_1 sa vitesse à ce moment. En appelant t_1 la durée de l'action des gaz, c'est-à-dire la durée de la première période du recul, il est clair que, si l'on connait d'autre part la loi du développement des pressions, le mouvement pendant cette période est parfaitement déterminé et par suite v_1 et x_1 sont connus, ce qui permet d'établir le frein, pour la deuxième période du recul, au moyen de l'équation :

$$(21) \qquad (F_1 + R)(L - x_1) = \frac{1}{2}\frac{P_r}{g}v_1,$$

R représentant les résistances passives (frottements et composante du poids).

Cette équation fait en effet connaître F_1, R étant connue. On a ainsi un mobile partant d'un point déterminé avec une vitesse v_1, ayant à vaincre à chaque instant une résistance connue $F_1 + R$, le mouvement étant rectiligne.

La mécanique permet d'obtenir la vitesse du système à chaque instant et d'en déduire, par la formule (12), la loi de variation des orifices.

Le problème revient donc à évaluer v_1 et x_1 en fonction de t_1, ce temps étant connu au moyen des formules (10) page 65, et (11) page 79.

Pour évaluer v_1 et x_1 il convient d'ailleurs de subdiviser la première période du recul : pendant la première partie le culot du projectile est encore dans le canon et les formules de balistique intérieure permettent, comme nous le verrons, de calculer 1° la vitesse de recul v_b au moment où le culot du projectile sort de l'âme, et 2° l'espace parcouru x_b parcouru à ce moment par la masse reculante.

Nous avons des hypothèses à faire pour nous donner une loi convenable de développement des pressions pendant la deuxième partie de la première période du recul.

En appelant P_b la pression à la bouche par unité de surface, et ω la section de l'âme, nous admettrons avec M. le lieutenant-colonel Vallier que cette loi peut être représentée par l'équation :

$$(22) \qquad P = \omega P_b \left(1 - \frac{t - t_0}{t_1 - t_0} \right)$$

P étant la pression totale sur la culasse si l'on prend aussi pour P_b la pression sur la culasse. Cette équation donne bien $P = \omega P_b$ pour $t = t_0$ et $P = 0$ pour $t = t_1$.

L'équation du système pendant le temps $t_1 - t_0$ est :

$$\frac{P_r}{g} \frac{dv}{dt} = \omega P_b \left(1 - \frac{t - t_0}{t_1 - t_0} \right) - (F_1 + R).$$

L'intégration donne :

$$\frac{P_r}{g} (v - v_b) = \omega P_b (t - t_0) \left(1 - \frac{t - t_0}{2 (t_1 - t_0)} \right) - (F_1 + R)(t - t_0)$$

car pour $t = t_0$ on doit avoir $v = v_b =$ vitesse effective de la masse reculante munie du frein et soumise aux résistances passives R. En faisant $t = t_1$ on obtient v_1 mais avant d'écrire ainsi l'expression de v_1 intégrons de nouveau de façon à obtenir la relation entre x et t, ce qui nous permettra d'écrire l'expression de x_1. On a.

$$\frac{P_r}{g}(x - x_b) = \frac{P_r}{g} v_b (t - t_0)$$

$$+ \omega P_b \frac{(t - t_0)^2}{2}\left(1 - \frac{(t - t_0)}{3\,(t_1 - t_0)}\right) - \frac{(F_1 + R)\,(t - t_0)^2}{2}$$

car pour $t = t_0$, on doit avoir $x = x_b$.

Les expressions de v_1 et x_1 sont donc :

$$\frac{P_r}{g}(v_1 - v_b) = \frac{1}{2}\,\omega P_b\,(t_1 - t_0) - (F_1 + R)\,(t_1 - t_0)$$

$$\frac{P_r}{g}(x_1 - x_b) = \frac{P_r}{g}\,v_b\,(t_1 - t_0)$$

$$+ \frac{1}{3}\,\omega P_b\,(t_1 - t_0)^2 - \frac{1}{2}\,(F_1 + R)\,(t_1 - t_0)^2.$$

Il convient de ne pas oublier que P_b est ici la pression sur la culasse par unité de section au moment où le culot du projectile sort de la bouche du canon.

Il faut encore calculer v_b et x_b. Or, en appelant v_λ la vitesse de la masse reculante au temps t, en recul libre, sa quantité de mouvement est $\frac{P_r}{g}\,v_\lambda$. En recul avec la résistance constante $(F_1 + R)$ cette quantité de mouvement $\frac{P_r}{g}\,v$ est égale à la précédente, diminuée de l'impulsion totale de la résistance $F_1 + R$ (voir page 15 et suivantes). On a donc

$$\frac{P}{g}\,v_\lambda = \frac{P_x}{g}\,v + (F_1 + R)\,t.$$

On en déduit :

$$\frac{\mathrm{P}_r}{g}\, x = \frac{\mathrm{P}_r}{g}\, x_\lambda - \frac{1}{2}\,(\mathrm{F}_1 + \mathrm{R})\, t^2$$

car pour $t = 0$, on doit avoir $x = x_\lambda$, x_λ étant l'espace parcouru en recul libre au temps t.

En faisant $t = t_0$ dans ces équations, on a donc v_b et x_b en fonction de t_0, de la vitesse $v_{\lambda b}$ de recul libre au temps t_3 et de l'espace parcouru $x_{\lambda b}$ en recul libre à ce moment. On a ainsi :

$$\frac{\mathrm{P}_r}{g}\, v_b = \frac{\mathrm{P}_r}{g}\, v_{\lambda b} - (\mathrm{F}_1 + \mathrm{R})\, t_0$$

$$\frac{\mathrm{P}_r}{g}\, x_b = \frac{\mathrm{P}_r}{g}\, x_{\lambda b} - \frac{1}{2}\,(\mathrm{F}_1 + \mathrm{R})\, t_0^2.$$

Or, en vertu de la formule (7) de la page 60, on a :

$$\mathrm{P}_r v_{\lambda b} = p \mathrm{V}_b \left(1 + \frac{1}{2}\frac{\varpi}{p}\right).$$

En remplaçant V_b par V_0, la valeur obtenue pour $v_{\lambda b}$ est un peu trop grande. Il en résulte une valeur un peu forte pour v_1 dont on part pour calculer le frein dans la deuxième période du recul. Toutefois la vitesse v_1 ainsi obtenue est encore certainement plus petite que v_0 dont on est parti dans la théorie élémentaire du frein hydraulique. On a donc :

$$(23)\quad \frac{\mathrm{P}_r}{g}v_b = \frac{p}{g}\mathrm{V}_0\left(1 + \frac{1}{2}\frac{\varpi}{p}\right) - (\mathrm{F}_1 + \mathrm{R})t_0 = \frac{2p + \varpi}{2g}\mathrm{V}_0 - (\mathrm{F}_1 + \mathrm{R})t_0.$$

L'équation en x donne de même :

$$\frac{\mathrm{P}_r}{g}\, x_b = \frac{\mathrm{P}_r}{g}\, x_{\lambda b} - \frac{1}{2}\,(\mathrm{F}_1 + \mathrm{R})\, t_0^2.$$

Or :

$$P_r x_{2b} = p \left(1 + \frac{1}{2} \frac{\varpi}{p} \right) u$$

u étant la longueur d'âme totale parcourue par le culot du projectile. On a donc :

$$(24) \qquad \frac{P_r}{g} x_b = \frac{2p + \varpi}{2g} u - \frac{1}{2} (F_1 + R) t_0^2.$$

D'autre part on a vu, page 78, que :

$$\frac{2\varpi}{g} \frac{V_0}{t_1 - t_0} = \omega \frac{\int_0^{t_1 - t_0} P dt}{t_1 - t_0} = \omega \frac{P_b}{2}$$

P_b étant la pression par unité de surface de la culasse au temps t_0.

On a donc :

$$\omega P_b (t_1 - t_0) = 4 \frac{\varpi}{g} V_0.$$

Les expressions de v_1 et x_1 peuvent alors s'écrire :

$$\frac{P_r}{g} v_1 = \frac{2p + \varpi}{2g} V_0 - (F_1 + R) t_0 + \frac{2\varpi}{g} V_0$$

$$- (F_1 + R) (t_1 - t_0) = \frac{2p + 5\varpi}{2g} V_0 - (F_1 + R) t_1$$

$$\frac{P_r}{g} x_1 = \frac{2p + \varpi}{2g} u - \frac{1}{2} (F_1 + R) t_0^2 + \left[\frac{2p + \varpi}{2g} V_0 \right.$$

$$\left. - (F_1 + R) t_0 \right] (t_1 - t_0) + \frac{4}{3} \frac{\varpi}{g} V_0 (t_1 - t_0) - \frac{1}{2} (F_1 + R) (t_1 - t_0)^2$$

soit :

$$v_1 = (2p + 5\varpi) \frac{V_0}{2P_r} - (F_1 + R) t_1 \frac{g}{P_r}$$

$$x_1 = \frac{2p + \varpi}{2P_r} u + \frac{2p + \varpi}{2P_r} V_0 (t_1 - t_0) + \frac{4}{3} \frac{\varpi}{P_r} V_0 (t_1 - t_0) - \frac{F_1 + R}{P_r} \frac{t_1^2}{2} g.$$

Avant de porter ces valeurs dans l'équation (21), posons pour simplifier les écritures :

$$q = \frac{2p + \varpi}{2P_r} u + V_0 (t_1 - t_0) \frac{p + \frac{11}{6} \varpi}{P_r}$$

ou, pour exprimer q en mètres, tout en exprimant u en décimètres comme on le fait en balistique :

$$q = \frac{2p + \varpi}{20P_r} u + V_0 (t_1 - t_0) \frac{p + \frac{11}{6} \varpi}{P_r}.$$

En définitive, en remarquant que :

$$\frac{2p + 5\varpi}{2P_r} V_0 = v_0,$$

on a les formules suivantes :

$$(25) \qquad q = \frac{2p + \varpi}{20P_r} u + V_0 (t_1 - t_0) \frac{p + \frac{11}{6} \varpi}{P_r}$$

$$(26) \qquad v_1 = v_0 - \frac{g t_1}{P_r} (F_1 + R)$$

$$(27) \qquad x_1 = q - \frac{g t_1^2}{2P_r} (F_1 + R)$$

$$(28) \qquad F_1 + R = \frac{\frac{1}{2} \frac{P_r}{g} v_0^2}{L + v_0 t_1 - q}.$$

9.

Quelques remarques sur les formules précédentes.
— La formule (26) montre que la correction sur la vitesse
de recul au commencement de la 2ᵉ période du mouvement revient à retrancher de la vitesse maximum v_0 en
recul libre la quantité

$$\frac{g t_1}{P_r} (F_1 + R) = \frac{1}{2} \frac{v_0^2 t_1}{L + v_0 t_1 - q} .$$

Pour des conditions de tir déterminées, v_0, t_1, q sont bien
définies et la correction ne dépend que de L : elle est
d'autant plus forte que la longueur L est plus faible.

Il en est de même pour la correction apportée à la
valeur de l'effort total à opposer au recul obtenue par la
méthode élémentaire. Cette correction est en effet, d'après
la formule (23) :

$$\frac{\frac{1}{2} \frac{P_r}{g} v_0^2}{L} - \frac{\frac{1}{2} \frac{P_r}{g} v_0^2}{L + v_0 t_1 - q} = \frac{\frac{1}{2} \frac{P_r}{g} v_0^2 (v_0 t_1 - q)}{L (L + v_0 t_1 - q)} .$$

Sa valeur est bien d'autant plus grande que la course
totale de la masse reculante est plus faible.

Il est intéressant de se rendre compte par un calcul
rapide du degré de confiance que l'on peut accorder à la
méthode élémentaire suivant la longueur du recul.

Cherchons par exemple la valeur de L pour laquelle la
correction précédente à apporter à la valeur de $F_1 + R$,
calculée par la méthode élémentaire, ne dépasse pas $\frac{1}{50}$ de
cet effort total $F_1 + R$. Nous devons avoir d'après cette
hypothèse :

$$\frac{1}{2} \frac{P_r}{g} \frac{v_0^2}{L} \frac{v_0 t_1 - q}{L + v_0 t_1 - q} \leqslant \frac{1}{50} \frac{1}{2} \frac{P_r}{g} \frac{v_0^2}{L}$$

d'où :

$$L > 49\,(v_0 t_1 - q).$$

Nous admettrons comme limite inférieure de L :

$$(29) \qquad L = 50\,(v_0 t_1 - q).$$

En vertu du principe de similitude v_0 est indépendant du calibre, t_1 lui est à peu près proportionnel ainsi que q. Pour le 155 déjà considéré (renvoi de la page 80) on a :

$$t_1 = 0^s,033 \text{ environ}$$
$$v_0 = 4 \text{ mètres environ.}$$

On trouve :

$$q = 0^m,113.$$

La limite L est donc approximativement donnée, en appelant C le calibre *en millimètres* par :

$$L = 50 + \frac{19}{1\,000}\,\frac{C}{155}.$$

ou, tout simplement :

$$(29) \qquad L = \frac{C}{155}.$$

Pour les calibres supérieurs à 155 millimètres seulement, cette limite est supérieure à un mètre.

Conclusions. — Pour les canons *ne s'écartant pas trop du principe de similitude*, l'erreur résultant de l'application de la méthode élémentaire est très faible pour les calibres inférieurs ou égaux à 155 millimètres, si la longueur L du recul est au moins égale à un mètre.

Application numérique. — Cas du problème traité page 144. On a trouvé, page 80.

$$t_1 = 0^{\cdot}0329.$$

La formule (24) donne :

$$q = 0^{m},113.$$

La formule (28) donne :

$$F_1 + R = \frac{\dfrac{1}{2}\dfrac{P_r}{g}v_0^2}{L + v_0 t_1 - q} = \frac{5785 \times 0,804}{1,018}.$$

D'où :

$$F_1 + R = 4564 \text{ kg}.$$

Par la méthode élémentaire nous avons trouvé :

$$F_1 + R = 4647 \text{ kg}.$$

La différence 83 kilogrammes est un peu inférieure, comme il fallait s'y attendre d'après la condition (29), à $\dfrac{4647}{50}$ ou 93 kilogrammes.

Calcul des orifices correspondant à la 1re période du recul.— Connaissant l'effort résistant constant $F_1 + R$ et l'effort moteur qui est la pression des gaz sur la culasse, le mouvement de la masse reculante est déterminé. La vitesse de recul avec frein peut donc être connue à un moment quelconque. Mais, pratiquement, les calculs sont loin d'être simples avec les formules dont nous disposons. Pour résoudre en effet le problème il faut connaître à chaque instant t, la pression totale sur la culasse. Après la sortie du projectile de l'âme son expression est, comme nous l'avons vu page 149 :

$$P\omega = \omega P_b \left(1 - \frac{t - t_0}{t_1 - t_0}\right).$$

La pression ωP_b au moment où le projectile sort de l'âme, est donnée, d'autre part, par :

$$P\omega = \frac{p}{g}\,a^2 b\,\frac{u}{(b+u)^3}\left(1 + \frac{1}{2}\,\frac{\varpi}{p}\right).$$

en prenant pour u la longueur totale de l'âme parcourue par le culot du projectile. Donc, après la sortie du projectile du canon jusqu'à la fin de la détente des gaz, aucune difficulté ne se présente dans l'étude du mouvement de la masse reculante. C'est la période du recul qui s'écoule entre les temps que nous avons appelés t_0 et t_1. Mais il n'en est pas ainsi avant t_0 : nous ne connaissons alors la pression qu'en fonction de u, et il est compliqué d'exprimer u en fonction de t, étant donnée la forme de la formule (6) de la page 59. Cette complication peut être d'ailleurs évitée car un très petit nombre de points peuvent suffire pour très bien déterminer la courbe des orifices sur une aussi faible longueur que celle qui correspond à la 1re période du recul. Nous savons d'ailleurs que l'effort du frein étant constant, les orifices sont proportionnels aux vitesses de recul (formule 12).

Il suffit donc de construire cette courbe des vitesses. Nous savons qu'elle passe par l'origine des coordonnées. Pour étudier son allure dans le voisinage de ce point, nous admettrons, comme nous l'avons déjà fait, page 58, que, pendant le développement de la pression maximum, le canon est soumis à une force constante :

$$\frac{4}{27}\,\frac{p}{g}\,\frac{a^2}{b}\left(1 + \frac{1}{2}\,\frac{\varpi}{p}\right).$$

Pendant cette période, l'équation du mouvement est :

$$\frac{P_r}{g}\,vdv = \left(\frac{2p+\varpi}{g}\,\frac{2}{27}\,\frac{a^2}{b} - F_1 - R\right)dx$$

d'où :

$$\frac{1}{2}\frac{P_r}{g}\,v^2 = \left(\frac{2\,p\,+\,\varpi}{y}\frac{2\,a^2}{27\,b} - F_1 - R\right)x$$

car pour $x = o$, on doit avoir $v = o$.

Cette courbe part de l'origine tangentiellement à l'axe des vitesses.

Nous ne connaissons pas la valeur de x qui correspond à $u = \dfrac{b}{2}$ lorsque la pièce recule sans être libre, mais nous savons que cette valeur est inférieure à celle x_p correspondant au recul libre. Dans ce cas, on a la formule (7) de la page 60 et on en déduit :

$$P_r x = pu\left(1 + \frac{1}{2}\frac{\varpi}{p}\right)$$

et, pour $u = \dfrac{b}{2}$:

$$x_p = \frac{2\,p\,+\,\varpi}{4\,P_r}\,b$$

Comme b est toujours évalué en décimètres (voir unités de la balistique page 63) et que nous voulons obtenir x_p en mètres, cette formule s'écrit :

$$(30)\qquad x_p = \frac{2\,p\,+\,\varpi}{40\,P_r}\,b.$$

La valeur de v correspondante est :

$$(31)\qquad v_p^2 = \frac{a^2}{270}\left(\frac{2\,p\,+\,\varpi}{P_r}\right)^2 - \frac{F_1 + R}{2\,P_r}\frac{2\,p\,+\,\varpi}{10\,P_r}\,bg.$$

Ainsi nous connaissons, de la courbe des vitesses, l'origine et la tangente en ce point et les points $(x_p,\ v_p)$ $(x_b,\ v_b)$ $(x_1,\ v_1)$. Elle sera donc très bien déterminée si nous connaissons en outre le point correspondant à la vitesse maximum v_m de recul *avec frein*. Pour cela étudions le mouvement de la masse reculante lorsque le projectile est sorti de l'âme. La loi de variation de la pression est alors représentée par :

$$\omega P_b \left(1 - \frac{t - t_0}{t_1 - t_0} \right) \qquad \text{(Voir page 149)}.$$

On a donc pour équation du mouvement :

$$\frac{1}{2\,g}\,P_r\,\frac{dv}{dt} = \omega P_b \left(1 - \frac{t - t_0}{t_1 - t_0} \right) - (F_1 + R).$$

La vitesse maximum de recul correspond à $\dfrac{dv}{dt} = 0$. Ce maximum a donc lieu pour la valeur, $t = t_m$, telle que :

$$\omega P_b \,\frac{t_1 - t_m}{t_1 - t_0} - (F_1 + R) = 0$$

ou :

$$t_m = t_1 - \frac{(F_1 + R)}{\omega P_b}\,(t_1 - t_0)$$

t_m est $< t_1$. Il doit être aussi $< t_0$ sinon le maximum aura lieu avant $x = x_b$. Il faut pour que le maximum ait lieu au–delà de x_b que l'on ait :

$$F_1 + R < \omega P_b.$$

Si cette condition n'est pas remplie on se contente des points déjà obtenus car alors la courbe est très aplatie pendant la première période du recul.

Si elle est remplie il est utile de calculer v_m et x_m correspondant à t_m. Nous avons déjà écrit les équations relatives au mouvement dans ce cas (voir page 149). Rappelons-les :

$$\frac{P_r}{g}\,(v-v_b)=\omega P_b\,(t-t_0)\left[1-\frac{t-t_0}{2(t_1-t_0)}\right]-(F_1+R)\,(t-t_0)$$

$$\frac{P_r}{g}\,(x-x_b)=\frac{P_r}{g}\,v_b\,(t-t_0)+\frac{1}{2}\,\omega P_b\,(t-t_0)^2\left[1-\frac{t-t_0}{3\,(t_1-t)_0}\right]$$

$$-\frac{1}{2}\,(F_1+R)\,(t-t_0)^2$$

dans lesquelles :

$$\frac{P_r}{g}\,v_b=\frac{2\,p+\varpi}{2\,g}\,V_0-(F_1+R)\,t_0$$

$$\frac{P_r}{g}\,x_b=\frac{2\,p+\varpi}{2\,g}\,u-\frac{1}{2}\,(F_1+R)\,t_0^2.$$

En faisant $t=t_m$ on a :

$$\frac{P_r}{g}\,v_m=\frac{2p+\varpi}{2g}\,V_0-(F_1+R)\,t_0+\omega P_b(t_m-t_0)\left[1-\frac{t_m-t_0}{2(t_1-t_0)}\right]$$

$$-(F_1+R)\,(t_m-t_0)$$

$$\frac{P_r}{g}\,x_m=\frac{2\,p+\varpi}{2\,g}\,u-\frac{1}{2}\,(F_1+R)\,t_0^2$$

$$+\frac{2\,p+\varpi}{2\,g}\,V_0\,(t_m-t_0)-(F_1+R)\,t_0\,(t_m-t_0)$$

$$+\frac{1}{2}\,\omega P_b\,(t_m-t_0)^2\left[1-\frac{(t_m-t_0)}{3\,(t_1-t_0)}\right]-\frac{1}{2}\,(F_1+R)(t_m-t_0)^2.$$

Or nous avons vu (page 152) que :

$$\omega P_b=\frac{4\,\varpi}{g}\,\frac{V_0}{t_1-t_0}.$$

On a donc :

$$(32) \qquad t_m = t_1 - \frac{(F_1 + R)\, g}{4\,\varpi V_0}(t_1 - t_0)^2$$

$$(33) \quad v_m = \frac{2p + \varpi}{2\,P_r}V_0 - \frac{(F_1 + R)}{P_r}g t_m + \frac{4\varpi}{P_r}V_0\frac{t_m - t_0}{t_1 - t_0}\left[1 - \frac{1}{2}\frac{t_m - t_0}{t_1 - t_0}\right]$$

$$(34) \quad x_m = \frac{2p + \varpi}{20\,P_r}u - \frac{1}{2}\left(\frac{F_1 + R}{P_r}\right)g t_m^2 + \frac{2p + \varpi}{2\,P_r}V_0(t_m - t_0)$$

$$+ \frac{2\,\varpi}{P_r}V_0\frac{(t_m - t_0)^2}{t_1 - t_0}\left[1 - \frac{1}{3}\frac{t_m - t_0}{t_1 - t_0}\right]$$

u étant évalué en décimètres et x_m en mètres.

De la courbe des vitesses on déduit facilement celle des orifices. En appelant ω la section de l'orifice à un instant quelconque où la vitesse est v, on a :

$$(35) \qquad \omega = v\,\frac{\omega_1}{v_1}.$$

Calcul des orifices correspondant à la deuxième période du recul. — Pendant cette période on a :

$$\frac{1}{2}\frac{P_r}{g}(v_1^2 - v^2) = (F_1 + R)(x - x_1) = (F_1 + R)\left[L - x_1 - (L - x)\right]$$

et, toujours :

$$\frac{v^2}{v_1^2} = \frac{\omega^2}{\omega_1^2}.$$

Mais par définition de v_1 et x_1 on a, pendant la deuxième période du recul :

$$\frac{1}{2}\frac{P_r}{g}v_1^2 = (F_1 + R)(L - x_1).$$

La première des équations précédentes devient alors :

$$\frac{1}{2}\frac{P_r}{g}\,v^2 = (F_1 + R)(L - x).$$

On a donc, en divisant membre à membre les deux équations ci-dessus :

$$(36)\qquad \frac{v^2}{v_1^2} = \frac{L - x}{L - x_1} = \frac{\omega^2}{\omega_1^2}.$$

Résumé des formules nécessaires pour calculer un frein hydraulique. — *Calcul de t_0.* — *Formule* (10)

$$t_0 = \frac{b}{10\,a}\left(2 + \frac{u}{b} + 2,3\log\frac{2\,u}{b}\right).$$

Unités : a en mètres par seconde, u, b en décimètres, t en secondes.

Calcul de t_1. — *Formule* (11)

$$t_1 = t_0 + \frac{16\,\varpi a\,(b + u)^2}{264,6\,P_0\omega b^2}.$$

Unités : les mêmes que pour la formule (10) et, en outre, P_0 en kilogrammes par centimètre carré, ω en centimètres carrés.

Calcul de q. — *Formule* (25)

$$q = \frac{2\,p + \varpi}{20\,P_r}\,u + V_0\,(t_1 - t_0)\,\frac{p + \dfrac{11}{6}\varpi}{P_r}.$$

Unités : les mêmes que pour les formules (10) et (11),

u en décimètres et p, ϖ, P_r en kilogrammes, q en mètres.

Calcul de $F_1 + R$. — *Formule* (28)

$$F_1 + R = \frac{\dfrac{1}{2}\dfrac{P_r}{g}v_0^2}{L + v_0 t_1 - q}.$$

Unités : v_0 vitesse du recul libre en mètres par seconde, L, q en mètres, $g = 9{,}8$, t_1 en secondes, P_r en kilogrammes ainsi que $F_1 + R$.

Calcul de v_1. — *Formule* (26)

$$v_1 = v_0 - g t_1 \frac{F_1 + R}{P_r}.$$

Unités : v_1, v_0 en mètres par seconde, $F_1 + R$, P_r en kilogrammes, t_1 en secondes, $g = 9{,}8$.

Calcul de x_1. — *Formule* (27)

$$x_1 = q - \frac{1}{2} g t_1 \frac{F_1 + R}{P_r}.$$

Unités : x_1 et q en mètres, t_1 en secondes, $g = 9{,}8$, $F_1 + R$ et P_r en kilogrammes.

Calcul de x_p. — *Formule* (30)

$$x_p = \frac{2p + \varpi}{40\,P_r} b.$$

Unités : b en décimètres, forces en kilogrammes, x_p en mètres.

Calcul de v_p. — *Formule* (31)

$$v_p^2 = \frac{a^2}{270}\left(\frac{2p + \varpi}{P_r}\right)^2 - \frac{1}{2} bg \frac{F_1 + R}{P_r}\frac{2p + \omega}{10\,P_r}.$$

Unités : forces en kilogrammes, b en décimètres, v_p et a en mètres par seconde, $g = 9{,}8$.

Calcul de v_b. — Formule (23)

$$v_b = \frac{2\,p + \varpi}{2\,P_r}\,V_0 - \frac{g}{P_r}\,(F_1 + R)\,t_0.$$

Unités : forces en kilogrammes, v_b, V_0 en mètres par seconde, t_0 en secondes, $g = 9,8$.

Calcul de x_b. — Formule (24)

$$x_b = \frac{2\,p + \varpi}{20\,P_r}\,u - \frac{1}{2}\,g t_0^2\,\frac{F_1 + R}{P_r}.$$

Unités : u en décimètres, x_b en mètres, t_0 en secondes, forces en kilogrammes, $g = 9,98$.

Calcul de t_m. — Formule (32)

$$t_m = t_1 - \frac{1}{2}\,g\,(t_1 - t_0)^2\,\frac{F_1 + R}{2\,\varpi V_0}.$$

Unités : seconde, kilogramme, mètre, $g = 9,8$.

Calcul de v_m. — Formule (33)

$$v_m = \frac{2p + \varpi}{2\,P_r}\,V_0 - g t_m\,\frac{F_1 + R}{P_r} + \frac{4\,\varpi}{P_r}\,V_0\,\frac{t_m - t_0}{t_1 - t_0}\left[1 - \frac{1}{2}\,\frac{t_m - t_0}{t_1 - t_0}\right].$$

Unités : mètre, kilogramme, seconde, $g = 9,8$.

Calcul de x_m. — Formule (34)

$$x_m = \frac{2p + \varpi}{20\,P_r}\,u - \frac{1}{2}\,g t_m^2\,\frac{F_1 + R}{P_r} + \frac{2p + \varpi}{2\,P_r}\,V_0\,(t_m - t_0)$$

$$+ 2\,\frac{\varpi}{P_r}\,V_0\,\frac{(t_m - t_0)^2}{t_1 - t_0}\left[1 - \frac{1}{3}\,\frac{t_m - t_0}{t_1 - t_0}\right].$$

Unités : Kilogramme, seconde, V_0 en mètres par seconde, x_m en mètres, u en décimètres $g = 9,8$.

Calcul de ω pendant la première période du recul. —

Formule (35) $\omega = v\,\dfrac{\omega_1}{v_1}.$

Unités : centimètre carré et mètre par seconde.

Calcul de ω *pendant la deuxième période du recul.* — Formule (36)

$$\omega = \omega_1 \sqrt{\frac{L - x}{L - x_1}}.$$

Unités : L, x, x_1 en mètres, ω, ω_1 en centimètres carrés.

Ces calculs peuvent au premier abord paraître compliqués mais en pratique ils sont assez faciles comme vont le montrer les applications ci-après, surtout si l'on calcule en temps opportun les rapports tels que $\dfrac{2p + \varpi}{P_r}$, $\dfrac{F_1 + R}{P_r}$, $\dfrac{t_m - t'_0}{t_1 - t_0}$, etc. qui entrent plusieurs fois dans les formules à appliquer.

Applications numériques. — 1° Appliquons les formules précédentes au problème déjà traité (page 144) par la méthode élémentaire. Les temps t_0 et t_1 ont été calculés (voir renvoi de la page 80).

$$t_0 = 0^s,0093 \qquad t_1 = 0^s,0329 \qquad t_1 - t_0 = 0^s,0236$$

$$q = 0^m,113, \qquad \frac{v_0^2}{2g} = 0,80 \text{ environ,}$$

$$F_1 + R = \frac{5785 \times 0,80}{1 + 0,13 - 0,11} = 4537 \text{ kilogrammes environ}$$

$$v_1 = 3,97 - 0,32 \times \frac{4537}{5785} = 3^m,72.$$

$$x_1 = 0,113 - 0,005 \times 0,784 = 0^m,109$$

$$x_p = 0^m,001$$

$$v_p = \frac{\overline{522}^2}{270} \times \overline{0,0147}^2 - \frac{1}{2} \times 3,43 \times 9,8 + 0,00148 \times 0,784$$

$$= 0,217987 - 0,019369 = 0,198618.$$

D'où :

$$v_p = 0^m,44$$

$$v_b = 3^m,37 \qquad\qquad x_b = 0^m,02$$

$$t_m = 0^s,0329 - 4,9 \times 0,000557 \times 1,49 = 0^s,0289$$

$$v_m = 0,00733 \times 470 - 0,784 \times 9,8 \times 0,0289$$

$$+ \frac{4 \times 3,23 \times 470}{5\,785}\,\frac{196}{236}\left(1 - \frac{98}{236}\right)$$

ou

$$v_m = 3,445 - 0,222 + 1,05 \times 0,485 = 3^m,73$$

$$x_m = 0,000733 \times 32 - 4,9 \times 0,000835 \times 0,784 + 0,00733$$

$$\times 470 \times 0,0196 + \frac{3\,036}{5\,785} \times \frac{3}{236}\left(1 - \frac{1}{3}\,\frac{196}{236}\right)$$

ou

$$x_m = 0,0234 - 0,0026 + 0,0675 + 0,0070 = 0^m095.$$

Calcul des orifices. — Nous admettons la même pression unitaire dans le frein, soit 120 kilogrammes, qu'à la page 144 et pour la même raison. Alors :

$$\Omega = \frac{1547}{120} = 12^{cmq},89$$

$$\omega_1^2 = \frac{\Omega^3 \partial}{20\,g}\,\frac{v_1^2}{F} = \frac{22,998}{12 \times 19,6} = 0,0982$$

$$\omega_1 = 0^{cmq},313 \qquad\qquad \frac{\omega_1}{v_1} = 0,084$$

$$\omega = v \times 0,84$$

On a donc

$$\omega_p = 0,44 \times 0,084 = 0^{cmq},037$$

$$\omega_b = 3,37 \times 0,084 = 0^{cmq},283$$

$$\omega_m = 3,73 \times 0,084 = 0^{cmq},313.$$

Pendant la deuxième période :

$$\omega = \frac{\omega_1}{\sqrt{L_1 - x_1}} \sqrt{L - x} = 0,332$$

$$x = 0,20 \quad \sqrt{1 - x} = 0,89 \qquad \omega = 0,295$$

$$x = 0,40 \quad \sqrt{1 - x} = 0,77 \qquad \omega = 0,255$$

$$x = 0,70 \quad \sqrt{1 - x} = 0,55 \qquad \omega = 0,182$$

$$x = 0,90 \quad \sqrt{1 - x} = 0,32 \qquad \omega = 0,106$$

Ces résultats sont représentés sur la figure 42, ainsi que ceux obtenus page 145, par la méthode élémentaire, afin de mettre en évidence les différences des résultats des deux méthodes employées.

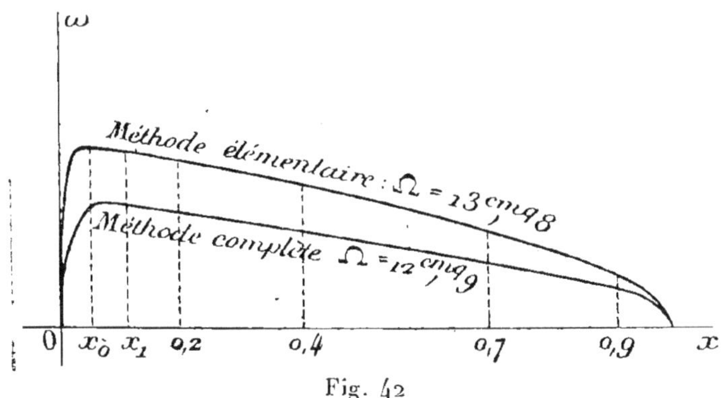

Fig. 42

$2°$ Reprenons les calculs précédents en supposant $L = 0^m,50$ q conserve la même valeur $0^m,113$.

$$F_1 + R = \frac{5\,785 \times 0,8}{0,50 + 0,13 - 0,11} = 8\,900 \text{ kilogrammes}$$

R a la même valeur $2\,990$ que dans l'exemple précédent en sorte que :

$$F_1 = 5\,910 \text{ kilogrammes.}$$

Nous avions trouvé par la méthode élémentaire, page 145 6305 kilogrammes, la différence 393 kilogrammes est encore plus notable que dans le cas précédent comme nous devions nous y attendre d'après la théorie :

$$\Omega = \frac{5910}{120} = 49^{cmq},25$$

(page 145 nous avons trouve $\Omega = 52^{cmq},54$).

$$v_1 = 3,97 - 0,32 \, \frac{8900}{5785} = 3^m,48$$

$$x_1 = 0,113 - 0,005 \times 1,538 = 0^m,106$$

$$x_p = 0^m,001$$

$$v_p = 0^m,37$$

$$v_b = 3^m,30 \qquad x_b = 0^m,02$$

$$t_m = 0^s,0329 - 4,9 \times \overline{0,0236}^2 \, \frac{8900}{6,46 \times 470} = 0^s,0249$$

$$v_m = 3,445 - 0,375 + 0,463 = 3^m,53$$

$$x_m = 0,0234 - 0,0047 + 0,0535 + 0,0040 = 0^m,076$$

Calcul des orifices.

$$\omega_1^2 = \frac{\Omega^3 \delta}{20\,g} \, \frac{v_1^2}{F_1} = \frac{\overline{5910}^2 \times \overline{3,48}^2}{\overline{120}^3 \times 20\,g \times 5910}$$

$$= \left(\frac{5910 \times 3,48}{120} \right)^2 \times \frac{1}{196} = 0,2092$$

$$\omega_1 = 0^{cmq},4567 \quad \frac{\omega_1}{v_1} = 0,129.$$

On a donc $\omega = v \times 0,129$. Par suite :

$$\omega_p = 0,37 \times 0,131 = 0^{cmq},048$$

$$\omega_b = 3,31 \times 0,131 = 0^{cmq},432$$

$$\omega_m = 3,53 \times 0,131 = 0^{cmq},462$$

Pendant la deuxième période du recul :

$$\omega = \frac{\omega_1}{\sqrt{L - x_1}}\sqrt{L - x} = \frac{0,457}{\sqrt{0,5 - 0,106}}\sqrt{0,5 - x} = 0,73\sqrt{0,5 - x}$$

$$x = 0,20 \qquad \sqrt{0,30} = 0,547 \qquad \omega = 0^{cmq},399$$
$$x = 0,40 \qquad \sqrt{0,10} = 0,316 \qquad \omega_1 = 0^{cmq},230.$$

Pour bien faire ressortir la différence des résultats donnés par les deux méthodes nous représentons sur la figure 43 les courbes des orifices obtenues ci-dessus et page 145.

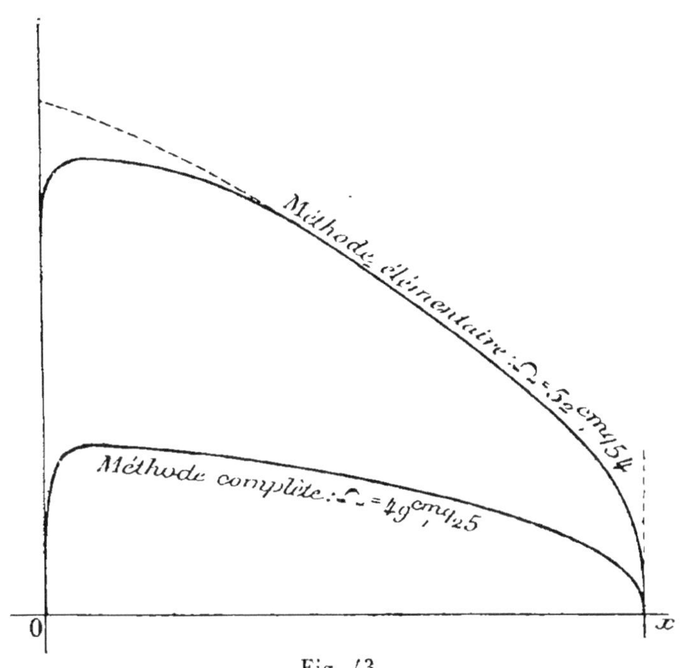

Fig. 43.

L'échelle des ω et des x étant la même pour les deux courbes on voit que la méthode élémentaire risque de donner des orifices un peu trop grands surtout si l'on ne fait K $= 1$ comme nous avons pris la précaution de l'in diquer dans la formule (12) de la page 132.

Freins à soupapes chargées. — L'idée d'employer des soupapes chargées de ressorts pour réaliser la constance de l'effort des freins hydrauliques est si naturelle qu'il semble que nous aurions dû logiquement étudier ces freins avant les précédents. Si nous avons préféré ne pas le faire c'est parce que les freins à soupapes chargées sont de jour en jour moins employés pour les raisons que nous indiquerons.

Voici le principe de ce genre de freins.

Soit P (fig. 44) le piston du frein. Supposons que, dès

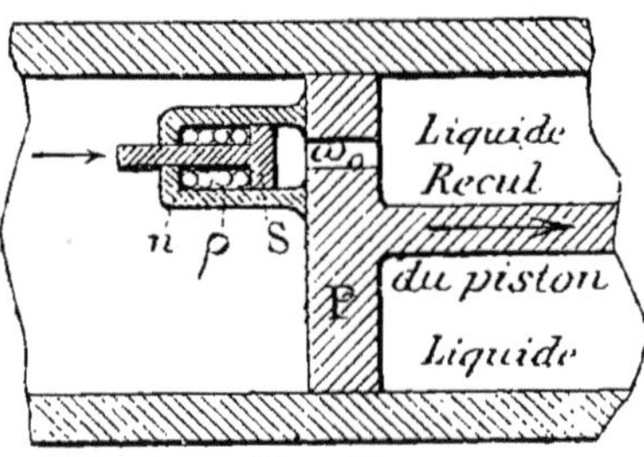

Fig. 44.

que le frein fonctionne, la soupape S soit assez soulevée, malgré le ressort de résistance ρ, pour démasquer *complètement* l'orifice d'écoulement ω_0. Le liquide s'écoule alors comme si le frein était à orifice constant, le support n comprenant simplement quelques nervures pour maintenir ressort et soupape. Toutefois dès que l'effort du frein est tel que son action sur la section S de la soupape est inférieure à l'effort ρ, la soupape se rapprochant de son siège gêne de plus en plus l'écoulement du liquide. Mais alors l'effort dans le frein reprend sa valeur primitive et la soupape sa position initiale. En réalité il y a continuité et par suite constance de la pression dans le frein. Vers la fin du recul, l'effort dans le frein ne peut plus remonter assez pour contrebalancer le ressort p et la soupape retombe sur son siège quand la vitesse du recul est nulle.

Etudions de plus près la question par le calcul.

Soit h la hauteur dont le ressort a du être écrasé pour démasquer complètement l'orifice ω_0 : cette hauteur est une donnée : on prendra par exemple pour h deux fois le diamètre de l'orifice ω_0 et on s'assurera que cela suffit. Supposons donc h connue. Soit ρ l'effort total du ressort après cet aplatissement h.

Pour que ce soulèvement se produise, il faut, qu'au début du recul, la force vive $\frac{1}{2}\frac{P_r}{g}\,v_0^2$ soit supérieure au travail nécessaire pour soulever la soupape malgré l'effort moyen $\frac{\rho}{2}$ du ressort pendant son aplatissement et pour provoquer un certain recul de la masse reculante. Le travail pour soulever la soupape est $\frac{1}{2}\rho h$. Lorsque ce soulèvement a lieu un volume de liquide Sh a traversé le piston qui a dû pour cela se déplacer d'une quantité x telle que $\Omega x = Sh$.

La masse reculante a donc dû reculer de $x = \dfrac{S}{\Omega}h$. Par suite pour qu'il y ait fonctionnement convenable du système, il faut vérifier que :

$$(37) \qquad \frac{1}{2}\frac{P_r}{g}v_0^2 \geqslant \left(\frac{\rho}{2} + R\,\frac{S}{\Omega}\right)h.$$

Unités : mètre, kilogramme, seconde.

L'effet du frein étant constant on a :

$$(38) \qquad \frac{1}{2}\frac{P_r}{g}v_0^2 = (F_1 + R)\,L.$$

Unités : mètre, kilogramme, seconde, $g = 9,8$

En exprimant que l'effort ρ fait équilibre à la pression du liquide sur la soupape on a ;

$$(39) \qquad \rho = \frac{F_1}{\Omega}\, S.$$

Unités : kilogramme, centimètre carré.

D'autre part : en vertu de la formule (12) :

$$(40) \qquad \omega_0^2 = \frac{\Omega^3 \delta}{20\,g}\, \frac{v_0^2}{F_1} = \frac{\delta \Omega^2}{40\,g}\, \frac{v_0^2}{\rho}\, S.$$

Unités : v_0 en mètres par seconde, ω_0, Ω, S en centimètres carrés ρ en kilogramme $g = 9,8$,

De la formule (38) on tire F_1. La formule (37) donne ρ. La formule (40) donne ω_0. Pour simplifier, on peut se donner $S = \omega_0$, Alors les équations permettant de résoudre le problème sont :

$$(38) \qquad \frac{1}{2}\, \frac{P_r}{g}\, v_0^2 \, (F_1 + R)\, L.$$

En se donnant la pression par centimètre carré dans le frein, de F_1 on déduit Ω :

$$(39) \qquad \rho = \frac{F_1}{\Omega}\, \omega^2$$

$$(40) \qquad \omega_0^2 = \frac{\Omega^3 \delta}{20\,g}\, \frac{v_0^2}{F_1}$$

Application à l'exemple numérique de la page 144.

(38) donne $F_1 = 1\,657$ kg. (nombre trouvé page 145)

$\Omega = 13^{\mathrm{cmp}},80$ (nombre trouvé page 145)

$\omega_0^2 = 0,1289$ (nombre trouvé page 145)

$\omega_0 = 0^{\mathrm{cmq}},35$

$$\rho = \frac{1\,657}{13,80} \times 0,1289 = 15^{\mathrm{kg}},400 \text{ environ,}$$

Supposons $h = 0^m,01$. Vérifions l'inégalité (37) :

$$\frac{1}{2}\frac{5785}{9,8} \times 15,76 \gg \left(7,7 + 2990\,\frac{35}{1380}\right)0,01$$

ce qui a *très largement lieu*. Il en est généralement ainsi dans la pratique. Nous verrons dans le chapitre relatif au calcul des éléments des ressorts métalliques, comment on peut calculer un ressort en vue de réaliser une résistance ρ après un aplatissement connu h.

Avec les freins à soupape chargée la méthode élémentaire que nous venons d'appliquer parait suffisante : on ne risque qu'une chose : faire un frein un peu trop résistant donnant un recul légèrement inférieur à celui voulu. On en est alors quitte après expérience pour agrandir très légèrement en conséquence l'orifice ω_0.

L'étude du tir à charges variables n'offre également ici aucun intérêt : l'effort du frein est toujours réglé par la soupape chargée : le recul varie alors avec la force vive à absorber, l'effort reste théoriquement constant.

Détermination des dimensions du piston, de sa tige et du cylindre du frein.—La tige travaille à l'extension. D'après les aide-mémoire on fait travailler l'acier à 10 kilogrammes par millimètre carré. On a donc la section σ de la tige du piston par la relation :

$$(41) \qquad\qquad \frac{F_1}{\sigma} = 10$$

unités : F_1 effort du frein en kilogrammes, σ en millimètres carrés.

Connaissant σ on a facilement le diamètre de la tige du piston.

10.

L'épaisseur du piston est souvent prise par les constructeurs à peu près égale au tiers du diamètre du cylindre. On peut vérifier facilement qu'avec cette épaisseur aucun cisaillement n'est à craindre autour de la tige du piston.

Le taux pour cette vérification doit être pris de 8 kilogrammes par millimètre carré pour l'acier ordinaire.

Le diamètre du cylindre se déduit de la valeur connue Ω.

Etant donné que l'épaisseur du cylindre est relativement faible nous admettrons pour la calculer la formule généralement employée pour les chaudières à vapeur, soit :

$$(42) \qquad e = \frac{p\mathrm{D}}{2\mathrm{R}},$$

D diamètre du cylindre, p pression par unité de surface, R taux de sécurité à l'extension. Pour l'acier R $=$ 10 kilogrammes par millimètre carré.

Exemple. — Application au problème traité page 165 :

$$\mathrm{F}_1 = 1\,547 \text{ kilogrammes.} \qquad \Omega = 12^{\mathrm{cmq}},89,$$

Section σ de la tige du piston $= 154^{\mathrm{mmq}},7$.

Diamètre de la tige du piston $= 14$ millimètres.

Section du cylindre $= \Omega + \sigma = 1\,289$ millimètres carrés $+ 155 = 1\,444$ millimètres carrés.

D $= 43$ millimètres.

Epaisseur du piston $= 14$ millimètres.

Epaisseur du cylindre (formule 42) : pour une pression de 120 kilogrammes par centimètre carré ou $1^{\mathrm{kg}},2$ par millimètre carré :

$$e \text{ millimètres} = \frac{1,2 \times 43}{20} = 2^{\mathrm{mm}},5,$$

on prendra 5 millimètres.

Ces dimensions sont reproduites en vraie grandeur sur la figure 45 ci-dessous.

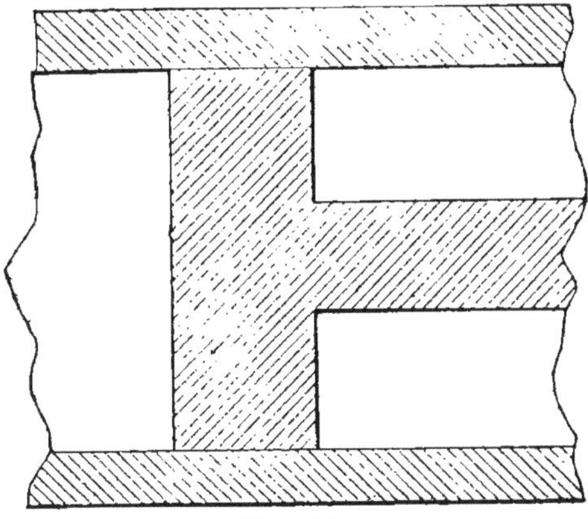

Fig. 45.

Détails d'organisation des freins à orifices variables. — Pour que ces freins soient à effort constant nous avons vu que l'orifice d'écoulement du liquide devait varier suivant une certaine loi que nous savons déterminer d'une façon très approchée. Pour obtenir cette variation d'orifice on utilise divers systèmes mécaniques ; nous allons décrire les plus employés qui peuvent se classer d'ailleurs en quatre grandes catégories : *les freins à fraisures, les freins à tiroir ou à bague tournante, les freins à contre-tige centrale, les freins à barres d'obturation*. Ces systèmes présentent les uns et les autres des avantages et des inconvénients qui, suivant les cas, font décider de leur adoption.

Principe des freins à tiroir ou à bague tournante.

Le piston qui se meut dans le cylindre est percé d'orifices tels que a (fig. 46). Contre le piston se trouve une bague ou tiroir qui ne peut que tourner autour de la tige du piston. Cette bague, appelée quelquefois aussi *tiroir* ou *valve*, est percée d'orifices *a'* coïncidant avec l'orifice *a* au début du recul. Pendant le mouvement du piston une ailette *b*, plus ou moins analogue à celle de nos anciens projectiles, décrit une rainure hélicoïdale du cylindre et la bague tourne : il en résulte pour l'orifice *a* une obstruction variable avec la rotation de la bague.

Ce système a eu et a encore ses partisans. Les constructeurs *Vavasseur* et *Gruson* l'ont employé avec quelques variantes. Dans le matériel de campagne présenté au *Portugal*, dans ces dernières années, par les usines *Krupp*, la variation

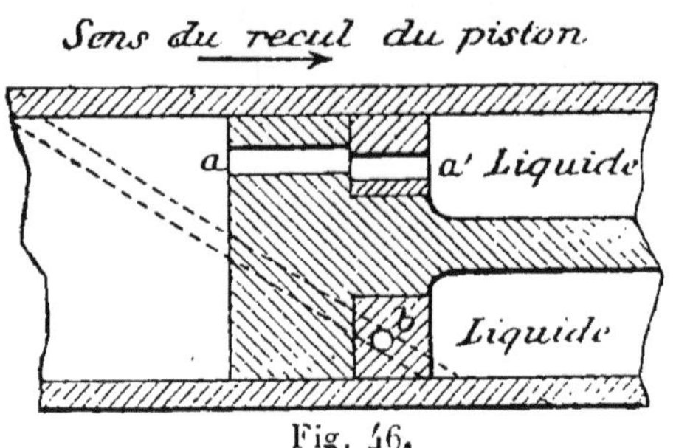

Fig. 46.

des orifices d'écoulement était encore réalisée de cette façon. Nous nous bornerons à décrire un peu en détail le frein Vavasseur.

Enfin dans ce frein c'est le cylindre qui recule et le piston qui est fixé au châssis ou à la plate-forme. Le cylindre étant plus lourd que le piston et sa tige, cette disposition a pour but d'augmenter le poids de la masse reculante de façon à diminuer la vitesse de recul.

Dans le frein Vavasseur c'est le piston qui porte les ailettes et non le tiroir. C'est donc le piston qui tourne quand le cylindre recule, entraîné par l'affût, au contraire le tiroir ne peut que glisser *sans tourner*, le long du cylindre.

C'est donc la rotation du piston qui règle la variation des orifices. Pour rendre impossible la rotation du tiroir, une tige carrée traverse ce dernier et pénètre en partie dans la tige du piston qui est creusée à cet effet (fig. 47). Cette tige carrée ressort à l'avant du cylindre avant le recul et on peut en la faisant tourner au moyen d'une clef mue par

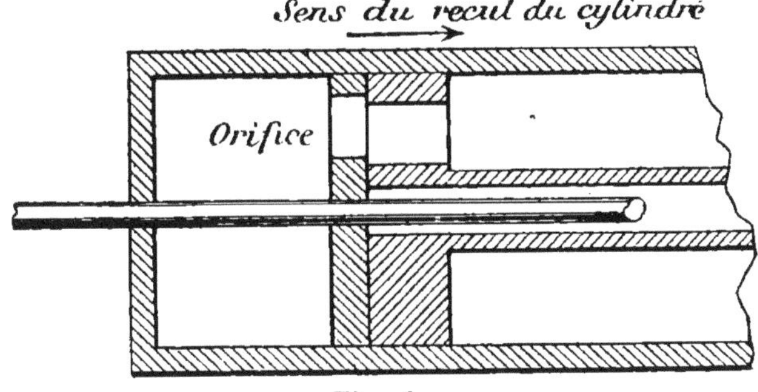

Fig. 47.

une manivelle, décaler la bague par rapport au piston, de la quantité que l'on veut. On peut ainsi espérer pouvoir régler assez bien le frein pour les diverses conditions de tir.

Pendant le recul du cylindre le volume de la tige du piston doit se loger dans le frein : il a donc fallu ménager dans ce dernier la place convenable puisque par hypothèse le liquide enfermé dans le cylindre est incompressible. L'air ainsi enfermé peut se mélanger à ce liquide pour en modifier la résistance. De là des irrégularités possibles de fonctionnement que l'on a essayé d'éviter en employant des freins à deux cylindres couplés. L'affût entraîne en reculant les deux cylindres C_1 et C_2 (fig. 48).

La tige du piston P_1 sort de l'ensemble, mais le volume qu'elle laisse libre est occupé par la tige du piston P_2 qui entre dans le système. Il s'établit ainsi une compensation grâce à la communication établie entre les deux cylindres. La solution n'est pas encore très bonne, du moins à notre avis.

Une tige reste hors du cylindre en temps ordinaire, elle se salit et produit de l'encombrement. Remarquons aussi que la tige du piston P_2 travaille à la compression, ce qui est à éviter.

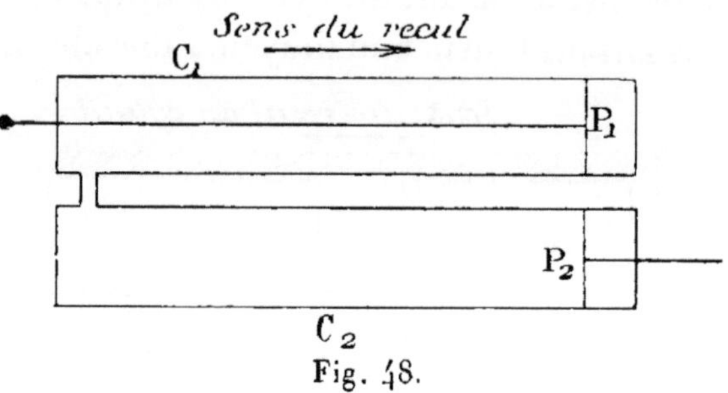

Fig. 48.

Lorsque la pièce a fini de reculer, les orifices étant fermés, le retour en batterie serait impossible si une soupape ne permettait l'écoulement du liquide en sens inverse. En maintenant cette soupape ouverte, la rentrée en batterie est automatique si l'on a fait reculer la pièce sur un châssis incliné.

Inconvénients des freins à tiroir.

Le piston avec son tiroir est encombrant, ce qui conduit à augmenter le volume du cylindre. Cette augmentation peut être gênante dans l'organisation de certains affûts, comme les affûts des pièces de campagne, par exemple, qui doivent être aussi mobiles que possible.

En outre, si en vue de bien guider le mouvement relatif du cylindre et du piston, on tient à ce que les ailettes s'appuient dans les cannelures par une surface de contact et non par une ligne, la directrice des cannelures ne peut être qu'une hélice à pas constant. Si le pas était en effet variable, les ailettes devraient se déformer pendant le recul, ce qui ne peut avoir lieu. Cette constance du pas ne s'accorde pas forcément avec le profil qui serait nécessaire pour obtenir la loi de variation des orifices. Dans la pratique, l'effort n'est pas bien constant.

Par l'usage, les cannelures s'agrandissent et les jeux qui en résultent modifient le fonctionnement du système.

Quant au réglage initial pour passer d'une charge à une autre, il est dangereux, le moindre oubli ou une erreur de sens dans la rotation de la tige carrée pouvant causer des accidents sérieux.

Toutefois il ne faut pas s'exagérer outre mesure ces inconvénients, et le système employé avec quelques légères modifications peut encore fonctionner dans des conditions très acceptables.

Freins à fraisure.

Ce système est des plus simples comme construction. C'est celui qui est encore règlementaire pour nos canons longs de siège et place (de 155, 120 et 95 millimètres).

Les orifices d'écoulement sont réalisés en creusant

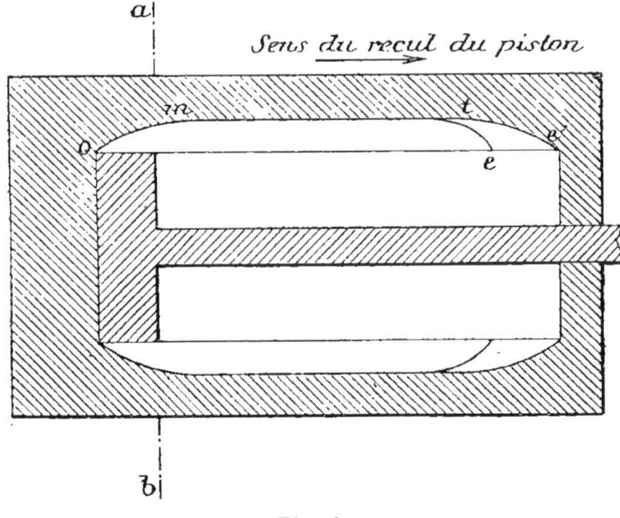

Fig. 49.

dans le cylindre quatre fraisures (fig. 49 et 50), dont la

profondeur varie à la demande de la loi de variation des orifices.

On a ainsi le profil tel que *ome*, le point *e* correspondant à l'extrémité de la course donnée au recul. Si le frein était ainsi construit, les orifices étant fermés à la fin du mouvement, il ne serait plus possible de ramener la pièce en batterie à bras. Pour rendre ce retour possible, au lieu de donner aux fraisures le profil parabolique *ome*, on remplace le profil *te*, dans le voisinage du sommet *e*, par une ligne *te'*. On renonce ainsi sur le petit parcours *ee'* à la constance de l'effort, mais cela n'a pas d'importance appréciable dans la pratique.

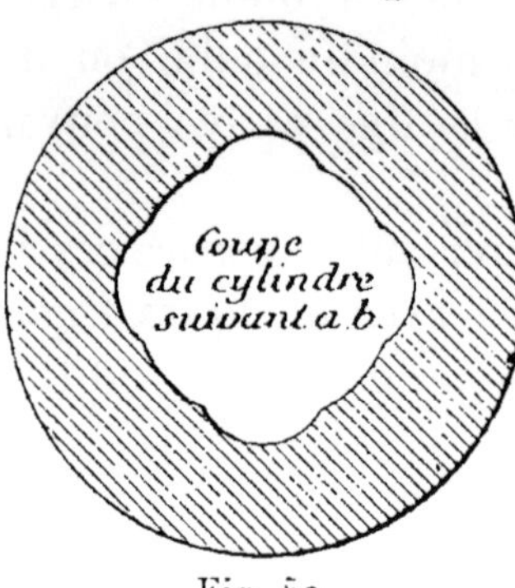

Fig. 5o.

Ce système présente les inconvénients suivants : il ne convient qu'à des conditions de tir déterminées. L'usure des fraisures nécessite le remplacement du cylindre. Par contre il est simple de construction, comme nous l'avons déjà dit et il est très peu encombrant.

Freins à contre-tige centrale.

Dans ces freins, l'orifice varie en restant semblable à lui-même, mais la contre-tige conduit à une certaine augmentation du volume du cylindre de frein. Ces systèmes sont organisés de la façon suivante : Le piston dont la tige est creuse, est percé de trous de communication *o, o* (fig. 51). Une contre-tige AB fixée au fond antérieur du cylindre pénètre dans l'intérieur de la tige creuse. En s'écoulant pendant le recul, le liquide passe forcément entre la tige et la contre-tige. Il suffit de donner à la contre-tige le profil convenable.

Lorsque l'usure a modifié la loi de variation des orifices, il suffit de remplacer la contre-tige. Ce système est actuellement employé avec faveur.

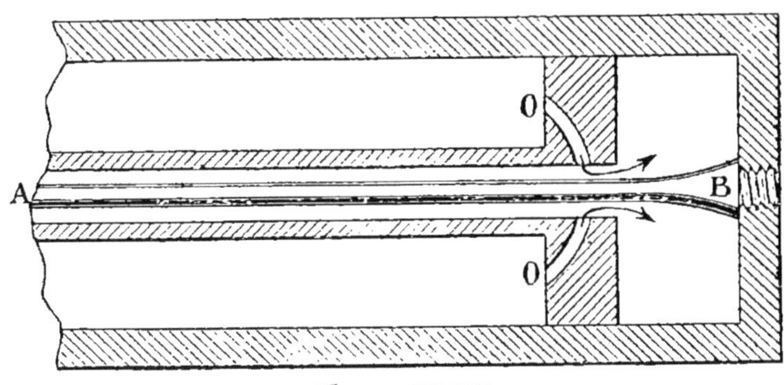

Fig. 71.

Le profil de la contre-tige est facile à obtenir. Soit d le diamètre intérieur de la tige du piston, y le rayon de la contre-tige après le recul x.

L'orifice d'écoulement est égal à

$$\pi\left(\frac{d^2}{4} - y^2\right).$$

Pendant la deuxième période du recul on a (formule 36, page 162) :

$$\omega = \frac{\omega_1}{\sqrt{L - x_1}}\sqrt{L - x}.$$

On a donc la relation ci-après qui fait connaître le profil de la contre-tige à partir du point d'abscisse x_1 :

$$\frac{\omega_1}{\pi\sqrt{L - x_1}}\sqrt{L - x} = \frac{d^2}{4} - y^2.$$

ou :

$$y^2 = \frac{d^2}{4} - \frac{\omega_1}{\pi\sqrt{L - x_1}} \sqrt{L - x}.$$

Unité de longueur : Centimètre, car ω_1 est calculé en centimètres carrés.

Pour la première période du recul on construit le profil par points en utilisant les formules indiquées pour cette période, pages 162 à 164.

Application numérique. — Considérons le frein dont nous avons calculé les orifices, page 165.

Nous avons :

$$L = 100 \text{ centimètres} \qquad x_1 = 10^{cm},9 \qquad \omega_1 = 0^{cmq},313.$$

Supposons $d = 8$ centimètres.

L'équation du profil de la contre-tige pendant la deuxième période du recul est :

$$y^2 = 16 - 0,0105 \sqrt{100 - x}.$$

Pour $x = L = 100$ centimètres, les orifices se fermeraient si, comme on l'a fait pour les systèmes précédents, on ne modifiait légèrement le profil vers la fin du recul pour permettre le retour en batterie.

Pour

$$x = x_1 \quad , \quad y^2 = 16 - 0,099 = 15,90 \quad , \quad y = 3^{cm},99.$$

Le jeu de la contre-tige dans son logement n'est donc que de $\frac{1}{10}$ de millimètre et il va en diminuant. On voit combien la construction de tels freins exige de précision.

A titre d'exemple calculons un point du profil pendant la première période du recul, celui qui correspond à $x_b = 2$ centimètres. On a $\omega_t = 0^{cmq},283$ (voir page 166).

On a donc $y_b^2 = 16 - 0,283$ ce qui donne un jeu très faible.

Freins à barre d'obturation.

Le frein à barre d'obturation présente les mêmes avantages que celui à contre-tige sauf en ce qui concerne la constance de forme de la veine liquide. Son encombrement est très faible, la barre d'obturation se logeant dans la paroi du cylindre. Celui-ci présente en effet une cavité longitudinale à section rectangulaire qui se prolonge sur le piston. C'est dans ce vide à section constante que l'on place la barre d'obturation à profil *ab* convenable (fig. 52).

Ce profil se calcule d'ailleurs de la même façon que ci-dessus pour la contre-tige.

Ce système est de plus en plus employé dans les matériels modernes. Sa construction est simple mais elle exige une certaine précision comme tous les systèmes précédents, d'ailleurs.

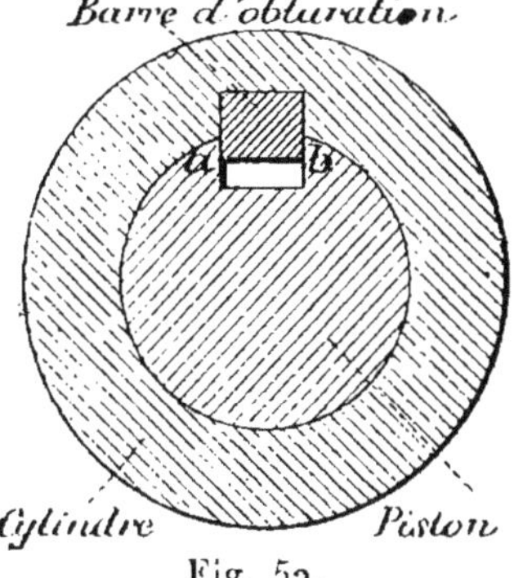

Fig. 52.

Liquides convenant aux freins hydrauliques.

La première qualité à rechercher pour le liquide d'un frein, c'est l'insensibilité aux variations de température. En particulier ce liquide ne doit absolument pas se congeler aux plus basses températures de nos contrées.

Il doit toujours être assez fluide pour ne pas gêner le retour en batterie. Il ne doit être nuisible, ni aux garnitures formant les joints, ni aux métaux employés dans la construction du cylindre et du piston.

Les *huiles minérales* satisfont en général à ces conditions. La glycérine aussi mais sa viscosité est un peu grande et il convient de la diminuer, en l'additionnant d'eau. En France la proportion du mélange est 60 de glycérine pour 40 d'eau.

On peut aussi employer de l'eau de savon, mais alors la congélation est à redouter.

Tous ces liquides ont un poids spécifique acceptable. Il ne faudrait pas en effet que ce dernier soit par trop différent de celui pour lequel le frein a été construit.

Joints.

Les joints doivent être assez étanches sans être cependant serrés au point de gêner et même empêcher la rentrée en batterie. La tige du piston doit sortir très légèrement humide.

A titre d'exemple la figure 53 donne l'organisation du

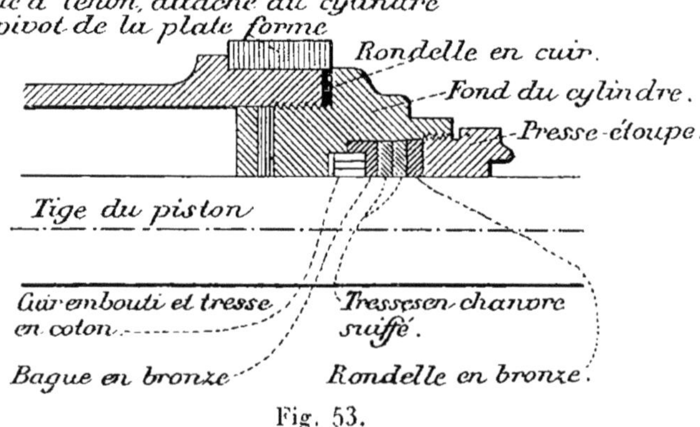

Fig. 53.

joint, dans lequel passe la tige du piston au fond du cylindre, pour notre matériel de 155 millimètres long.

§ 2. — ORGANISATION GÉNÉRALE
DES AFFUTS FIXES A FREINS HYDRAULIQUES

C'est d'abord pour les affûts de bord, et un peu après pour les affûts de côte, que le frein hydraulique a été adopté. D'une part les conditions d'emploi de ces pièces de gros calibre dans des espaces très limités imposaient depuis longtemps la recherche de la réduction du recul. D'autre part la fixité de ces affûts permettaient l'adoption de dispositifs permettant d'arriver à la solution du problème posé.

Affûts de siège et place. — Ce n'est que plus tard, en 1883, que le frein hydraulique a été appliqué à nos affûts longs de siège et place. Ces derniers devant avoir une certaine mobilité ne sont pas de très gros calibre ; leur maniement n'exige pas des efforts considérables et l'on s'est contenté simplement de réduire le recul par le frein hydraulique prenant son point d'appui sur la plate-forme.

A cet effet une sellette portant un pivot a été noyée dans la plate-forme. Celle-ci et le poids du matériel qu'elle supporte assurent la fixité du pivot auquel est attaché par une frette à tenons le cylindre du frein. La tige de ce dernier est fixée à l'affût. Au point de vue mécanique cette organisation est des plus simples et ne présente pas d'intérêt théorique. Nous n'insisterons donc pas davantage sur ces affûts.

Pour les affûts de siège et place à tir courbe c'est-à-dire destinés à tirer sous de très grands angles, l'utilité du frein hydraulique s'est fait moins vivement sentir : on sait en effet (voir page 86), que dans le tir sous très grands angles, il n'y a pas soulèvement et que le recul est d'autant plus restreint que l'angle de tir est plus considérable.

Toutefois pour faciliter l'emploi de certains mortiers en rase campagne et accélérer la rapidité de leur tir, on les a disposés sur plates-formes métalliques dotées de freins hydrauliques.

Affûts de côte. — La puissance d'une bouche à feu de côte entraîne pour l'ensemble du matériel un poids généralement considérable. Aussi pour pouvoir le mouvoir plus facilement a-t-on eu de bonne heure l'idée de le faire reculer sur un châssis incliné, ce chassis pouvant lui-même être mu pour le pointage en direction sans grand effort grâce aux galets du chassis qui roulent sur des circulaires appropriées. Cette solution entraînait une augmentation de poids et d'encombrement mais elle était admissible vu la fixité du système.

Plus tard elle a été complétée par le frein hydraulique.

Enfin à notre époque on a eu l'idée de remplacer le châssis rectangulaire très encombrant par une sorte de pivot, très lourd il est vrai, autour duquel tourne l'affût.

On a eu ainsi les *affûts à châssis circulaire*, dont le premier type est fourni par notre affût de 240 millimètres.

Notre affût de 240 millimètres, modèle 1901, est aussi à châssis circulaire.

Les règlements qui se trouvent dans la plupart des librairies donnent au sujet de ces matériels, toutes les indications utiles.

Nous nous bornerons à signaler ici quelques applications intéressantes des principes de la mécanique tant pour les matériels modernes à châssis circulaire que pour l'amélioration des anciens affûts à châssis rectan-gulaire.

1° *Amélioration des anciens affûts.*

Dans les anciens affûts à châssis rectangulaire le frein, à un ou à deux cylindres, se trouve placé à la base de l'affût parallèlement au chemin parcouru par le système dans son recul le long des côtés du chassis. Le canon ayant une inclinaison autre que celle du frein, une composante de la percussion des gaz s'exerce normalement au châssis. Pour lui résister il faut que les axes par les-quels ce châssis repose sur ses galets soient assez résistants pour résister à cette percussion et que par conséquent, ils présentent un assez fort diamètre. Ce diamètre est d'autre part bien supérieur à celui qui serait nécessaire à suppor-ter le poids de la pièce ne tirant pas. Or nous avons vu (page 27) que la fraction de résistance au déplacement d'un véhicule, due au frottement des boîtes de roue sur les fusées d'essieu, a pour expression :

$$P f \frac{r}{R}$$

où f est le coefficient de frottement, r et R les rayons de la fusée d'essieu et de la roue, et P le poids portant sur l'ensemble des roues.

On diminuera donc beaucoup l'effort à vaincre dans les déplacements du châssis en réduisant r à la quantité juste suffisante pour supporter le poids P, quitte pour le tir à faire reposer le châssis sur ses galets par des axes plus forts. C'est ce principe qui a été appliqué à l'amélioration de nos matériels anciens par le commandant *Jouhandeau* de l'artillerie française. Le châssis repose sur les galets par l'intermédiaire de ressorts et de petits axes prolongeant les axes ordinaires. Pour le pointage en direction le déplacement du châssis s'effectue facilement par un seul homme agissant sur un levier, alors qu'il faut deux servants pour les matériels non améliorés. Au départ du coup, la percussion normale au châssis écrase le ressort et le châssis vient reposer sur les galets par l'intermédiaire des axes ordinaires suffisamment résistants. Le mouvement terminé les ressorts soulèvent de nouveau l'ensemble et le remettent sur les petits axes.

Le schéma représenté sur la figure 54 fait bien comprendre l'agencement du système.

On voit que P, f et R restant constants, l'effort à vaincre, indépendamment du frottement des galets sur la circulaire de roulement, est réduit dans le rapport des rayons du petit axe et de l'axe ordinaire.

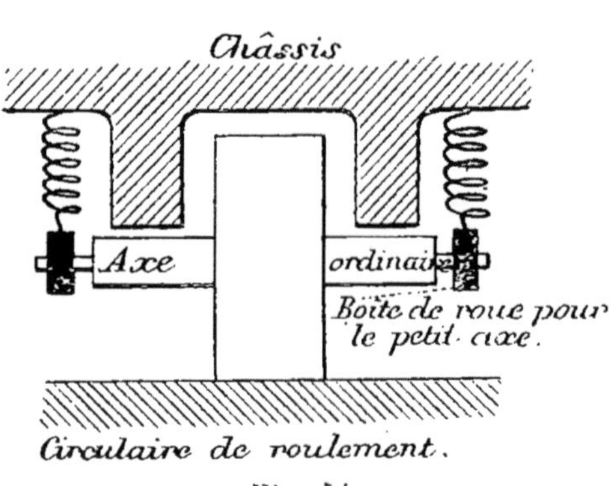

Fig. 54.

En admettant que cette réduction est de $\frac{1}{3}$, l'effort considéré est réduit au tiers de sa valeur. Or celle ci est assez grande pour que le gain ainsi réalisé soit appréciable. Ainsi d'après les grandeurs ordinaires de la pratique, on peut admettre par exemple :

$$P = 24\,000 \text{ kilogrammes}, \quad f = 0,1, \quad R = 0^m,12,$$
$$r = 0^m,03.$$

On en déduit ;

$$P f \frac{r}{R} = \frac{2\,400}{4} = 600 \text{ kilogrammes.}$$

Cet effort sera donc réduit à 200 kilogrammes avec le petit axe d'un centimètre de rayon. L'économie réalisée ainsi pour l'ensemble des 4 galets est de 400 kilogrammes : elle en vaut la peine.

C'est encore par la diminution des frottements que le commandant Jouhandeau est parvenu à réduire à peu de chose l'effort nécessaire au tourillonnement du canon dans les sous-bandes. Toutefois au lieu d'appliquer le principe précédent de la diminution de l'axe de rotation pour les opérations à effectuer en dehors du tir, il a pu supprimer à peu près tout frottement en faisant osciller pendant le pointage en hauteur la pièce sur des couteaux comme un fléau de balance.

Dans un autre ordre d'idées, une partie de la force vive de recul a été emmagasinée dans des ressorts métalliques pour être employée ensuite à monter le projectile à hauteur de la culasse. Cette disposition est avantageuse car, avant son adoption, les lourds projectiles de côte (150 kilogrammes par exemple) exigeaient le maniement d'une grue incommode pour être élevés jusqu'à la culasse du canon qui repose sur l'affût porté lui-même par le châssis. Nous n'entrerons pas d'ailleurs dans les détails d'organisation de ces dispositifs dont l'agencement peut varier suivant les cas. Le calcul des ressorts se fait facilement comme nous le verrons plus loin, lorsqu'on connaît l'énergie à leur faire emmagasiner.

2° *Matériels modernes à châssis circulaire.*

Un des types le plus récent de cette catégorie est fourni

par notre matériel modèle 1901, construit par les établissements de *St-Chamond*.

Le canon recule dans un manchon qui porte deux freins hydrauliques F_1, F_2 (fig. 55) et deux récupérateurs à ressorts métalliques R_1. R_2. De cette façon il n'y a plus de percussion sur l'affût. La force vive de recul est absorbée par les freins et les récupérateurs. A la fin du recul ceux-ci ramènent le canon en batterie.

Pour faciliter le tourillonnement, les tourillons T du

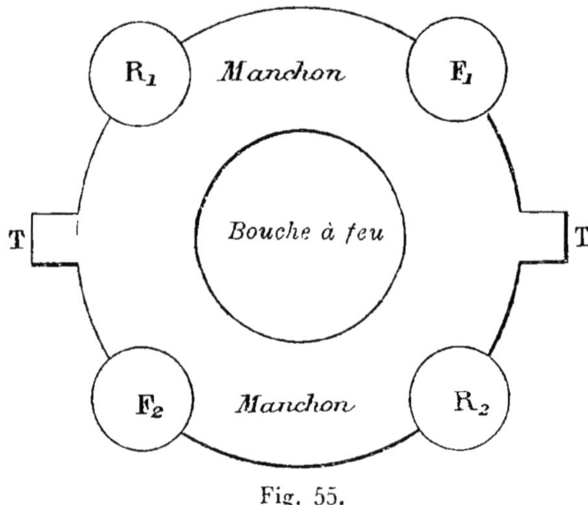

Fig. 55.

manchon tournent sur des galets renfermés dans des manchons. Ce mouvement est ainsi très doux comme dans les roulement sur billes.

L'affût repose sur une sellette circulaire par l'intermédiaire de galets tronconiques roulant dans un bain d'huile. Le pointeur peut au moyen d'une manivelle faire facilement tourner l'affût autour de la sellette pour pointer en direction.

Un monte-charge à manivelle permet d'élever l'obus à hauteur de la culasse plus vite et plus facilement qu'avec la grue des anciens matériels.

On a ainsi réalisé des progrès sensibles, sans difficulté d'ailleurs, car, nous le répétons, la considération des poids a ici peu d'importance et elle ne limite pas l'initiative du constructeur comme elle le fait, par exemple, pour les matériels de campagne.

CHAPITRE IV

ÉTUDE DES RÉCUPÉRATEURS

§ I. — RÉCUPÉRATEURS A RESSORTS MÉTALLIQUES

Récupération nécessaire et tension initiale du récupérateur. — La force vive de recul est pratiquement bien supérieure à l'énergie strictement nécessaire pour ramener la pièce en batterie, même sous les plus fortes inclinaisons usitées dans le tir. Cela est d'autant plus vrai que, dans les matériels modernes, le canon recule seul par rapport à l'affût immobilisé d'autre part.

Le récupérateur ne doit donc pas absorber toute l'énergie du recul si l'on ne veut pas voir la pièce prendre une trop grande vitesse dans la rentrée en batterie. Aussi adjoint-on généralement un frein au récupérateur chargé de ramener après le recul le canon à sa position primitive.

Le frein détruit l'excès de force vive du recul qui serait nuisible à la rentrée en batterie. Toutefois, comme cette rentrée doit pouvoir s'effectuer sûrement, dans le tir sous les plus grands angles, même quand les surfaces frottantes sont en mauvais état, le récupérateur doit absorber plus d'énergie qu'il n'en faudrait le plus souvent.

Dans la pratique l'absorption de cette énergie exige pour les ressorts employés une tension initiale assez grande, l'aplatissement de ces ressorts étant limité à la longueur du recul.

Bien des constructeurs justifient cette grande tension

initiale d'une autre façon. Pour eux elle sert uniquement à empêcher le glissement de la bouche à feu sous l'effet de la pesanteur, dans le pointage sous les grands angles. En appelant α_m l'angle maximum du tir et P_r le poids de la masse reculante, cette tension initiale a alors pour expression :

$$P_i = P_r (\sin \alpha_m - f \cos \alpha_m).$$

Remarquons que cette relation suppose que les frottements dans les joints du frein et du récupérateur sont négligeables. Il est rare que l'on ait à tirer sous un angle supérieur à une quarantaine de degrés. Avec $\alpha_m = 40°$ et $f = 0,1$ on a :

$$(43) \qquad P_i = 0,6\ P_r$$

Il convient de voir si cette tension est suffisante pour que le ressort qui la subit, ait absorbé, après l'aplatissement L, l'énergie indispensable à la rentrée de la pièce en batterie.

Soit A_i l'aplatissement dû à la tension P_i ci-dessus, A_m l'aplatissement après le recul L.

L'expérience montre que A_i et A_m sont proportionnels aux tensions P_i, P_m du ressort, correspondant à ces aplatissements. On a donc :

$$\frac{P_m}{P_i} = \frac{A_m}{A_i} = \alpha.$$

Or un ressort ne peut être soumis, sans perdre de ses qualités, à un aplatissement permanent A_i trop grand par rapport à l'aplatissement total A_m qu'il peut subir sans déformation permanente. La pratique montre qu'à ce point de vue α ne peut guère être inférieur à 2. D'autre part si à la tension $P_i = 0,6\ P_r$ correspond un aplatissement A_i trop faible par rapport à A_m c'est que le ressort est très dur et sa tension augmente alors très rapidement avec l'aplatissement. Cet aplatissement étant généralement égal à la longueur du recul, le ressort présenterait bientôt pendant le recul une résistance inadmissible. La pratique montre que α ne peut dépasser la valeur 3.

Ainsi, la résistance du ressort est au début P_i ; elle est αP_i à la fin, α étant un nombre compris entre 2 et 3.

L'effort moyen du ressort est $P_i \dfrac{1 + \alpha}{2}$ et son travail pendant le recul de longueur L est $P_i \dfrac{1 + \alpha}{2} L$, ou en vertu de (43) ;

$$0,3\, P_r L\,(\alpha + 1).$$

Pour ramener la pièce en batterie sous l'angle α_m, il faut dépenser, *en négligeant les frottements dans les joints du frein et du récupérateur, un travail* :

$$P_r\,(\sin \alpha_m + f \cos \alpha_m)\, L$$

soit environ $0,7\, P_r\, L$ sous les plus fortes inclinaisons.

Théoriquement, la récupération obtenue avec la tension initiale calculée par la formule (43) est donc toujours suffisante puisque α est au moins égal à 2.

Pratiquement, elle ne l'est pas. Il faut en effet tenir compte des frottements dans les joints car ils sont toujours assez grands. De plus, malgré toutes les précautions prises, les surfaces frottantes ne sont pas toujours en parfait état. Nous n'adopterons donc pas la formule théorique (43) qui est d'ailleurs mal justifiée pour les bouches à feu légères comme le sont les pièces de campagne. Pour ces matériels les frottements dans les joints sont de nature à eux seuls à empêcher tout glissement en arrière du canon dans le pointage. Il est vrai que ce glissement pourrait encore se produire sous l'effet des trépidations causées par le roulement en mauvaises routes mais cette éventualité ne justifie pas davantage la formule (43). A notre avis la tension initiale à adopter doit être demandée à l'expérience, la théorie ne pouvant tenir compte d'une façon assez précise ni des frottements dans les joints ni de l'état des surfaces frottantes après un certain temps de service dans des conditions variées.

Toutefois en admettant la formule empirique :

$$(44) \qquad P_i = 0,8\ P_r$$

qui donne, en laissant à α sa généralité, une récupération utilisable :

$$(45) \qquad \rho = 0,4\ (\alpha + 1)\ P_r L$$

on arrive généralement à des résultats satisfaisants si α est au moins égal à 2. Il est bon d'ailleurs de s'en assurer dans chaque cas particulier en tenant compte le mieux possible de tous les frottements à prévoir. Enfin il ne faut pas craindre de majorer de $\frac{2}{10}$ la récupération qui serait strictement nécessaire sans faire abstraction des frottements dans les joints.

A titre d'exemples et pour montrer que la formule (44) donne en général des résultats satisfaisants dans la pratique, voici quelques données numériques relatives aux matériels *Schneider-Canet* et *Krupp* essayés ces temps derniers par le *Portugal*.

Matériel Schneider-Canet ;

$$P_r = 450\ \text{kg.} \qquad P_i = 400\ \text{kg.}$$

Matériel Krupp :

$$P_r = 400 \text{ kg.} \qquad P_i = 250 \text{ kg.}$$

D'après la formule (44) la tension initiale devrait être respectivement de ;

$$360 \text{ kg.} \quad \text{et} \quad 320 \text{ kg.}$$

Avec la formule (43) elle serait de :

$$270 \text{ kg,} \quad \text{et} \quad 240 \text{ fig.}$$

Or voici comment s'exprime la commission portugaise chargée des essais, au sujet du fonctionnement des deux récupérateurs[1].

« La première remarque à faire, c'est que, dans les « limites des expériences effectuées, et avec des récupéra- « teurs normaux le modèle Krupp et le modèle français « fonctionnent d'une façon excellente. La pièce rentre « toujours bien en batterie, avec une rapidité en harmonie « avec l'ensemble des mécanismes de chargement et de « tir, ainsi qu'il convient pour une pièce réellement à tir « rapide. Cependant il faut observer que la pièce Krupp « ne tira pas dans des angles supérieurs à 11 degrés et « que rien n'autorise à déclarer *à priori* que le récupéra- « teur ramènerait en position une pièce qui tirerait sous « l'angle maximum de 16° permis par l'affût et, *à fortiori* « sous des angles supérieurs.

« Cette affirmation n'est pas gratuite : le récupérateur « *Ehrhardt* qui fonctionne bien sous des angles peu élevés « cesse de ramener la pièce en batterie sous l'angle de 14°. « Au contraire, il est absolument certain que le récupéra- « teur Schneider-Canet fonctionne d'une façon excellente « même sous l'angle de tir de 27°. . . . .

<hr>

[1] *Revue d'artillerie*, t. LXVIII, p. 403 et suivantes.

« . . . . . Les *faits* qui précèdent autorisent la
« commission à conclure que le récupérateur français non
« seulement fut soumis à des épreuves plus sévères que le
« récupérateur Krupp, mais encore qu'il semble être dans
« des conditions de fonctionnement meilleures lorsque,
« pour un motif quelconque, les surfaces de glissement ne
« se trouvent pas en bon état ou qu'il y a de la poussière
« entre les surfaces frottantes ».

Ces expériences et d'autres nous autorisent à conclure
que la formule (43) donne des valeurs insuffisantes et que
seule la formule (44) est admissible. La formule (45) qui en
est la conséquence nous montre que la récupération obtenue est à peu près égale à une fois et quart le travail qui
serait nécessaire pour élever le poids P_r de la masse reculante à une hauteur L. Ce résultat serait exact pour $\alpha = 3,1$.

Exemple. — Pour $P_r = 450$, $\alpha = 2$ et $L = 1,20$, la
récupération obtenue est : $1,2 \times 450 \times 1,2 = 658$ kilogrammètres. Pour le matériel Canet précité la récupération
était de 671 kilogrammes. Par conséquent la formule (44)
conviendrait bien à ce cas surtout, si on prenait pour α
une valeur un peu supérieure à 2.

Formules relatives aux ressorts métalliques. —
Les formules que nous allons indiquer sont démontrées
dans les traités de *Résistance des matériaux*, notamment
pour les ressorts en hélice à fil rond, dans celui de *Madamet*[1]. Cet auteur a bien aussi démontré des formules
pour les ressorts en hélice à lame plate mais elles diffèrent
légèrement de celles que nous emploierons et que nous
avons extraites du *Manuel du Constructeur de Reuleaux*.

Divers autres formulaires et parmi eux l'*aide-mémoire*

[1] Madamet, p. 481.

des officiers d'artillerie indiquent ces formules ou d'autres très analogues.

Soient (fig. 56) D le diamètre du fil enroulé en hélice pour constituer le ressort, R le rayon moyen de cette hélice, A l'aplatissement que prendrait le ressort soumis à une charge P. Cet aplatissement est évidemment fonction de la charge P et de la nature du ressort caractérisée par la longueur l du fil développé, par le diamètre D, par le rayon R et enfin par la résistance élastique plus ou moins grande du fil à la torsion. Cette résistance est définie par le module G d'élasticité de torsion du métal qui constitue le ressort.

On admet généralement que ce module est égal aux $\frac{2}{5}$ du module E d'élasticité longitudinale. Rappelons que, par définition, l'allongement longitudinal d'une barre est d'autant plus grand, toutes choses égales d'ailleurs que E est plus faible.

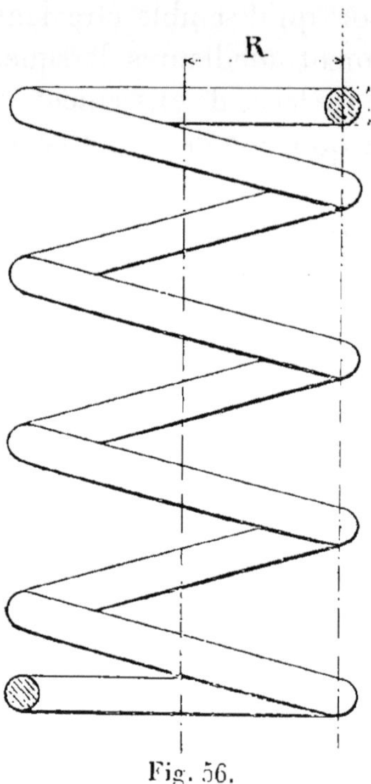

Fig. 56.

La théorie, confirmée par l'expérience, montre que l'on a :

$$(46) \qquad A = \frac{32}{\pi} \frac{R^2 l}{GD^4} P.$$

D'autre part la charge maximum P_m que peut supporter

le ressort sans éprouver de déformation permanente dépend
des éléments D et R et aussi de la limite élastique ou
charge d'élasticité C plus ou moins grande à l'extension
ou à la compression suivant la façon dont travaille le
ressort : les formules précédentes s'appliquent en effet que
celui-ci travaille à la compression ou à l'extension. La
théorie donne, d'accord avec l'expériene :

$$(47) \qquad P_m = S\, \frac{\pi D^3}{16\,R} \qquad \text{où} \qquad S = \frac{4}{5}\,C.$$

Pour les ressorts en hélice, dont le fil est une lame
plate, on a les formules :

$$(48) \qquad A = \frac{3\,lR^2}{G}\,\frac{b^2 + h^2}{b^3 h^3}\,P$$

$$(49) \qquad P_m = \frac{S}{3\,R}\,\frac{b^2 h^2}{\sqrt{b^2 + h^2}}.$$

b et h étant les dimensions de la section de la lame mise
en hélice.

· Le tableau ci-après donne pour les métaux les plus
usuels les valeurs de E, G et S :

Métaux	E	$G = \frac{2}{5}E$	$S = \frac{4}{5}C$	ε
Fer forgé. . .	20 000	8 000	12	$0^{kg},0000078$
Fil de fer. . .	»	»	24	»
Acier à ressort trempé. . .	»	»	70	»
Acier fondu non trempé. . .	»	»	20	»
Fil de cuivre. .	13 000	5 200	9	
Fil de laiton . .	10 000	4 000	10	

Ces nombres, étant des moyennes sont susceptibles par conséquent d'être un peu augmentés ou diminués.

Les formules précédentes et les nombres de ce tableau ne sont pas indépendants des unités. Celles-ci sont fixées savoir : le millimètre pour les longueurs, le kilogramme pour les efforts.

Quelques conséquences des formules précédentes. — Une première question qui se pose dans l'organisation d'un récupérateur à ressorts est la suivante : quel poids de ressorts faut-il pour obtenir une récupération déterminée ? Cette question intéresse surtout les constructeurs d'affûts de campagne dont la légèreté est une des principales qualités, et, à un degré un peu moindre, les constructeurs des affûts de siège et place qui doivent encore présenter une certaine mobilité.

Une seconde question vise l'encombrement que l'on a toujours intérêt à rendre minimum. Elle se pose ainsi :

Un ressort soumis à la tension initiale P_i a une hauteur H_i. Après le recul L, la récupération obtenue par aplatissement du ressort étant celle voulue, quelle est la fraction de la hauteur H_i qui correspond à un kilogrammètre de cette récupération ? Plus cette hauteur est faible, plus l'encombrement est réduit.

Nous allons résoudre successivement ces deux questions dans le cas des ressorts à lame ronde et des ressorts à lame plate.

1° *Ressorts en hélice à lame ronde.* — Pour reconnaître le poids des ressorts nécessaires à une récupération déterminée il suffit de calculer le rendement en kilogrammètres ou kilogrammes de métal des ressorts considérés. Effectuons ce calcul. A l'effort maximum P_m donné par la formule (47) correspond un aplatissement maximum A_m donné par la formule (46) en y remplaçant P par P_m. On a ainsi :

$$(50) \qquad A_m = 2\,R\,\frac{S}{G}\,\frac{l}{D}.$$

On a intérêt, pour utiliser toutes les qualités du métal, à faire écraser les ressorts de façon qu'à la fin de l'écrasement celui-ci soit maximum, soit A_m.

Pour avoir le rendement d'un ressort en kilogrammètres, il suffit de diviser le travail qu'il absorbe en passant de l'état initial à l'état final par le poids du ressort.

Si nous considérons un ressort à *l'état naturel*, son aplatissement est nul ainsi que sa tension. Après l'aplatissement $A_m = 2\,R\,\dfrac{S}{G}\,\dfrac{l}{D}$ sa tension est P_m. Puisque les aplatissements sont proportionnels aux efforts, l'aire représentant le travail absorbé par le ressort, est limitée par une droite inclinée sur la direction de l'aplatissement. Cette aire est équivalente à celle qui serait limitée à une droite d'ordonnée constante, égale à l'ordonnée moyenne de la droite inclinée dont il vient d'être question. Le travail cherché est donc :

$$\tau = \frac{1}{2}\,P_m \times A_m,$$

ou, en vertu des formules (47) et (50) :

$$(51) \qquad \tau = \frac{1}{2}\,\frac{S\pi D^3}{16\,R} \times 2\,R\,\frac{S}{G}\,\frac{l}{D} = \frac{\pi l D^2 S^2}{16\,G}.$$

Le poids du ressort a pour expression :

$$\pi\,\frac{D^2}{4}\cdot l\delta$$

en appelant δ *le poids* en kilogrammes *du millimètre cube du métal.*

Comme les unités sont le millimètre et le kilogramme, le rendement en kilogrammillimètres a pour expression :

$$\frac{\pi l D^2 S^2}{16\,G} \times \frac{4}{\pi D^2 l \delta} \qquad \text{ou} \qquad \frac{S^2}{1,6\,E\delta}.$$

Le rendement en kilogrammètres est donc :

$$(52) \qquad\qquad \text{Rendement} = \frac{S^2}{1\,600\,E\delta}.$$

δ poids en kilogramme d'un millimètre cube du métal.

Pour les bons aciers à ressort trempés du commerce, on a : $E = 20000$, $S = 70$ (voir tableau de la page 199), $\delta = 0^{kg},0000078$. Le rendement correspondant est de $19^{kgm},5$ environ. Mais il convient, dans le cas des ressorts, utilisés comme récupérateurs, de retrancher de ce rendement la fraction qui correspond au travail dû à l'aplatissement initial A_i sous la tension initiale $P_i = 0,8\,P_r$ (voir formule 44).

Ce travail est $\frac{1}{2}P_i A_i$.

La récupération totale est $\frac{1}{2}P_m A_m$.

La récupération utilisable dans le récupérateur est donc

$$\frac{1}{2}\big[P_m A_m - P_i A_i\big].$$

Or :

$$P_m = \alpha P_i$$
$$A_m = \alpha A_i.$$

La récupération utilisable est donc :

$$\frac{1}{2}\,\mathrm{P}_m\mathrm{A}_m\left(1 - \frac{1}{\alpha^2}\right).$$

Le rendement net utilisable est le quotient de cette quantité par le poids du ressort : c'est celui que nous avons trouvé page 202, multiplié par $\left(1 - \dfrac{1}{\alpha^2}\right)$.

Pour l'acier à ressort trempé, le rendement cherché est donc :

$$19^{\mathrm{kgm}},6\,\left(1 - \frac{1}{\alpha^2}\right).$$

Il est de

$$17^{\mathrm{kgm}},4 \text{ pour } \alpha = 3,$$
$$14^{\mathrm{kgm}},7 \text{ pour } \alpha = 2.$$

Avec ces nombres, qui correspondent à une valeur relativement grande de S, *le métal travaille beaucoup*. Dans le matériel Krupp, essayé par le Portugal, le récupérateur à ressorts pesait 34 kilogrammes et la récupération était de 570 kilogrammètres. Le rendement correspondant était de $\dfrac{520}{34} = 11^{\mathrm{kgm}},7$ et les ressorts auraient été surmenés, d'après la Commission portugaise :

« Le travail du ressort à la fin du recul est extrême-
« ment énergique et, *par deux fois*, on a constaté des
« *ruptures* de ressorts pendant la courte durée des expé-
« riences de tir exécutées à *Vendas Novas*. »

Un rendement moyen de 12 à 15 kilogrammètres paraît toutefois raisonnable lorsqu'il s'agit d'établir un récupérateur à ressorts, en supposant pour α une valeur moyenne. La connaissance de cette donnée permet de se rendre compte du poids approximatif des ressorts nécessaire pour obtenir une récupération déterminée.

Exemple. — Soient

$$P_r = 450, \qquad L = 1^m,20.$$

Quel est le poids de ressorts nécessaire pour récupérer 648 kilogrammètres?

Ce poids est environ de

$$\frac{648}{12} = 54 \text{ kilogrammes.}$$

Il peut être diminué suivant la valeur adoptée pour α.

Cherchons maintenant la hauteur initiale H_i, que doit avoir le ressort avant le recul. Cette hauteur qui caractérise l'encombrement, est égale à la longueur L du recul, augmentée de l'espace occupé par le métal et du jeu qui doit exister d'une spire à l'autre, à la fin du recul. Sans ce jeu, les corps étrangers qui pourraient se trouver accidentellement logés dans le ressort pourraient occasionner la rupture de ce dernier. Nous admettrons pour ce jeu la valeur de 10 millimètres, qui paraît amplement suffisante d'après les résultats des expériences déjà faites.

En appelant n le nombre des spires on a :

$$(53) \qquad H_i = L + nD + (n - 1) \times 10$$

Cette formule montre que, pour une longueur de recul déterminée, l'encombrement dépend de la longueur de $n (D + 10)$. Pour voir comment varie cette expression, déterminons n et D en fonction de R au moyen des for-

mules (46) et (47) qui donnent, en remarquant que
$A_m = \alpha A_i$ et $A_m - A_i = L$:

$$A_m = \frac{\alpha}{\alpha - 1} L = \frac{32}{\pi} \frac{R^2 l}{GD^4} \frac{S\pi D^3}{16\,R} = 2 \frac{S}{G} \frac{l}{D} R$$

$$P_m = \alpha P_i = \alpha \times 0,8\,P_r = \frac{S\pi D^3}{16\,R}.$$

De cette dernière, on tire :

$$(54) \qquad D = \sqrt[3]{\alpha \times 0,8\,P_r \frac{16\,R}{\pi S}}.$$

Portant dans la première, on a :

$$l = \frac{\alpha L}{\alpha - 1} \frac{G}{2\,S} \sqrt[3]{\alpha \times 0,8\,P_r \frac{16}{\pi R^2 S}}$$

ou, en admettant, ce qui est sensiblement vrai $l = 2\,\pi R n$ [1] :

$$(55) \quad n = \frac{\alpha L}{\alpha - 1} \frac{G}{4\,\pi SR} \sqrt[3]{0,8\,\alpha P_r \frac{16}{\pi R^2 S}} = \frac{\alpha L}{\alpha - 1} \frac{GD}{4\,\pi R^2 S}.$$

Nous avons donc, en posant

$$K = \sqrt[3]{0,8\,P_r \frac{16\,R}{\pi S}} \quad \text{et} \quad N = \frac{LG}{4\,\pi SR} \sqrt[3]{0,8\,P_r \frac{16}{\pi R^2 S}}$$

$$n\,(D + 10) = \frac{\alpha^{\frac{4}{3}}}{\alpha - 1} \left(\alpha^{\frac{1}{3}} K + 10 \right) N.$$

Cela posé la récupération correspondante est donnée
par la formule (45), soit :

$$\rho = 0,4\,(\alpha + 1)\,P_r L.$$

[1] Le nombre n qui figure ici est très légèrement trop fort.

La fraction de hauteur H_i qui correspond à un kilogrammètre de la récupération ρ est donc :

$$\frac{L - 10 + n\,(D + 10)}{0,4\,(\alpha + 1)\,P_r L} = \text{(unités : kilog., et millimètres)}$$

Cette fraction est égale à

$$\frac{L - 10}{0,4\,(\alpha + 1)\,P_r L} + \frac{N}{0,4\,P_r L}\,\frac{\alpha^{\frac{4}{3}}}{\alpha^2 - 1}\,(K\alpha^{\frac{1}{3}} + 10).$$

Le premier terme décroît quand α augmente. Le deuxième terme a pour dérivée

$$- \frac{1}{3}\,\frac{\alpha^{\frac{1}{3}}}{(\alpha^2 - 1)^2}\left[\alpha^2(K\alpha^{\frac{1}{3}} + 20) + 5\,(K\alpha^{\frac{1}{3}} + 8)\right].$$

Pour toutes les valeurs positives de α cette dérivée est négative. La fraction $\dfrac{H_i}{\rho}$ décroît donc quand α croît.

On a par suite intérêt, tant au point de vue de la légèreté qu'au point de vue du moindre encombrement, à prendre α aussi voisin de 3 que possible.

Une fois α choisi, le poids du ressort et son encombrement sont déterminés. Les éléments du ressort sont donnés par les formules (54) et (55), en fonction du rayon R, qui reste arbitraire. On a d'ailleurs intérêt pour diminuer H_i à prendre pour R la plus grande valeur compatible avec l'organisation du matériel étudié. Les formules (54) et (55) montrent en effet que n et nD diminuent, quand R augmente.

2° *Ressorts en hélice à lame plate.*

En répétant pour les ressorts à lame plate les opérations précédentes, dans le détail desquelles nous n'entre-rons pas, on a :

$$(56) \qquad A_m = \frac{LRS}{Gbh} \sqrt{b^2 + h^2}.$$

$$\text{Rendement} = \frac{S^2}{2\,400\,E\delta}.$$

En comparant cette expression à celle qui constitue la formule (52), on voit que le rendement des ressorts à lame plate est les $\frac{2}{3}$ seulement de celui des ressorts à lame ronde. Pour une récupération déterminée, les ressorts à lame ronde sont donc plus légers que les ressorts à lame plate.

$$(57) \qquad H_i = L - 10 + n\,(h + 10).$$

$$A_m = \frac{2\,\pi R^2 nS}{Gbh} \sqrt{b^2 + h^2} = \frac{\alpha}{\alpha - 1} L$$

$$P_m = \alpha \times 0{,}8\,P_r = \frac{S}{3R} \frac{b^2 h^2}{\sqrt{b^2 + h^2}}.$$

On en déduit par multiplication membre à membre :

$$\frac{2\,\pi RS^2}{3\,G} bnh = \frac{0{,}8\,\alpha^2 P_r L}{\alpha - 1}$$

ou

$$nh = \frac{0{,}8 \times 3\,GP_r L}{2\,\pi RS^2 b} \frac{\alpha^2}{\alpha - 1}.$$

Le rapport de cette quantité à la récupération ρ est, à un facteur constant près :

$$\frac{\alpha^2}{(\alpha - 1)(\alpha + 1)} \qquad \text{ou} \qquad \frac{\alpha^2}{\alpha^2 - 1}$$

fraction décroissant quand α croît.

Posons :

$$(58) \qquad K = \frac{1,2\,P_r L}{\pi R}\,\frac{G}{S^2 b}\,\frac{\alpha^2}{\alpha - 1}$$

nous avons :

$$(59) \qquad n = \frac{K}{h}.$$

De la deuxième des deux équations précédentes dont nous avons tiré nh, nous déduisons :

$$5,76\,\alpha^2 R^2 P_r^2\,(b^2 + h^2) = S^2 b^4 h^4.$$

En posant :

$$(60) \qquad \frac{2,4^2\,\alpha^2 R^2 P_r^2}{S^2} = a^2$$

$$(61) \qquad \frac{1,2\,P_r L}{\pi R}\,\frac{G}{S^2}\,\frac{\alpha^2}{\alpha - 1} = m$$

les équations précédentes s'écrivent :

$$(62) \qquad b^4 h^4 - a^2\,(b^2 + h^2) = 0$$

$$(63) \qquad K = \frac{m}{b}$$

$$(64) \qquad n = \frac{K}{h} = \frac{m}{bh}.$$

De (62) on tire :

$$h^2 = \frac{a^2 + \sqrt{a^4 + 4\,a^2 b^6}}{2\,b^4}$$

on a :

$$\frac{H_i}{\rho} = \frac{L - 10}{\rho} + \frac{nh}{\rho} + \frac{10\,n}{\rho}.$$

Quand α augmente, ρ croît, le premier terme du

second membre de cette équation décroît. $\dfrac{nh}{\rho}$ aussi comme nous l'avons montré page 207.

Enfin $\dfrac{n}{\rho} = \dfrac{m}{\rho}\,\dfrac{1}{bh}$ décroît aussi. On a donc intérêt à adopter, comme pour les ressorts à lame ronde, une valeur de α voisine de 3.

Pour une valeur choisie de α, on peut diminuer H_i en augmentant R. En effet $nh = K$ diminue (formule 58) quand R augmente ; n diminue aussi puisque dans la formule (59), K diminue et h augmente puisque a^2 augmente.

On peut aussi diminuer H_i en agissant sur b. Démontrons-le :

De (57) on tire :

$$\frac{dH_i}{db} = (h + 10)\,\frac{dn}{db} + n\,\frac{dh}{db}.$$

D'autre part (59) donne :

$$\frac{dn}{db} = -\,\frac{K}{h^2}\,\frac{dh}{db} + \frac{1}{h}\,\frac{dK}{db}.$$

On a donc :

$$\frac{dH_i}{db} = \frac{h + 10}{h}\,\frac{dK}{db} - \frac{K}{h^2}\,(h + 10)\,\frac{dh}{db} + n\,\frac{dh}{db}$$

ou, en vertu de (59) :

$$\frac{dH_i}{db} = \left(1 + \frac{10}{h}\right)\frac{dK}{db} - \left(1 + \frac{10}{h}\right) n\,\frac{dh}{db} + n\,\frac{dh}{db}$$

ou :

$$\frac{dH_i}{db} = \left(1 + \frac{10}{h}\right)\frac{dK}{db} - \frac{10}{h}\,n\,\frac{dh}{db} = \frac{dK}{db} + \frac{10}{h}\left(\frac{dK}{db} - n\,\frac{dh}{db}\right).$$

Cherchons le signe de $\dfrac{dK}{db} - n\,\dfrac{dh}{db}$

On a :

$$\frac{dK}{db} = -\frac{m}{b^2},$$

ou, en vertu de (64) :

$$\frac{dK}{db} = -\frac{hn}{b}.$$

Cherchons donc le signe de $-\left(\dfrac{h}{b} + \dfrac{dh}{db}\right)$.

De l'équation (62) nous tirons :

$$4\,b^3h^4 + 4\,b^4h^3\,\frac{dh}{db} - 2\,a^2b - 2\,a^2h\,\frac{dh}{db} = 0$$

d'où :

$$\frac{dh}{db} = \frac{a^2b - 2\,b^3h^4}{2\,b^4h^3 - a^2h} = \frac{h}{b}\,\frac{a^2b^2 - 2\,b^4h^4}{2\,b^4h^4 - a^2h^2} = -\frac{h}{b}\,\frac{a^2\,(b^2 + 2\,h^2)}{a^2\,(h^2 + 2\,b^2)}$$

$$= -\frac{h}{b}\,\frac{b^2 + 2\,h^2}{h^2 + 2\,b^2}.$$

Nous avons à chercher le signe de :

$$-\frac{h}{b}\left(1 - \frac{b^2 + 2\,h^2}{h^2 + 2\,b^2}\right) = -\frac{h}{b}\,\frac{b^2 - h^2}{h^2 + 2\,b^2}.$$

En prenant b toujours supérieur à h, et cela est toujours possible puisque h diminue quand b augmente, cette expression est négative. Comme $\dfrac{dK}{db}$ est négative aussi, $\dfrac{dH_i}{db}$ l'est également. On diminue donc l'encombrement en augmentant l'élément arbitraire b. On a ainsi un moyen de plus de diminuer l'encombrement des ressorts à lame plate. De là la faveur de ces derniers bien que leur rendement soit inférieur à celui des ressorts à lame ronde.

Choix du métal à ressort et de la forme de la lame. — Que le ressort soit à lame ronde ou plate, le choix du métal est basé au point de vue du rendement sur la grandeur du rapport $\frac{S^2}{E\delta}$. Le tableau de la page 199 montre à ce point de vue la supériorité de l'acier à ressorts trempé sur les autres métaux. Au point de vue de l'encombrement moindre les ressorts à lame plate sont préférables aux ressorts à lame ronde comme nous venons de le montrer. Pour les uns et les autres il est avantageux de prendre $\alpha = 3$. Avec ce nombre le rendement au kilogramme des ressorts à lame ronde est ordinairement de 15 kilogrammètres; il est de 10 kilogrammètres pour les ressorts à lame plate. Ces nombres tiennent compte en partie de l'altération que peut subir l'élasticité du métal après un certain temps de service.

Ressorts travaillant à la compression ou à l'extension. — Comme nous l'avons dit, les formules précédentes sont les mêmes quelque soit le mode de travail des ressorts en hélice. Les conclusions restent donc les mêmes quand les ressorts travaillent à l'extension. En général on a avantage à faire travailler les ressorts à la compression : la liaison de la partie mobile et du ressort est généralement d'une organisation pratique plus simple et en cas de rupture du ressort, le système peut encore fonctionner. Il n'en est pas ainsi avec les ressorts travaillant à l'extension. Une rupture met tout l'appareil complètement hors de service. Par contre si l'on craint l'introduction fréquente de matières étrangères entre les spires, les ressorts travaillant à la compression peuvent être d'un emploi dangereux. Un manque de surveillance peut alors causer des accidents de matériel si un encrassement exagéré empêche l'aplatissement total escompté. Le choix du mode de travail des ressorts dépend donc des circonstances de leur emploi.

Formules relatives au calcul des récupérateurs à ressorts. — 1° *Ressorts à lame ronde.*

Données : P_r, L, $G = \frac{2}{5}$ E, S, E. On choisit arbitrairement α et R.

La formule (45) donne la récupération utilisable à obtenir.

$$\rho = 0,4\,(\alpha + 1)\,P_r L.$$

En divisant ce nombre par le rendement correspondant à la valeur choisie pour α on a approximativement le poids de ressort nécessaire.

Les formules (54) et (55) donnent D et n.

On en déduit la longueur l de la barre par la formule :

$$l = 2\pi R n.$$

On a ainsi les dimensions de la barre à mettre en ressort ainsi que le nombre de spires à construire.

La formule (53) donne H_i.

Pour avoir la hauteur totale H_0 du ressort avant tout aplatissement il convient d'ajouter à H_i l'aplatissement initial A_i. On a donc :

$$(65)\quad H_0 = L - 10 + n\,(D + 10) + \frac{L}{\alpha + 1} = H_i + \frac{L}{\alpha - 1}.$$

Sachant que la barre doit faire n tours sur cette hauteur on en déduit le pas de l'hélice moyenne. On a ainsi tous les éléments pour construire le ressort.

2° *Ressorts à lame plate.*

Mêmes données que ci-dessus.

On choisit arbitrairement α, R et b.

Des formules (62) et (63) on déduit successivement a et h.

Les formules (61), (63, (64) donnent successivement m, K et n.

La formule (45) donne p.

En divisant ce nombre par le rendement correspondant à la valeur choisie pour α on obtient le poids du ressort nécessaire.

La longueur l de la barre s'obtient par la relation :

$$l = 2\,\pi \text{R} n.$$

On a enfin comme ci-dessus :

$$(66)\ \text{H}_0 = \text{L} - 10 + n\,(h + 10) + \frac{\text{L}}{\alpha - 1} = \text{H}_i + \frac{\text{L}}{\alpha - 1}$$

on en déduit comme précédemment le pas de l'hélice moyenne.

Applications numériques. — 1° *Calcul d'un récupérateur à ressorts à lame ronde.*

Données :

$$\text{P}_r = 450 \text{ kilogrammes} \qquad \text{L} = 1^{\text{m}},20$$

E, G, S, nombres relatifs à l'acier à ressort trempé.

Prenons $\alpha = 3$ comme nous l'avons montré avantageux.

Admettons R $= 4$o millimètres.

La récupération $\rho = 1,6 \times 45$o $\times 1,2 = 864$ kilogrammes.

Pour $\alpha = 3$ le rendement du métal étant de $17,4$ le poids de ressorts nécessaire sera $\dfrac{864}{17,4} = 49^{\text{kg}},5$ environ

$$D = \sqrt[3]{3\,144} = 14^{\text{mm}},65$$

$$n = \frac{3}{2}\,\frac{1\,200 \times 80 \times 1\,465}{4 \times 3,14 \times 7\text{o} \times 1\,6\text{oo}} = 15\text{o spires}$$

$$H_i = 1^{\text{m}},5\text{o} + 15\text{o} \times \text{o}^{\text{m}},2465 = 4^{\text{m}},8\text{o}$$

Cet encombrement est considérable. On pourrait le diminuer en augmentant un peu R.

La longueur de la barre :

$$l = 2\pi \times 4\text{o} \times 15\text{o} = 37^{\text{m}},68$$

Vérification. — Poids de la barre $= \dfrac{\pi \times \overline{14,65}^{\,2}}{4}$

$$\times 37\,68\text{o} \times \text{o}^{\text{kg}},0000078 = 49^{\text{kg}},4 \text{ environ}$$
$$H_0 = 4^{\text{m}},8\text{o} + \text{o},6\text{o} = 5^{\text{m}},4\text{o}.$$

Pas de l'hélice moyenne, avant toute compression :

$$\frac{5^{\text{m}},4\text{o}}{15\text{o}} = 36 \text{ millimètres.}$$

$2°$ *Calcul d'un récupérateur à ressort à lame plate.*

Mêmes données que ci-dessus. Mêmes valeurs pour α et R.

Le poids du ressort nécessaire est 74 kilogrammes environ.

Essàyons $b = 20$ millimètres,

$$a = 1\,851,4 \qquad a^2 = 3\,427\,682 \qquad \frac{b^4 h^2}{a^2} = 4,845$$

$$\frac{b^2 h}{a} = 2,2 \qquad h = \frac{1\,851,4 \times 2,2}{400} = 10^{\text{mm}},2$$

$$m = 37\,894,4 \qquad K = \frac{m}{b} = 1\,894,7 \qquad n = \frac{K}{h} = 189 \text{ spires}$$

$$l = 2\,\pi \times 40 \times 189 = 47^{\text{m}},476$$

Vérification. — Poids de la barre $= bhl\delta$

$$= 204 \times 47\,476 \times 0^{\text{kg}},0000078 = 75 \text{ kilogrammes}$$

$$H_i = 1^{\text{m}},10 + 189 \times 0^{\text{m}},0202 = 4^{\text{m}},92$$

Cet encombrement est beaucoup trop grand ; il est même légèrement supérieur à celui du ressort à lame ronde calculé ci-dessus.

Pour le réduire, prenons $b = 30$ millimètres ce qui n'est pas exagéré.

a a la même valeur que ci dessus

$$\frac{b^4 h^2}{a^2} = \frac{1 + \sqrt{1 + \dfrac{466}{a^2}}}{2} = 7,6$$

$$\frac{b^2 h}{a} = 2,7 \qquad h = \frac{2,7 \times 1\,851,4}{900} = 5^{\text{mm}},55.$$

m a la même valeur $37\,894,4$ que ci-dessus.

$$K = \frac{m}{b} = \frac{3\,789.4}{3} = 1\,263,1 \qquad n = \frac{126\,310}{555} = 227$$

$$H_i = 1^{\text{m}},10 + 227 \times 0^{\text{m}},01555 = 4^{\text{m}},62.$$

L'encombrement est déjà moindre que pour le ressort à

lame ronde précédemment calculé. Il pourrait encore être réduit, si l'agencement du matériel le permettait, en prenant R $=$ 70 millimètres.

Les calculs faits avec ces nouvelles données et L $=$ 1 mètre, P$_r$ $=$ 500 kilogrammes au lieu de 450, donnent :

$$h = 16^{mm}, \quad n = 41, \quad H_i = 0^m,90 + 41 \times 0^m,026 = 1^m,96.$$

Poids 68 kilogrammes.

Toutefois l'encombrement reste en général bien trop grand pour être toujours admissible dans les matériels d'artillerie de toute espèce.

Les dispositions prises pour réduire cet encombrement dans une limite raisonnable peuvent se classer en deux catégories que nous allons maintenant étudier.

Dispositifs adoptés pour diminuer l'encombrement des récupérateurs à ressorts métalliques. — On peut arriver, comme nous allons le montrer, à réduire considérablement l'encombrement des récupérateurs métalliques soit en les formant de ressorts enfilés les uns dans les autres soit en les organisant de façon à permettre le télescopage des ressorts qui les constituent.

Le premier dispositif est notamment employé par la maison allemande *Ehrhardt*, le second est en faveur dans les usines austro-hongroises *Skoda*.

1° *Ressorts enfilés les uns dans les autres.*

A priori ce dispositif doit conduire au résultat voulu puisque, pour obtenir la récupération déterminée par la formule (45) le métal se trouve plus concentré.

Le problème se pose de la façon suivante :

Les ressorts doivent tous avoir, une fois montés et avant

le recul, la même hauteur et s'écraser tous d'une quantité égale à la longueur du recul. On admet que leur tension initiale totale doit être égale à celle du ressort seul qui les remplacerait. Si on admettait pour chaque ressort une tension égale à celle d'un seul ressort, on aurait des résistances au recul trop considérables.

Nous avons vu que lorsque la tension initiale est connue. les éléments du ressort se calculent facilement. Si donc nous déterminons la tension initiale de chacun des ressorts le problème sera ramené au précédent. Affectons d'indices 1, 2 etc., les éléments des divers ressorts.

Par hypothèse on doit avoir :

$$(67) \qquad P_{i_1} + P_{i_2} + \text{etc}... = 0,8 \, P_r$$

et :

$$H_{i_1} = H_{i_2} = \text{etc.}$$

Ces dernières équations peuvent s'écrire :

$$L - 10 + n_1 (D_1 + 10) = L - 10 + n_2 (D_2 + 10) = \text{etc.}$$

pour les ressorts à lame ronde ; pour les ressorts à lame plate on a :

$$L - 10 + n_1 (h_1 + 10) = L - 10 + n_2 (h_2 + 10) = \text{etc.}$$

On a donc. suivant les cas :

$$(\lambda) \quad n_1 (D_1 + 10) = n_2 (D_2 + 10) = \text{etc.}$$

ou

$$(\mu) \quad n_1 (h_1 + 10) = n_2 (h_2 + 10) = \text{etc.}$$

En remplaçant dans les équations générales relatives aux ressorts, la tension initiale $0,8 P_r$ par P_{i_1}. P_{i_2}. On peut calculer n_1 et D_1 en fonction de P_{i_1}, n_2 et D_2 en fonction de P_{i_2}. Portant ces valeurs dans les équations (λ) on obtient P_{i_2}, P_{i_3} etc., en fonction de P_{i_1}, Pratiquement les équations sont compliquées et on ne peut tirer P_{i_2}, P_{i_3} etc. explicitement en fonction de P_{i_1}. Si on pouvait le faire en portant les valeurs obtenues dans (6_7) on aurait P_{i_1} d'où l'on déduirait P_{i_2} etc. On connaîtrait ainsi les éléments pour calculer les divers ressorts. Cette solution est purement théorique et il faut chercher à la rendre pratique. Pour cela on peut remarquer que $10 n_1$ représente sensiblement le jeu total entre les spires du premier ressort. Or il n'est pas nécessaire que ce jeu varie d'un ressort à l'autre, et on peut sans inconvénient le supposer égal au jeu le plus petit puisque même ainsi il est certainement suffisant. Les équations (λ) et (μ) deviennent alors :

$$(\lambda') \quad n_1 D_1 = n_2 D_2 = \text{etc.}$$
$$(\mu') \quad n_1 h_1 = n_2 h_2 = \text{etc.}$$

Or en vertu de (55) n_1 est proportionnel à $\dfrac{D_1}{R_1^{\frac{2}{2}}}$, n_2 à $\dfrac{D_2}{R_2^{\frac{2}{2}}}$, etc. On a donc :

$$\frac{D_1^2}{R_1^2} = \frac{D_2^2}{R_2^2} = \text{etc.}$$

ou

$$\frac{D_1}{R_1} = \frac{D_2}{R_2} = \text{etc.}$$

Comme d'autre part A_i est égal à $\dfrac{L}{\alpha - 1}$ puisque

$$A_i = \frac{1}{\alpha} A_m = \frac{1}{\alpha} \frac{L\alpha}{\alpha - 1} :$$

on a en vertu de (46)

$$\frac{R_1 P_{i_1}^{\frac{1}{2}}}{D_1^2} = \frac{R_2 P_{i_2}^{\frac{1}{2}}}{D_2^2} = \text{etc.}$$

Par suite on déduit des équations précédentes :

$$(68) \qquad \frac{P_{i_1}}{R_1^2} = \frac{P_{i_2}}{R_2^2} = \ldots\ldots = \frac{P_i}{\Sigma R_i^2} = \frac{6,8 P_r}{\Sigma R_i^2}.$$

On a donc P_{i_1}, P_{i_2}, etc. et le problème est résolu.

Dans le cas des ressorts à lame plate nous avons vu, page 205, que :

$$A_m = \frac{2\pi R^2 n S}{G b h} \sqrt{b^2 + h^2} = \frac{\alpha}{\alpha - 1} L.$$

$$P_m = \alpha P_i = \frac{S}{3R} \frac{b^2 h^2}{\sqrt{b^2 + h^2}}.$$

Nous en déduisons par multiplication membre à membre :

$$\frac{b n h R}{P_i} = \frac{3 G L \alpha^2}{2\pi S^2 (\alpha - 1)}.$$

Cette équation, appliquée aux divers ressorts, donne avec les équations (μ') :

$$\frac{P_{i_1}}{b_1 R_1} = \frac{P_{i_2}}{b_2 R_2} = \ldots\ldots = \frac{0,8\,P_r}{b_1 R_1 + b_2 R_2 + \ldots}.$$

Le problème est donc résolu puisque b_1, b_2 sont des données comme R_1, R_2, etc.

Applications. — Données :

$$P_r = 450, \qquad\qquad L = 1^m,20,$$

acier à ressorts trempé :

$$R_1 = 40, \qquad\qquad R_2 = 60.$$

A) *Ressorts à lame ronde.*
(68) donne :

$$\frac{P_{i_1}}{1\,600} = \frac{P_{i_2}}{3\,600} = \frac{360}{5\,200} = \frac{9}{130}$$

$$P_{i_1} = 110^{kg},8, \qquad\qquad P_{i_2} = 249^{kg},2$$

$$D_1 = \sqrt[3]{\frac{48 \times 40}{3,14 \times 70}\,110,8} = 9^{mm},90$$

$$D_2 = \sqrt[3]{\frac{48 \times 60}{3,14 \times 70}\,241,2} = 14^{mm},85.$$

$$n_1 = 1\,800\,\frac{2\,000 D_1}{3,14 \times 70 \times \overline{40}^2} = 101$$

$$n_2 = \frac{1\,800 \times 2\,000 D_2}{3,14 \times 70 \times \overline{60}^2} = 67$$

Comme jeu total commun nous prendrons

$$10 n_2 = 0^m,68$$

Alors

$$H_{i_1} = 1^m,10 + n_1 D_1 + 0^m,68 = 2^m,78$$
$$H_{i_2} = 1^m,10 + n_2 D_2 + 0^m,68 = 2^m,78$$

Comme vérification

$$H_{i_1} = H_{i_2}.$$

On voit combien le dispositif diminue l'encombrement : le bénéfice réalisé est de 2 mètres environ soit de près de moitié de l'encombrement correspondant à un seul ressort.

Le poids de l'ensemble des deux ressorts est, comme i serait facile de le vérifier, de 49 kilogrammes environ.

B) *Ressorts à lame plate.*

Mêmes données que ci-dessus sauf :

$$R_1 = 40, \qquad b_1 = 30, \qquad R_2 = 70, \qquad b_2 = 20,$$

$$\frac{P_{i_1}}{30 \times 40} = \frac{P_{i_2}}{70 \times 20} = \frac{360}{2\,600} = \frac{9}{65}$$

$$P_{i_1} = 166 \text{ kilogrammes}, \qquad P_{i_2} = 194 \text{ kilogrammes}$$

$$a_1 = \frac{3P_{i_1} \times 3 \times 40}{70} = 853,7$$

$$a_1^2 = 728\,803,7$$

$$\frac{b_1^4 h_1^2}{a_1^2} = \frac{1 + \sqrt{1 + \dfrac{4\,b^6}{a^2}}}{2} = 18,7$$

$$h_1 = \frac{4,32 \times 853,7}{900} = 4^{\text{mm}},1$$

(58) donne

$$K = \frac{3}{2}\,P_i\,\frac{LG}{\pi RS b^2}\,\frac{\alpha^2}{\alpha - 1}$$

Par suite

$$K = \frac{3}{2} \times 144 \times \frac{1\,200 \times 8\,000 \times 9}{3,14 \times 40 \times 4\,900 \times 20 \times 2} = 194$$

$$n_1 = \frac{194}{4,1} = 47 \text{ spires}$$

$$H_{i_1} = 1^m,10 + 47 \times 0^m,0141 = 1^m,76$$

$$a_2 = \frac{3P_{i_2} \times 3 \times 70}{70} = 1\,746$$

$$a_2^2 = 3\,048\,516$$

$$\frac{b^4 h_2^2}{a_2^2} = \frac{1 + \sqrt{1 + \dfrac{256 \times 10^6}{3\,048\,516}}}{2} = 5,05$$

$$h_2 = \frac{5,1 \times 1\,746}{400} = 22^{mm},4$$

$$K_2 = K_1 = 194$$

$$n_2 = \frac{194}{22,4} = 9 \text{ spires.}$$

Comme jeu total nous prendrons 90 millimètres.
Alors :

$$H_{i_1} = 1^m,10 + 47 \times 0^m,0041 + 0^m,09 = 1^m,37$$
$$H_{i_2} = 1^m,10 + 9 \times 0^m,0224 + 0^m,09 = 1^m,38$$

En prenant plus de décimales on serait arrivé à

$$H_{i_1} = H_{i_2}.$$

On voit qu'avec les ressorts à lame plate et des rayons convenables R_1, R_2 on arrive, avec deux ressorts enfilés l'un dans l'autre, à un encombrement admissible pour une récupération suffisante. On a d'ailleurs avantage à se donner b_2 tel que

$$R_1 b_1 = R_2 b_2.$$

2° *Ressorts télescopiques.*

Ce genre de récupérateurs peut être réalisé de la façon suivante, représentée par la figure schématique 57.

Le cylindre A est entraîné au recul par la masse recu_

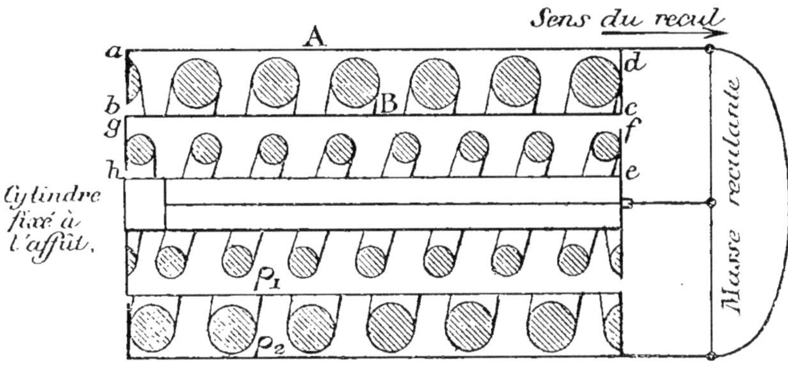

Fig. 57.

lante. Il comprime le ressort ρ_2 entre son embase ab et celle cd du cylindre B. Quand la résistance du ressort ρ_2 est supérieure à celle du ressort ρ_1, celui-ci est comprimé en même temps que le cylindre B est entraîné. Le ressort ρ_1 est comprimé entre l'embase gh du cylindre B et celle ef du cylindre du frein fixé à l'affût. Chacun des ressorts ρ_1 et ρ_2 n'est ainsi soumis qu'à une fraction du recul total, la somme de ces deux fractions étant égale à la longueur de ce recul total. L'encombrement se trouve ainsi diminué.

Dans ce système, la longueur des deux ressorts montés est la même, et la somme de leur aplatissement est égale à la longueur L du recul. Pour bien utiliser tout le métal l'aplatissement initial de chaque ressort, celui que subit ce dernier pendant le recul et le jeu admis entre les spires après le recul, doivent donner une somme égale à l'aplatissement maximum admissible pour le ressort considéré.

La première question qui se pose est relative à la répartition de la tension initiale $0,8\,P_r$ entre les deux ressorts ρ_1 et ρ_2. On peut, pour la résoudre, raisonner de la façon suivante : Considérons une bouche à feu assez lourde pour que les frottements dans les joints soient négligeables devant la composante du poids de la masse reculante. Le ressort ρ_2 doit avoir une tension égale à celle nécessaire pour empêcher le glissement du canon dans le pointage sous les plus fortes inclinaisons. La tension du ressort ρ_1 ne peut d'autre part lui être inférieure, car alors le cylindre B ne résisterait pas à l'entraînement de l'ensemble masse roulante et ressort ρ_2.

Pour les bouches à feu dans lesquelles les hypothèses précédentes ne sont pas admissibles, la répartition de la tension initiale $0,8\,P_r$ reste arbitraire. Nous admettrons cependant, pour simplifier, que la tension initiale de chacun des ressorts est égale à $0,8\,P_r$.

Soient alors A_{m_1}, A_{i_1}, A_{m_2}, A_{i_2} les aplatissements respectifs maximums et initiaux des deux ressorts. Soit j le jeu total commun aux 2 ressorts. Après le recul, le ressort ρ_1 a subi un aplatissement L_1 qui, augmenté de A_{i_1} et du jeu j, doit être égal à l'aplatissement A_{m_1}.

On a donc :

$$L_1 + A_{i_1} + j = A_{m_1}.$$

De même le ressort ρ_2 a subi un aplatissement L_2 tel que :

$$L_2 + A_{i_2} + \frac{j}{2} = A_{m_2}.$$

On a donc :

$$A_{m_1} - A_{i_1} + A_{m_2} - A_{i_2} - 2j = L_1 + L_2 = L.$$

D'autre part, les deux ressorts montés devant avoir même longueur, on a :

$$H_{i_1} = H_{i_2}.$$

Cette égalité donne, pour les ressorts à lame ronde :

$$L_1 + n_1 D_1 + j = L_2 + n_2 D_2 + j.$$

On a donc en définitive :

$$L_1 + L_2 = L$$
$$n_1 D_1 + L_1 = n_2 D_2 + L_2.$$

La tension initiale de chacun des ressorts étant $0,8\,P_r$ par hypothèse les formules (54) et (55) sont applicables. Elles font connaître D_1 et D_2 puis n_1 et n_2 en fonction de L_1 et L_2.

Les deux équations précédentes font alors connaître $L_1 \cdot L_2$. On en déduit n_1 et n_2 et par suite tous les éléments des deux ressorts.

Ecrivons ces équations :

$$L_1 + L_2 = L$$

$$D_1 = \sqrt[3]{0,8\;\alpha P_r\;\frac{16\,R_1}{\pi S}} \qquad D_2 = \sqrt[3]{0,8\;\alpha P_r\;\frac{16\,R_2}{\pi S}}$$

$$\frac{\alpha}{\alpha - 1}\,L_1\,\frac{GD_1^2}{4\pi R_1^2 S} + L_1 = \frac{\alpha}{\alpha - 1}\,L_2\,\frac{GD_2^2}{4\pi R_2^2 S} + L_2$$

$$n_1 = \frac{\alpha}{\alpha - 1}\,\frac{GD_1}{4\pi R_1^2 S}\,L_1 \qquad n_2 = \frac{\alpha}{\alpha - 1}\,\frac{GD_2}{4\pi R_2^2 S}\,L_2.$$

Dans le cas de ressorts à lame plate les équations sont :

$$L_1 + L_2 = L$$

$$5,76\ \alpha^2 R_1^2 P_r^2 (b_1^2 + h_1^2) = S^2 b_1^4 h_1^4$$

$$5,76\ \alpha^2 R_2^2 P_r^2 (b_2^2 + h_2^2) = S^2 b_2^4 h_2$$

$$\frac{1,2\ P_r L_1}{\pi R_1}\ \frac{G}{S^2 b_1}\ \frac{\alpha^2}{\alpha - 1} + L_1 = \frac{1,2\ P_r L_2}{\pi R_2}\ \frac{G}{S^2 b_2}\ \frac{\alpha^2}{\alpha - 1} + L_2$$

Applications.

Données : $L = 1\,200$ millimètres, $P_r = 450$ kilogrammes

$$D_1 = \sqrt[3]{0,8 \times 3 \times 450 \times \frac{16 \times 40}{3,14 \times 70}} = 14^{mm},65$$

$R_1 = 40 \qquad R_2 = 70$

$$D_2 = 16^{mm},86$$

$$\frac{\alpha}{\alpha - 1}\ \frac{G}{4\pi S} = 13,6, \qquad \frac{D_1}{R_1} = 0,366, \qquad \frac{D_1^2}{R_1^2} = 0,134$$

$$\frac{D_2}{R_2} = 0,241 \qquad \frac{D_2^2}{R_2^2} = 0,058$$

$$2,822\ L_1 = 1,789\ L_2$$

$$L_1 + L_2 = 1\,200$$

$$2,822 \times 1\,200 = L_2 \times 4,611$$

$$L_2 = 734\ \text{millimètres}$$

$$L_1 = 466\ \text{millimètres}$$

$$n_1 = 13,6 \times 0,366 \times \frac{466}{40} = 58\ \text{spires}$$

$$H_{i_1} = L_1 + n_1 D_1 + j = 0^m,466 + 58 \times 0^m,01465 + j = 1^m,315 + j$$

$$n_2 = 13,6 \times 0,241\ \frac{734}{70} = 34\ \text{spires}$$

$$H_{i_2} = L_2 + n_2 D_2 + j = 0^m,734 + 0^m,573 + j = 1^m,307 + j.$$

Le jeu peut être pris égal à 10 $n_2 = 0^m,34$.

L'encombrement du récupérateur est de $1^m,65$ environ.

Il serait encore plus faible avec des ressorts à lame plate.

Formules relatives au cas où la tension initiale P_i est autre que 0,8 P_r. — Assez souvent dans les matériels existants la tension initiale est différente de celle que nous avons admise 0,8 P_r. Il est cependant intéressant parfois d'étudier les récupérateurs de ces matériels. Il est donc bon d'écrire les formules précédentes relatives aux ressorts métalliques en laissant à P_i sa généralité.

Ces formules sont :

$$(54^{bis}) \qquad D = \sqrt[3]{\alpha P_i \frac{16}{\pi R^2 S}}$$

$$(55^{bis}) \qquad n = \frac{\alpha}{\alpha - 1} \frac{GLD}{4\pi SR^2}$$

$$(53^{bis}) \qquad H_i = L + nD + 10(n - 1)$$

$$(60^{bis}) \qquad a = \frac{3\alpha RP_i}{S}$$

$$(62^{bis}) \qquad h^2 = \frac{a^2 + \sqrt{a^4 + 4a^2 b^6}}{2 b^4}$$

$$(58^{bis}) \qquad K = \frac{3LP_i}{2\pi R} \frac{G}{S^2 b} \frac{\alpha^2}{\alpha - 1}$$

$$(59^{bis}) \qquad n = \frac{K}{h}$$

$$(57^{bis}) \qquad H_i = L - 10 + n(h + 10).$$

Application — Données.

$$P_i = 262 \text{ kilogrammes} \qquad R = 72 \text{ millimètres}$$
$$L = 1\,000 \text{ millimètres} \quad b = 28 \text{ millimètres} \quad \alpha = 3$$

$$a = \frac{9 \times 72 \times 262}{70} = 2\,425{,}4 \qquad a^2 = 5\,882\,565$$

$$\frac{h^2 b^4}{a^2} = \frac{\sqrt{1 + \dfrac{460}{a^2}}}{2} = 11{,}04$$

$$h = \frac{4{,}58 \times 2\,425{,}4}{784} = 14^{mm}{,}58$$

$$K = \frac{3 \times 1\,000 \times 262 \times 8\,000 \times 9}{2 \times 2 \times 3{,}14 \times 72 \times 4\,900 \times 28} = 456$$

$$n = \frac{456}{14{,}6} = 31 \text{ spires}$$

$$H_i = 0^m{,}90 + 31 \times 0^m{,}02458 = 1^m{,}66.$$

Cet encombrement est très admissible, mais la récupération doit être insuffisante. Si nous supposons $P_r = 500$ kilogrammes, il faudrait avoir

$$P_i = 0{,}8 \times 500 = 500 \text{ kilogrammes,}$$

au lieu de 262 kilogrammes.

Le poids du ressort précédent est :

$$2 \times 3{,}14 \times 76 \times 31 \times 28 \times 14{,}6$$
$$\times\ 0^{kg}{,}0000078 = 47 \text{ kilogrammes environ.}$$

§ 2. — RÉCUPÉRATEURS A AIR COMPRIMÉ

Récupération nécessaire et tension initiale du récupérateur. — Dans ces récupérateurs l'air joue le rôle des ressorts métalliques que nous venons d'étudier. La théorie de ces organes repose sur la loi de détente ou de compression de la masse gazeuse considérée. La première idée qui se présente à l'esprit est d'admettre la loi de Mariotte. Mais il est facile de voir qu'ici cette loi n'est pas exacte attendu que pendant une seule compression due au recul, la température s'élève de près de 100 degrés centigrade. Nous avons vu en effet, page 44, que l'air suivant les lois de Mariotte et de Gay-Lussac, on a, si la compression est adiabatique :

$$v^{\gamma-1}\, T = \text{Constante.}$$

Or l'hypothèse de la compression et de la détente adiabatique est assez plausible. Il ne semble pas en effet que la déperdition de chaleur par les parois métalliques du récupérateur, puisse être notable, étant donné que l'air, comme les gaz, est très athermane.

La formule précédente donne alors :

$$v_1^{\gamma-1}\, T_1 = v^{\gamma-1}\, T_2,$$

les indices étant relatifs aux deux états de la masse gazeuse.

En posant $\alpha = \dfrac{v_1}{v_2}$, on a :

$$T_2 = \alpha^{\gamma-1}\, T_1.$$

L'augmentation de température est donc :

$$T_2 - T_1 = \left(\alpha^{\gamma-1} - 1\right) T_1$$

T_1 est la température initiale absolue, soit :

$$273^\circ + 15^\circ = 288.$$

Nous verrons que, pratiquement, α est voisin de 2, en sorte que

$$T_2 - T_1 = 288 \times 0,32 = 92^° \text{ environ.}$$

En admettant même une faible déperdition de chaleur par les parois, la variation de température ne nous paraît pas autoriser l'usage de la loi de Mariotte. On pourrait admettre purement et simplement la loi de détente adiabatique en en diminuant légèrement l'exposant si l'on voulait tenir compte d'une certaine perte de chaleur par les parois du récupérateur.

Pour ces raisons, on pourrait adopter la formule :

$$pv^{1,30} = \text{Constante.}$$

Toutefois, comme les constructeurs admettent pour v des exposants très variés, compris entre 1 et 1.41, nous pensons qu'il convient dans nos formules, de laisser à cet exposant, que nous appellerons γ, toute sa généralité.

La loi sera ainsi :

$$pv^{\gamma} = \text{constante}$$

γ étant un nombre compris entre 1 et 1.41.

La relation précédente peut être représentée par une courbe dont la figure 58 donne l'allure générale.

Supposons que le volume initial du récupérateur soit v_1. Il ne faut pas que, pendant le recul, ce volume soit trop réduit car alors la résistance du récupérateur, représentée par p_2, deviendrait trop grande comme nous le montrerons en étudiant la stabilité de l'affût au tir.

Posons :

$$\frac{v_1}{v_2} = \alpha.$$

La pratique montre qu'il convient de ne guère dépasser pour α la valeur 2. Si la loi de Mariotte était exactement

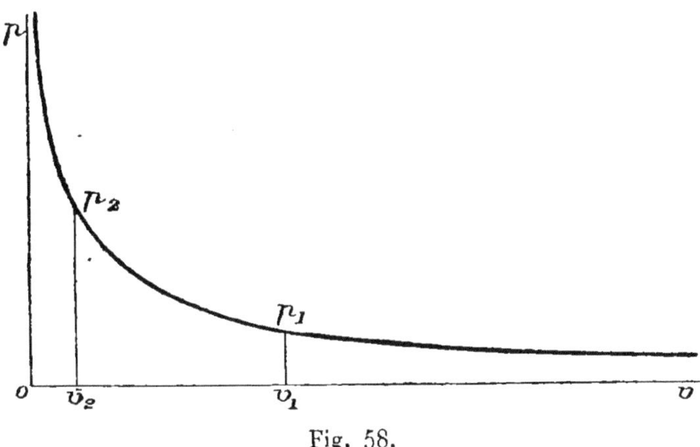

Fig. 58.

applicable, l'air se comporterait tout à fait comme un ressort métallique. En réalité on a :

$$p_1 v_1^{\gamma} = p_2 v_2^{\gamma}.$$

D'où :

$$p_2 = \left(\frac{v_1}{v_2}\right)^{\gamma} p_1 = \alpha^{\gamma} p_1.$$

La pression croît un peu plus vite qu'avec les ressorts métalliques, puisqu'avec la loi de Mariotte on aurait $p_2 = \alpha p_1$.

La différence est $\alpha\left(\alpha^{\gamma-1} - 1\right) p_1$.

Pour $\alpha = 2$ et $\gamma = 1,2$ cette différence est égale à $0,3 p_1$. Elle n'est pas aussi considérable que le prétendent les détracteurs des récupérateurs pneumatiques.

En résumé, la relation générale entre la pression initiale

et la pression finale du récupérateur est, dans nos hypothèses :

$$(69) \qquad p_2 = \alpha^\gamma p_1$$

α étant un nombre compris entre 1 et 2. Cherchons le travail correspondant à cette variation de pression. Il est égal à l'aire de la courbe de la figure 58 entre les ordonnées $p_1 v_1$, $p_2 v_2$. Cette aire est égale à :

$$\int_{v_2}^{v_1} p\,dv = \int_{v_2}^{v_1} p_1 v_1^\gamma v^{-\gamma}\,dv = p_1 v_1^\gamma \int_{v_2}^{v_1} v^{-\gamma}\,dv = \frac{p_1 v_1^\gamma}{1-\gamma}\left(v_1^{1-\gamma} - v_2^{1-\gamma}\right)$$

ou :

$$\frac{p_1 v_1^\gamma}{\gamma - 1}\left(v_2^{1-\gamma} - v_1^{1-\gamma}\right) = \frac{p_1 v_1^\gamma}{\gamma - 1}\left(\frac{1}{\alpha^{1-\gamma}} v_1^{1-\gamma} - v_1^{1-\gamma}\right)$$

$$= \frac{p_1 v_1}{\gamma - 1}\left(\alpha^{\gamma - 1} - 1\right).$$

Lorsque le récupérateur est indépendant du frein, à la tension initiale $p_1 S = 0{,}8\,P_r$ correspond une récupération

$$\frac{p_1 v_1}{\gamma - 1}\left(\alpha^{\gamma - 1} - 1\right) = \frac{\alpha}{\alpha - 1}\frac{SL}{\gamma - 1} p_1 \left(\alpha^{\gamma - 1} - 1\right)$$

$$= \frac{\alpha^\gamma - \alpha}{\alpha - 1}\, 0{,}8\,P_r\, \frac{L}{\gamma - 1}.$$

On trouve qu'elle est généralement suffisante dans la pratique. Il convient néanmoins de le vérifier dans chaque cas particulier, comme nous l'avons déjà conseillé page 195, pour les récupérateurs à ressorts métalliques.

Ainsi la tension initiale $0{,}8\,P_r$ paraît aussi bien convenir aux récupérateurs à air comprimé qu'aux récupérateurs à ressorts métalliques des matériels actuels. Nous devions nous attendre à ce résultat, puisque la pression dans les récupérateurs pneumatiques croît légèrement plus vite que dans les récupérateurs métalliques. La récupération ρ correspondante est donnée par la formule

$$(70) \qquad \rho = \frac{\alpha}{\alpha - 1} \left(\alpha^{\gamma - 1} - 1 \right) \times \frac{0,8\, P_r\, L}{\gamma - 1}.$$

Rendement de l'air comprimé utilisé comme ressort. — Le rendement a pour expression le quotient de ρ par le poids de la masse gazeuse ayant pour caractéristiques p_1, v_1, T_1, T_1 étant la température absolue avant le recul. Nous supposerons que T_1 est la température absolue ordinaire $273° + 15° = 288°$ centigrades.

D'après les formulaires ce poids est :

$$(71) \qquad \varpi = 0,034165 \frac{p_1\, v_1}{288}$$

(unités, mètre, kilogr.) où, comme

$$v_1 = \frac{\alpha L}{\alpha - 1}\, S \text{ et } p_1 S = 0,8 P_r.$$

$$\varpi = 0,034165 \frac{\alpha L}{\alpha - 1} \times 0,8 P_r \frac{1}{288}.$$

Le rendement est donc, en kilogrammètres par kilogramme d'air :

$$\frac{\left(\alpha^{\gamma - 1} - 1 \right) \times 288}{0,034165\, (\gamma - 1)}.$$

Nous considérerons le rendement en kilogrammètres par gramme d'air :

$$(72) \text{ Rendement} = \frac{\alpha^{\gamma - 1} - 1}{\gamma - 1}\, \frac{288}{34,165} = 8,43 \frac{\alpha^{\gamma - 1} - 1}{\gamma - 1}.$$

Dans les applications les formules (69) et (70) exigent le calcul de $\alpha\gamma$ et $\alpha^{\gamma-1}$. Pour les faciliter nous donnons ci-après les valeurs de ces éléments :

Valeurs de $\alpha^{\gamma-1}$					Valeurs de α^{γ}			
γ \ α	1	1,2	1,3	1,4	γ \ α	1	1,2	1,3	1,4
1,0	1	1	1	1	1,0	1	1	1	1
1,1	1	1,019	1,029	1,039	1,1	1,1	1,121	1,132	1,143
1,2	1	1,037	1,056	1,075	1,2	1,2	1,244	1,267	1,290
1,3	1	1,054	1,082	1,111	1,3	1,3	1,370	1,406	1,444
1,4	1	1,069	1,106	1,144	1,4	1,4	1,467	1,549	1,602
1,5	1	1,085	1,129	1,176	1,5	1,5	1,634	1,694	1,764
1,6	1	1,098	1,151	1,207	1,6	1,6	1,757	1,842	1,931
1,7	1	1,112	1,172	1,236	1,7	1,7	1,890	1,993	2,101
1,8	1	1,125	1,193	1,265	1,8	1,8	2,025	2,147	2,777
1,9	1	1,137	1,212	1,292	1,9	1,9	2,165	2,303	2,455
2,0	1	1,149	1,231	1,319	2,0	2,0	2.295	2,262	2,638

Cas de la loi de Mariotte. — Dans ce cas $\gamma = 1$. La formule (69) devient :

$$(73) \qquad p_2 = \alpha p_1$$

Les formules (70) et (72) se présentent sous la forme $\dfrac{o}{o}$. En levant cette indétermination, ces formules deviennent :

$$(74) \qquad \frac{\alpha L}{\alpha - 1} \times 0,8\, P_r\, L_{nep}\, \alpha = \rho.$$

$$(75) \qquad \text{Rendement (au gramme)} = 8,42\, L_{nep}\, \alpha$$

avec
$$L_{nep}\, \alpha \; \frac{1}{0,43429}\; \log\alpha = 2,3 \log\alpha.$$

α	I	I,I	I,2	I,3	I,4	I,5
Log α	o	o,o4I	o,o79	o,II4	o,I46	o,I76

α	I,6	I,7	I,8	I,9	2
Log α	o,2o4	o,23o	o,255	o,279	o,3oo

Pour $\alpha = 2$ qui est la plus grande valeur pratique de cet argument, et pour $\gamma = 1,2$ qui est une valeur moyenne le rendement par gramme d'air est de $8,43\ \dfrac{0,319}{0,200} = 13^{kg},5$ environ : c'est à peu près le rendement ordinaire d'un kilogramme de ressort à lame ronde. Le rendement de l'air même dans les limites de compression où il est employé dans la pratique est 1 000 fois plus grand que celui des ressorts métalliques.

Pratiquement, quelle que soit la valeur admise pour γ, les résultats diffèrent seulement de quelques grammes, toutes choses égales d'ailleurs.

Exemple. — $P_r = 450 \quad \alpha = 2 \quad \gamma = 1 \quad L = 1^{m},20.$

(74) donne $\rho = 360 \times 2 \times 1,20 \times 2,3 \times 0,3 = 596\ \text{kgm. environ.}$

Pour $\alpha = 2$ et $\gamma = 1$, le rendement par gramme est :

$$8,43 \times 2,3 \times 0,3 = 5 \text{ kgm. } 816.$$

Le poids d'air nécessaire est $\dfrac{596}{5,816} = 112$ grammes environ.

Pour $\alpha = 2$ et $\gamma = 1,2$ le rendement est

$$8,43 \times \frac{0,149}{0,2} = 6 \text{ kgm. } 280.$$

La récupération

$$\rho = 2 \times 0,149 \times 360 \times \frac{1,2}{0,2} = 643 \text{ kilogrammètres environ.}$$

Le poids d'air nécessaire est $\dfrac{643}{6,28} = 102$ grammes.

Encombrement dans les récupérateurs pneumatiques. — Soit H_i la longueur initiale occupée par l'air avant le recul, dans le récupérateur de section S.

Nous avons ainsi $v_1 = S \times H_i$.

Nous savons que, d'autre part :

$$v_1 = \frac{\alpha}{\alpha - 1} SL.$$

Nous avons donc :

$$H_i = \frac{\alpha}{\alpha - 1} L.$$

Le second membre décroît quand α augmente et, par suite, comme cela a lieu pour les ressorts métalliques, H_i décroît quand α augmente. On a donc intérêt, pour diminuer l'encombrement à adopter la plus grande valeur possible pour α, soit $\alpha = 2$.

On a alors $H_i = 2L$, encombrement relativement grand et tout à fait comparable à celui des ressorts métalliques.

On s'est ingénié à le réduire. La solution adoptée consiste à ne pas faire agir directement la masse reculante sur le piston du récupérateur, piston que l'on appelle généralement *diaphragme*. Une transmission mécanique interposée entre la masse reculante et le diaphragme réduit dans la proportion voulue la course de ce dernier. Le même principe a été appliqué en 1900 par Krupp aux ressorts métalliques. La transmission, par poulies et câbles métalliques, était organisée de façon à ne faire aplatir le ressort que de la moitié de la longueur du recul. Pour obtenir la même récupération avec la même valeur du coefficient α, il fallait donc faire supporter au ressort une compression initiale double de celle qu'il aurait dû présenter sans la transmission. Nous avons déjà fait remarquer l'inconvénient de laisser en permanence des ressorts métalliques sous l'action d'une pression élevée. Cet inconvénient, et peut-être d'autres dus à des difficultés d'organisation pratique de la transmission, ont fait renoncer à ce dispositif. Il n'a pas été reproduit dans les modèles suivants 1901 et 1902.

Avec l'air comprimé au contraire les qualités élastiques ne risquant pas de s'altérer avec le temps, l'usage des transmissions est tout à fait recommandable et l'encombrement peut être de ce fait réduit pour ainsi dire à volonté. Cela suppose bien entendu que le récupérateur soumis à une haute pression ne présente pas de fuites, c'est-à-dire que les joints en sont parfaitement organisés. D'ailleurs si l'on veut pouvoir parer à des pertes légères accidentelles, il suffit d'adjoindre au système une petite pompe permettant de rétablir la tension initiale voulue.

Comme exemples des transmissions en question nous indiquerons le dispositif du matériel Schneider–Canet adopté par le Portugal à la suite des expériences de Vendas-Novas, et le dispositif d'un frein hydropneumatique.

Dans le premier dispositif le frein hydraulique est complètement indépendant du récupérateur, dans le second, ces deux organes forment un ensemble nommé frein-récupérateur ou *frein hydropneumatique*.

Récupérateur du matériel Schneider-Canet.

Nous laissons de côté le frein hydraulique déjà étudié pour nous occuper uniquement du récupérateur. Celui-ci comprend (fig. 59) deux cylindres A et B : le premier contient à la partie supérieure de l'air comprimé et du liquide, le second du liquide et un piston. L'orifice O est assez grand pour que le système B ne fonctionne pas comme un frein

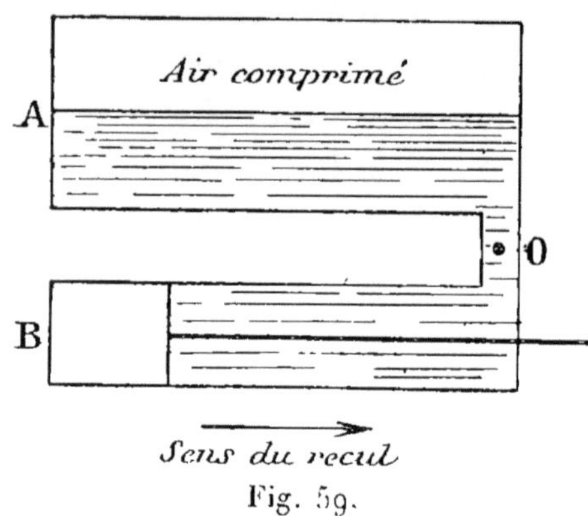

Fig. 59.

à orifice constant. Des précautions spéciales sont prises d'autre part pour éviter le mélange d'air et de liquide. On peut, comme on le voit, en choisissant convenablement les diamètres respectifs des cylindres A et B réduire l'encombrement à volonté. On n'est limité que par la considération de ne pas être amené à adopter dans le récupérateur une tension initiale trop considérable ce qui pourrait augmenter en particulier les difficultés pour éviter les fuites ou les mélanges d'air et de liquide.

Voici au sujet de ce récipient quelques données extraites d'une revue portugaise

$$v_1 = 4 \text{ lit. } 366.$$

Après un recul de $1^m,25$: $v_2 = v_1$ moins le volume du

liquide introduit dans $\Lambda = v_1 - 2$ lit. $017 = 2$ lit. 349.

$$\rho = 671 \text{ kilogrammètres.}$$

Nous avons

$$\alpha = \frac{v_1}{v_2} = \frac{4\,366}{2\,349} = 1{,}86.$$

Nous supposerons successivement $\gamma = 1{,}2$ et $\gamma = 1$.
$\gamma = 1{,}2$. — Le rendement par gramme est

$$\frac{1{,}132 - 1}{0{,}2} \times 8{,}43 = 5 \text{ kgm. } 563.$$

Le nombre de grammes d'air nécessaire est égal à

$$\frac{671}{5{,}563} = 120.$$

La formule (71) dans laquelle on connaît $\varpi = 0$ kg. 120 et $v_1 = 0^{\text{mc}}{,}004366$ fait connaître p_1. On a :

$$p_1 = \frac{288\,\varpi}{0{,}034165\,v_1} = \frac{288 \times 0{,}12}{0{,}034165 \times 0{,}004366}$$
$$= 232\,000 \text{ kilogrammes par mètre carré.}$$

Généralement on exprime p_1 en kilogrammes par centimètre carré. Alors ici $p_1 = 23$ kg. 2, soit environ 23 atmosphères.

(69) donne $p_2 = \alpha^\gamma p_1 = (1{,}86)^{1{,}2}\,23{,}2 = 2{,}049 \times 23{,}2 = 47$ kg. 5.

$\gamma = 1$. — Le rendement est :

$$842{,}3 \log 1{,}86 = 2{,}3 \times 0{,}2695 \times 8{,}43 = 5 \text{ kgm. } 23$$
$$\varpi = \frac{671}{5{,}226} = 129 \text{ grammes environ.}$$

La formule (71) donne :

$$p_1 = \frac{288 \times 0,129}{0,034165 \times 0,004366} = 25\ldots \text{kg. soit } 25 \text{ kg. par cent. carré}$$

$$p_2 = 1,86 \times 25 = 46 \text{ kg. } 5.$$

On voit que, quelle que soit la valeur de γ, on peut dire que la pression initiale par centimètre carré est de 23 à 25 kilogrammes et la pression finale de 46 à 47 kilogrammes environ.

Récupérateur dans un frein hydropneumatique.

Les principes d'organisation des freins hydropneumatiques ont été indiqués par M. le colonel Vallier[1]. Ce sont ces principes que nous prendrons pour base de notre étude. Le cylindre du frein A est réuni à la masse reculante dont il fait partie (fig. 60). La tige du piston P est

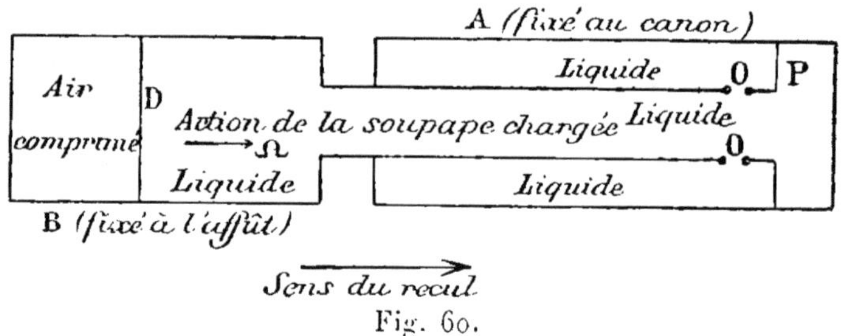

Fig. 60.

creuse et constitue à l'autre extrémité le cylindre B du récupérateur. L'intérieur des cylindres A et B communique par les orifices O, la tige du piston P et l'orifice Ω, lequel est fermé par une soupape chargée de façon à réaliser un frein à résistance hydraulique sensiblement constante (voir page 170).

Pendant le recul, l'huile refoulée du cylindre A pénètre ainsi dans le cylindre B et refoule le diaphragme D

[1] VALLIER, p. 77.

du récupérateur. Cette description schématique peut nous suffire pour nous permettre de calculer les éléments d'un récupérateur de ce genre.

Ici le récupérateur ne s'oppose pas directement au recul comme cela a lieu dans le système précédemment étudié du matériel Schneider-Canet. Il agit, au contraire, par l'intermédiaire du frein et il augmente la résistance que présenterait ce frein fonctionnant seul. Tout se passe donc comme si le récupérateur n'existant pas, les orifices du frein, s'ils sont variables, ou la tension du ressort si le frein est à soupapes chargées, étaient modifiés en conséquence. La question est donc ramenée à un tracé spécial d'orifices pour les freins à orifices variables les plus répandus aujourd'hui.

On admet dans les freins hydropneumatiques une pression constante de 200 à 250 kilogrammes par centimètre carré. En appelant Ω la section utile du piston du frein, évaluée en centimètres carrés, l'effort total opposé au recul est égal à 200 ou 250 Ω. Nous verrons plus loin comment on peut calculer les divers éléments d'un tel ensemble.

Choix d'un recupérateur : l'air ou le métal. — Le choix d'un récupérateur est une question fort complexe. La solution à adopter dépend en effet beaucoup de l'agencement général du matériel. Ainsi nous avons vu que, grâce à certaines dispositions (ressorts enfilés l'un dans l'autre, ressorts télescopiques, et même un seul ressort avec un rayon d'hélice assez grand), les récupérateurs métalliques ne sont pas encombrants outre mesure. Il en est de même des récupérateurs pneumatiques grâce à l'emploi d'une transmission, généralement hydraulique, interposée entre le diaphragme et la masse reculante.

Il semble donc, qu'au point de vue de l'encombrement, l'air comprimé et le métal n'aient pas l'un sur l'autre une supériorité bien marquée dans la pratique, bien que, théoriquement, l'emploi de l'air comprimé permette de réduire l'encombrement pour ainsi dire autant qu'on le veut. Nous avons vu en effet que, pratiquement, on peut s'arranger de façon que l'encombrement des ressorts ne soit pas exagéré.

Au point de vue du poids, l'air l'emporte-t-il sur le métal? Au premier abord on est tenté de l'affirmer puisque le rendement de l'air est environ 1 000 fois plus grand que celui du métal (voir page 235). C'est ainsi que, pour obtenir une récupération déterminée, il faudra, par exemple 100 kilogrammes de ressorts métalliques, alors que 100 grammes d'air seraient suffisants. Mais, si les ressorts peuvent être simplement entourés d'une tôle plus ou moins légère pour les protéger des poussières et de la boue, l'air comprimé doit être enfermé dans une enveloppe résistante qui est par suite assez lourde. Pratiquement, les récupérateurs pneumatiques ne sont guère plus légers en général que les récupérateurs métalliques.

Il paraît donc à peu près indifférent, si l'on envisage seulement le poids et l'encombrement, d'employer l'un ou l'autre des deux systèmes.

Faut-il alors baser sa préférence uniquement sur le prix le plus faible? Nous ne le pensons pas. Il est certain que, si l'on a pu assurer *dans de bonnes conditions* l'étanchéité des joints, l'air comprimé présente, sur les ressorts métalliques, cette supériorité appréciable de ne pas s'altérer avec le temps. Au contraire, les ressorts métalliques, perdent peu à peu leurs qualités lorsque la tension initiale est grande. On peut sans doute éviter cet inconvénient en réduisant cette tension initiale, mais alors la récupération cesse d'être suffisante. Enfin, les ressorts sont exposés à des ruptures, alors que l'air est incassable. Aussi pensons-nous qu'un récupérateur pneumatique bien organisé doit se montrer généralement supérieur à un récupérateur métallique bien organisé. Jusqu'ici les expériences comparatives, comme celles exécutées en Portugal, par exemple, semblent nous donner raison.

Examinons, d'autre part, quelques critiques que l'on fait assez souvent à l'air comprimé. On prétend, par exemple, que des fuites sont possibles et qu'alors le récupérateur peut cesser de fonctionner régulièrement.

Il serait facile de réfuter cette critique en disant que ces fuites sont très rares, et d'ailleurs sans inconvénient, comme l'a montré l'usage de notre canon de campagne et celui de certains matériels construits par l'industrie française : mais examinons la question de plus près.

Admettons que la perte de liquide atteigne à chaque coup un centimètre cube. Cette perte est relativement grande, puisqu'elle était déjà à peine normale dans les premiers freins hydropneumatiques moins bien construits qu'aujourd'hui. Après 1 000 coups, le récupérateur aurait ainsi perdu 1 litre d'huile. Le frein hydraulique, supposé indépendant, n'en continuera pas moins à fonctionner, mais la pression initiale du récupérateur aura baissé. Pour nous faire une idée de cette baisse de pression, considérons par exemple le matériel Schneider-Canet, dont nous possédons quelques données (voir page 238). Après la perte, le volume $v_2 = 4,366 + 1 = 5^{\text{lit}},366$.

Le poids ϖ est toujours $0^{kg},129$. Par suite, en vertu de (71) :

$$p_1 = \frac{0^{kg},129 \times 288}{0,034165 \times 0.005366} = 202 \text{ kilog. par mètre carré,}$$

soit $20^{kg},2$ par centimètre carré. La pression qui est ainsi diminuée seulement de $4^{kg},6$, est encore suffisante comme l'expérience l'a démontré. D'ailleurs, avec une pompe, on aurait tôt fait de réparer la perte relativement considérable d'un litre de liquide. Au contraire, dans les expériences avec matériels à récupérateurs métalliques, la récupération n'a pas toujours été suffisante après un certain temps de service, ou lorsque le matériel se trouvait dans des conditions spéciales.

Nous lisons, en effet, dans le rapport de la Commission portugaise publié par la *Revue d'artillerie* :

« Au cours d'expériences effectuées en 1901-1902 dans
« les Etats-Unis de l'Amérique du Nord avec la pièce
« Ehrhardt et une autre, construite par le ministère de la
« guerre de ce pays, il arriva deux fois à la pièce alle-
« mande et une fois à la pièce américaine, de ne pas
« rentrer complètement en batterie, *bien que les récupé-*
« *rateurs fussent en état normal*; pour éviter cet incon-
« vénient il fut nécessaire de lubrifier les glissières, de
« desserrer légèrement le tampon du presse-étoupes dans
« la pièce Ehrhardt, et de retirer ce tampon dans la pièce
« américaine. Au cours d'une autre épreuve, on oxyda
« artificiellement les diverses parties importantes des mé-
« canismes : la pièce Ehrhardt ne rentra en batterie que
« de 8 pouces en deux coups successifs : l'un d'eux
« donna lieu à de sérieux incidents indiqués dans le
« rapport de la Commission américaine. »

Ces faits et d'autres montrent suffisamment combien la récupération doit dépasser celle qui serait théoriquement suffisante. Il en résulte, comme nous l'avons indiqué page 192, que la tension initiale du récupérateur doit être assez grande. C'est là la pierre d'achoppement des récupérateurs métalliques : ou bien la tension initiale est assez grande mais alors les ressorts fatiguent beaucoup et après un certain temps de service donnent lieu à des ruptures, ou bien la tension initiale est trop réduite et la récupération est insuffisante.

Nous avons montré que, même après des fuites relativement grandes, qui ne se produisent pas d'ailleurs dans les matériels bien construits, la récupération est encore suffisante avec l'air comprimé.

Une autre critique est celle qui consiste à dire que la tension de l'air comprimé augmente beaucoup trop vers la fin du recul ce qui pourrait, si la critique était fondée, compromettre comme nous le verrons la stabilité de l'affût au tir.

Dans les limites que nous avons admises pour α cet inconvénient n'est pas à craindre (voir page 230). D'ailleurs considérons les matériels essayés par le Portugal : dans l'un, fourni par les usines Krupp, la tension initiale était de 250 kilogrammes et la tension finale 667 kilogrammes ; dans l'autre, fourni par l'établissement du Creusot, la tension variait de 400 à 744 kilogrammes. Les longueurs de recul étant très sensiblement les mêmes la variation des tensions est encore moins rapide dans le matériel du Creusot que dans le matériel Krupp. Et encore la récupération est plus forte pour le premier : elle est de 671 kilogrammètres alors que dans le matériel allemand elle ne dépasse pas 573 kilogrammètres.

14.

En résumé, si l'étanchéité du joint est bien assurée, si le prix de fabrication est raisonnable, la supériorité des récupérateurs pneumatiques sur les récupérateurs métalliques n'est guère discutable.

CHAPITRE V

§ I. — ORGANISATION DE CES MATÉRIELS

Eléments essentiels d'une bouche à feu à lien élastique et bêche de crosse. — Un matériel de campagne à lien élastique et bêche de crosse comprend essentiellement les parties suivantes :

1° *La bouche à feu* et les parties qu'elle entraîne avec elle dans le recul.

Dans la pratique c'est tantôt le piston du frein que l'on réunit au canon, tantôt c'est le cylindre, le piston étant alors fixé à l'affût. Dans tous les cas l'ensemble mobile constitue la *masse reculante*.

2° *La glissière* sur laquelle glisse ou roule la masse reculante suivant qu'elle n'est pas ou qu'elle est munie de galets pour constituer une sorte de traineau ou un véhicule à roues. C'est généralement la glissière qui porte les tourillons par lesquels l'ensemble repose sur l'affût proprement dit. L'axe du canon étant parallèle à la glissière, en pointant celle-ci on pointe le canon.

3° *Le frein hydraulique.* Cet organe est destiné, comme nous l'avons indiqué page 155, à absorber la force vive de recul en excès. Tantôt le frein est indépendant du récupérateur, tantôt il forme avec lui un tout appelé frein hydropneumatique. Généralement cette réunion du frein et du récupérateur correspond à l'emploi de l'air comprimé.

Si une pareille disposition était réalisée avec un récupérateur métallique, on pourrait donner à l'ensemble le nom de frein *hydro-métallique*.

4° *Le récupérateur* dont nous connaissons le rôle dans le retour en batterie.

5° *Le modérateur de retour en batterie.* Cet organe est nécessaire pour éviter une rentrée trop brusque en batterie sous l'action de l'excès de récupération lorsque le matériel est dans un état normal. Nous avons montré d'ailleurs la nécessité de cet excès de récupération pour assurer dans tous les cas la rentrée en batterie. Si toute la récupération est exceptionnellement nécessaire, le modérateur ne doit pas entrer en action. Cette condition est remplie par le frein hydraulique qui oppose une résistance insignifiante si la vitesse relative du piston dans le cylindre du frein est très petite. Dans la pratique le même frein qui fonctionne pendant le recul, joue le rôle de modérateur pendant le retour en batterie grâce à un double jeu de soupapes fonctionnant, les unes dans un sens, les autres en sens inverse. Le frein et le modérateur sont ainsi confondus dans le même organe mais pour la commodité du langage nous emploierons encore les expressions de « frein de recul » et de « modérateur ».

6° *Un affût proprement dit* organisé comme un affût rigide avec adjonction d'une bêche de crosse, sert de support à l'ensemble des parties précédentes tant pendant les routes que pendant le tir.

Exemples d'agencement des diverses parties qui constituent un matériel de campagne moderne. — Dans les premiers matériels construits, la bouche à feu reculait dans un manchon. C'est dans les modèles récents qu'on a réduit ce manchon à une simple glissière sur laquelle glisse ou roule le canon organisé en conséquence.

Pour bien fixer les idées nous allons décrire sommairement, à titre d'exemples, le 120 court modèle 1890, le 75 modèle 1897 dans ses parties non confidentielles et le matériel du système *Nordenfelt* modèle 1902. Le premier donnera une idée des systèmes reculant dans un manchon, le second montrera l'agencement d'un véhicule muni de galets et le troisième d'un traineau maintenu sur la glissière au moyen de griffes et de nervures.

I. *Matériel français de* 120 *millimètres court.*

Le canon est constitué comme les autres mais il est dépourvu de tourillons. Il peut ainsi glisser dans un manchon en bronze M (fig. 61) qui lui sert de guide et qui porte les tourillons. Le canon est relié au cylindre du

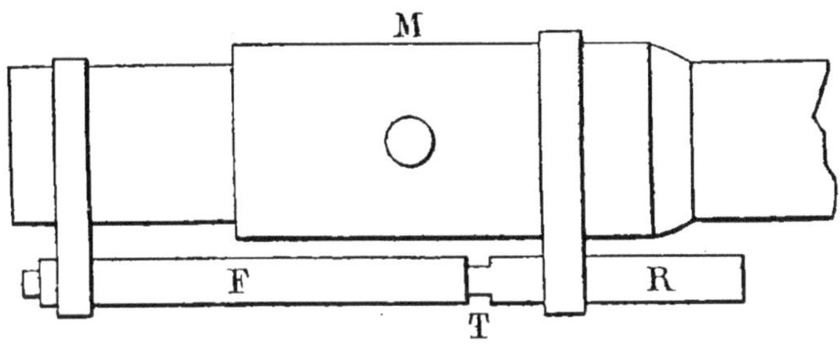

Fig. 61.

frein hydraulique F, dont la tige T forme le récupérateur R fixé au manchon M et par suite à l'affût.

L'ensemble canon, manchon, frein et récupérateur tourne autour de l'axe des tourillons dans le pointage en hauteur. Cet ensemble est d'ailleurs porté par un petit affût rigide fixé à un grand affût : c'est ce dernier qui sert de sorte de plateforme au petit affût pour le pointage en direction. Le tout peut être ancré dans le sol au moyen d'une bêche. Sur la figure ci-dessus, les parties fixes pendant le recul sont le manchon M et le récupérateur R. Ce système présente les inconvénients d'être un peu trop lourd puisque, pour guider la bouche à feu dans son recul, il ne serait pas nécessaire de l'entourer entièrement d'un manchon. En outre les résistances passives sont très grandes quand des saletés s'introduisent entre le canon et le manchon. La longueur de recul s'est trouvée insuffisante pour assurer la stabilité de l'affût au tir comme nous le verrons plus loin. Toutefois ce matériel dû au capitaine *Baquet* de l'artillerie française a réalisé un progrès sérieux sur ses devanciers[1]. Le progrès a continué par l'invention du canon de 75 millimètres modèle 1897 dû au lieutenant-colonel *Deport* (également de l'artillerie française) et perfectionné par le commandant *Sainte-Claire Deville*, et par le capitaine *Rimailho* de la même arme.

II. — *Matériel de 75 millimètres modèle 1897*.

Comme dans le système précédent, le canon ne porte pas de tourillons. Il est muni de 3 paires de galets dont 2 portées par une jaquette en bronze assez légère. Cet ensemble constitue une sorte de véhicule pouvant rouler sur la glissière qui fait corps avec le cylindre du frein récupérateur. Cette disposition est figurée sur les schémas des figures 62 et 63.

Après la première période du recul la masse reculante animée d'une certaine vitesse roule par les galets g_1 et g_2,

---

[1] Les premiers freins hydro-pneumatiques avaient été d'ailleurs réalisés pour des bouches à feu d'étude, par le capitaine LOCARD de la Fonderie de Bourges.

sur le chemin de roulement inférieur présenté par la glissière. Lorsque le galet g_1 arrive à l'extrémité de cette dernière les galets de bouche g_3 commencent à rouler sur le

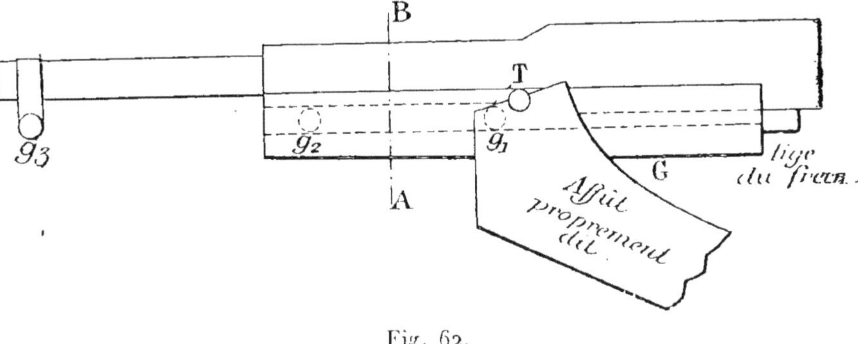

Fig. 62.

chemin de roulement supérieur, ce qui maintient ainsi le
canon en quelque sorte arc-bouté dans la glissière. Le
cylindre du frein logé au-
dessous de la glissière est
fixe, le canon étant fixé au
piston du frein hydro-pneu-
matique.

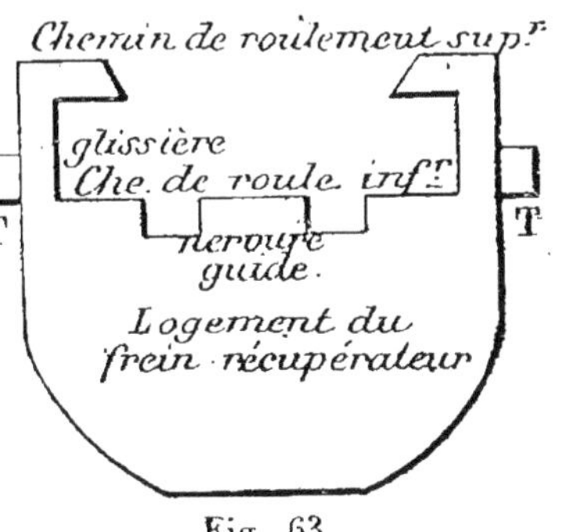

Fig. 63.

L'ensemble glissière-frein-
récupérateur porte les tourillons T qui reposent dans
des encastrements *ad hoc*,
présentés par l'affût propre-
ment dit. Les galets de bouche ont l'avantage de permettre
d'arrêter la glissière en G au lieu de la prolonger en
arrière pour soutenir complètement la course des galets g_1.
Cette disposition allège le matériel et diminue l'encombrement. C'est l'ensemble frein-récupérateur-canon que
l'on pointe au moyen d'un mécanisme approprié.

III. — *Matériel du système Nordenfelt, modèle 1902.*

Dans ce matériel le récupérateur est formé de 2 ressorts R (fig. 65) qui travaillent à *l'extension*. Le canon est fixé

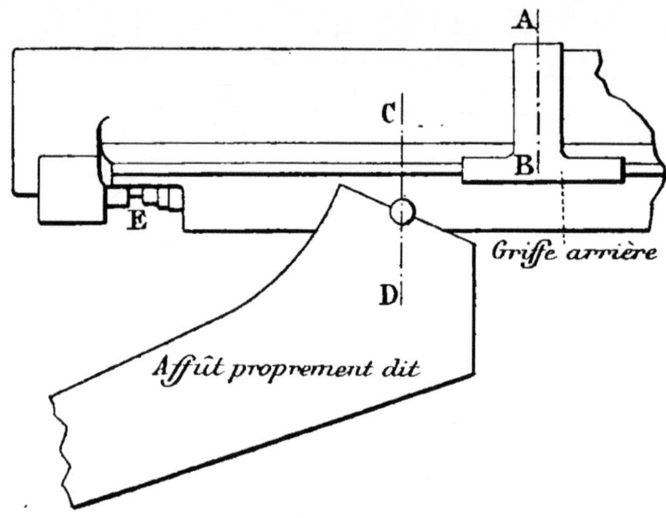

Fig. 64.

directement en E à ces ressorts (fig. 64), et à la tige du frein F (fig. 65). Deux griffes (fig. 64 et 65) coiffent les

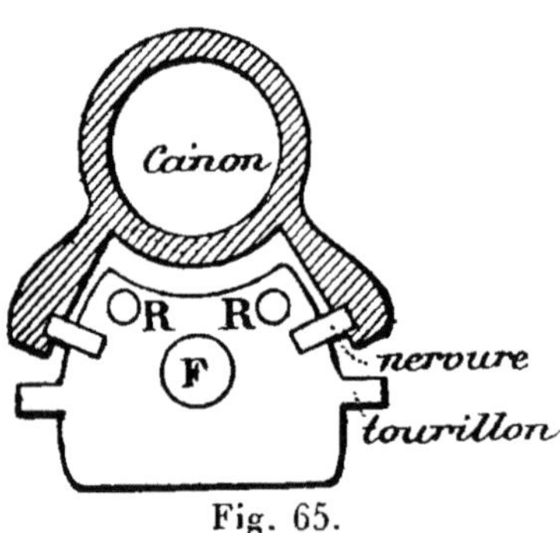

Fig. 65.

deux nervures (fig. 65) de la glissière et guident ainsi le mouvement du canon pendant son recul. Des garde-poussières, faisant corps avec la masse reculante, entourent ces nervures. Des frottoirs en feutre graissé nettoient ces nervures à chaque coup. Le frein F est logé dans l'ensemble qui forme la glissière et porte les tourillons.

On voit par ces exemples combien l'agencement peut varier d'un matériel à l'autre, mais quel qu'il soit, la condition indispensable à observer dans un matériel à tir rapide est la conservation du pointage après chaque coup lorsque la bêche est fixée au sol, c'est-à-dire lorsque, suivant les termes consacrés, *la pièce est assise*. Il faut donc avant tout assurer, par une organisation rationnelle, la *stabilité de l'affût au tir*. Cette stabilité entraîne pour le système certaines conditions que nous allons établir.

§ 2. — STABILITÉ AU TIR DES AFFUTS A BÊCHE DE CROSSE

Hypothèses et considérations générales. — Nous supposerons la *pièce assise*. Tant qu'elle ne l'est pas en effet, il ne saurait être question de stabilité au tir. Nous supposerons aussi que le *recul est rectiligne* comme cela a lieu dans les matériels existant actuellement. D'ailleurs, s'il n'en était pas ainsi, la méthode serait la même en y introduisant s'il y avait lieu les forces non prévues dans le recul rectiligne. C'est ainsi que dans le matériel à recul curviligne, proposé autrefois par *de Bange et Piffart*, la force centrifuge interviendrait dans l'étude de la stabilité du système au tir.

Les matériels que nous étudions sont exposés pendant le tir à tourner autour d'un point fixe situé dans le voisinage immédiat de la bêche de crosse. En admettant pour la crosse le profil schématique *bac* de la figure 66, le point fixe se trouverait vers le point C facile à déterminer approximativement à vue.

Dans ce qui suit, nous supposerons ce point fixe parfaitement connu.

Cela posé, pour que l'affût soit en équilibre sous l'action des forces qui lui sont appliquées, il faut et il suffit que les six conditions d'équilibre soient satisfaites (voir page 30). Or, le système auquel nous avons affaire pouvant être considéré comme symétrique par rap-

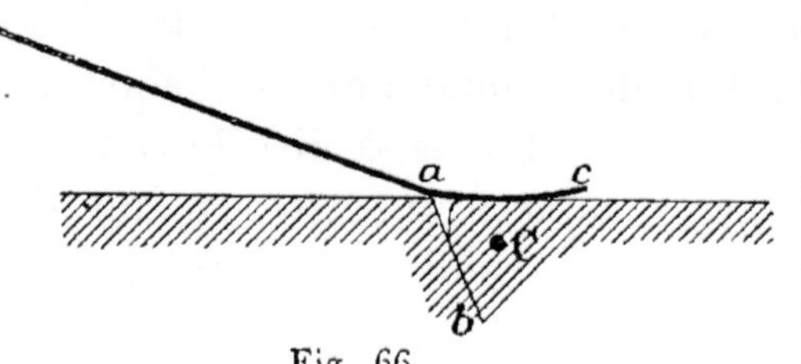

Fig. 66.

port au plan de tir, toutes les forces peuvent être supposées contenues dans ce plan et les six conditions précitées se réduisent à trois. Elles se réduisent enfin à une seule, grâce à l'hypothèse faite sur la fixité du point C. Pour que l'affût soit alors en équilibre, il faut et il suffit que la somme des moments des forces qui lui sont appliquées, pris par rapport au point C, soit nulle. Ces forces sont : 1° le poids P_a de l'affût seul; 2° la réaction totale F du frein-récupérateur, y compris les frottements dans les joints de ces organes ; 3° les réactions variables pendant le recul de la masse reculante sur son support.

La réaction du sol entre dans l'hypothèse de la fixité du point C.

Pour obtenir les réactions de la masse reculante sur l'affût, il suffira d'exprimer que le mouvement de la masse reculante est une simple translation rectiligne. A cet effet il suffira d'appliquer le théorème de d'Alembert (voir page 31) au mouvement de la masse reculante sur la glissière ou dans le manchon. Ce sont ces équations que nous allons écrire en considérant les deux cas principaux d'agencement des affûts modernes à bêche de crosse savoir bouches à feu reculant dans un manchon, bouches à feu reculant sur une glissière. Nous établirons les formules même dans le cas de la première période du recul (voir page 62). Cela nous permettra de nous rendre compte de l'influence de l'action des gaz sur la stabilité pendant cette période. En supposant nulle la pression des gaz, nous aurons immédiatement les équations relatives à la deuxième période du recul.

Condition de stabilité au tir. — 1° *La bouche à feu recule dans un manchon.*

Soit, figure 67, MP l'axe de la bouche à feu reculant dans un manchon de rayon intérieur R.

Soit G_r le centre de gravité de la masse reculante à un

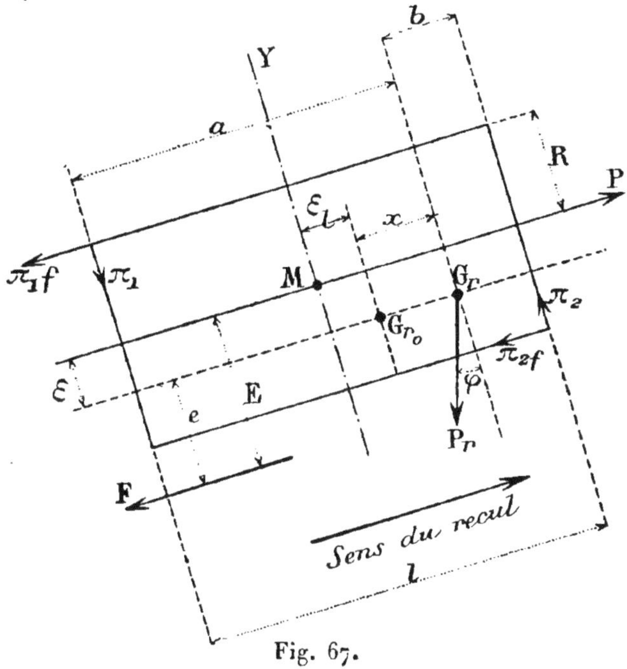

Fig. 67.

moment quelconque du recul, G_{r_0} étant sa position initiale avant le départ du corps. D'après l'agencement de la figure 61, le centre de gravité G_r est un peu au-dessous de l'axe MP. Pendant le recul les réactions du manchon produisent des frottements. Ces réactions peuvent donc être représentées (voir pages 23 et 24) par des forces π_1 et $\pi_1 f$, π_2 et $\pi_2 f$. D'autre part la bouche à feu est soumise à l'effort P des gaz de la poudre et à la résistance F que l'effort du frein-récupérateur y compris les frottements à l'intérieur de cet organe, ne doit pas dépasser sous peine de provoquer le soulèvement de l'affût autour de la crosse [1].

Exprimons que la masse reculante ne fait que glisser dans le manchon. Pour cela exprimons que la somme des projections des forces sur MY est nulle ainsi que la somme de leurs moments pris par rapport au centre de gravité G_r. Nous obtenons ainsi :

$$\pi_2 - \pi_1 - P_r \cos \varphi = 0$$
$$P\varepsilon + Fe + \pi_2 f (R - \varepsilon) - \pi_1 f (R + \varepsilon) - \pi_2 b - \pi_1 a = 0.$$

Lorsque le centre de gravité G_r sort du manchon, le moment $\pi_2 b$ change de signe mais la même équation est encore applicable si l'on convient de considérer b comme négatif lorsque le centre de gravité G_r est hors du manchon. Tirant π_2 de la première équation et portant dans la deuxième, il vient :

$$P\varepsilon + Fe - \pi_1 \left[a + f (R + \varepsilon) + b - f (R - \varepsilon) \right]$$
$$+ \left[f (R - \varepsilon) - b \right] P_r \cos \varphi = 0.$$

D'où :

$$\pi_1 = \frac{P\varepsilon + Fe + P_r \cos \varphi \left[f(R - \varepsilon) - b \right]}{a + b + 2f\varepsilon}$$

[1] Nous supposons, pour simplifier les écritures, que le frein et le récupérateur, qu'ils soient ou non indépendants l'un de l'autre, ont leur ligne d'action dans le même plan mené par F perpendiculairement au plan de tir.

Avec la convention précédemment faite sur le signe de b, $a + b$ représente toujours la longueur l du manchon. D'autre part b a pour expression $\dfrac{l}{2} - (x + \varepsilon_l)$ ou $(x + \varepsilon_l) - \dfrac{l}{2}$ suivant que G_r est dans le manchon ou non. Par suite, quelle que soit la situation de G_r par rapport au manchon, on a :

$$\pi_1 = \frac{P\varepsilon + Fe + P_r \cos \varphi \left[f(R - \varepsilon) - \dfrac{l}{2} + x + \varepsilon_l \right]}{l + 2 f\varepsilon}$$

$$\pi_2 = \pi_1 + P_r \cos \varphi.$$

Considérons maintenant l'équilibre de l'affût. Ce système est soumis à son poids P_a et aux forces précédentes π_1, π_2, $\pi_1 f$, $\pi_2 f$ et F changées de sens.

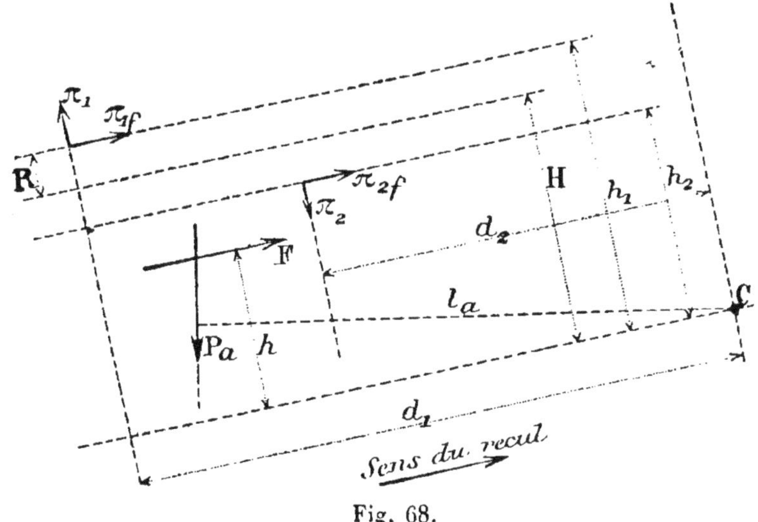

Fig. 68.

Figurons ces différentes forces sur la figure 68, C étant le point fixe du système. Exprimons que la somme des moments de ces forces, par rapport au point C, est négative ou tout au plus nulle, en considérant comme positifs les moments des forces qui tendent à provoquer le soulèvement de l'affût autour du point C. L'équation ainsi obtenue est la condition cherchée de la stabilité de l'affût au tir. Elle est :

$$\pi_1 d_1 - \pi_2 d_2 + \pi_1 f h_1 + \pi_2 f h_2 + Fh - P_a l_a \leqslant 0$$

ou, en remarquant que

$$d_1 - d_2 = l, \qquad\qquad \pi_1 - \pi_2 = - P_r \cos \varphi \ {}^{1} :$$

$$\pi_1 l - d_2 P_r \cos \varphi + \pi_1 f(h_1 + h_2) + f h_2 P_r \cos \varphi + Fh - P_a l_a \leqslant 0$$

ou :

$$\pi_1 \left[l + f(h_1 + h_2) \right] + P_r \cos \varphi \, (f h_2 - d_2) + Fh - P_a l_a \leqslant 0.$$

Or :

$$h_1 = H + R \qquad\qquad h_2 = H - R$$

H étant la distance du point C à l'axe de la bouche à feu. On a donc :

$$\pi_1 \, (l + 2fH) + P_r \cos \varphi \left[f(H - R) - d_2 \right] + Fh - P_a l_a \leqslant 0$$

Remplaçant π_1 par sa valeur précédemment calculée, il vient :

$$(P\varepsilon + Fc) \frac{l + 2fH}{l + 2f\varepsilon} + P_r \cos \varphi \left[\frac{l + 2fH}{l + 2f\varepsilon} \left(fR - f\varepsilon - \frac{l}{2} + x + \varepsilon_l \right) \right.$$

$$\left. + fH - fR - d_2 \right] + Fh - P_a l_a \leqslant 0.$$

---

[1] Cette équation donne la valeur absolue de π_2 quant π_1 y est remplacé par la valeur calculée précédemment.

Ou, en remarquant que, sur la figure 67

$$e = E - \varepsilon \qquad \text{et} \qquad h = H - E \quad .$$

$$\text{P}\varepsilon \frac{l + 2f\text{H}}{l + 2f\varepsilon} + \text{F}(\text{H} - \varepsilon)\frac{l + 2f\text{E}}{l + 2f\varepsilon} - \text{P}_a l_a + \text{P}_r \cos\varphi \left[(x + \varepsilon_l)\frac{l + 2f\text{H}}{l + 2f\varepsilon} \right.$$

$$\left. - \frac{l}{2} - d_2 + \frac{2f^2\text{R}(\text{H} - \varepsilon)}{l + 2f\varepsilon} \right] \leqslant \text{o}.$$

Cela posé soit G_{r0} (fig. 69) la position initiale du centre de gravité de la masse reculante. On a sur la figure 69 :

$$l_{r_0} = \left(d_2 + \frac{l}{2} - \varepsilon_l \right) \cos\varphi + (\text{H} - \varepsilon) \sin\varphi.$$

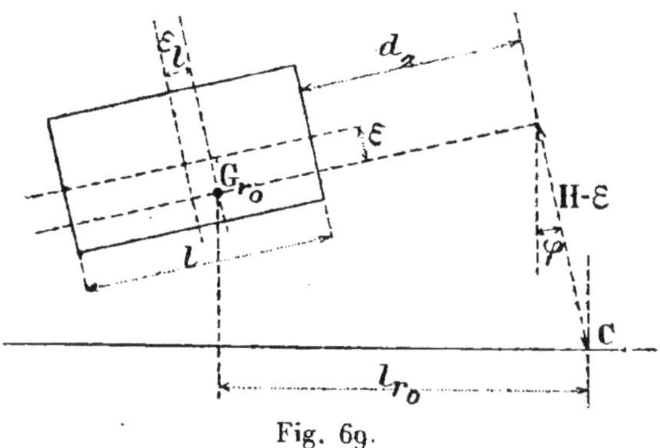

Fig. 69.

D'autre part en appelant P_t le poids total du système pièce-affût et l_t la distance horizontale de la crosse au centre de gravité de ce système avant le tir, on a :

$$\text{P}_a l_a + \text{P}_r l_{r_0} = \text{P}_t l_t.$$

De cette équation et de la précédente on déduit la valeur de $P_a l_a + d_2 P_r \cos \varphi$ et l'inégalité devient :

$$P_\varepsilon \frac{l+2f\,H}{l+2f\varepsilon} + F(H-\varepsilon)\frac{l+2f\,E}{l+2f\varepsilon} - P_i l_i + P_r \cos\varphi \left[(x+\varepsilon_i)\frac{l+2f\,H}{l+2f\varepsilon} \right.$$

$$\left. -\varepsilon_i + (H-\varepsilon)tg\varphi + \frac{2f^2 R(H-\varepsilon)}{l+2f\varepsilon} \right] \leqslant 0.$$

Si au lieu de supposer la pièce inclinée comme sur la figure 69 nous l'avions supposée inclinée en sens inverse, nous aurions obtenu pour l_0 la même expression en changeant sin φ de sens. Il en aurait été de même dans l'inégalité ci-dessus. Nous avons donc comme condition de stabilité l'inégalité suivante qui convient à tous les cas, en considérant φ comme positif quand la pièce tire au-dessus de l'horizon et comme négatif dans le cas contraire :

$$(76) \qquad P_\varepsilon \frac{l+2f\,H}{l+2f\varepsilon} + F(H-\varepsilon)\frac{l+2f\,E}{l+2f\varepsilon} - P_i l_i$$

$$+ P_r \cos\varphi \left[(x+\varepsilon_i)\frac{l+2f\,H}{l+2f\varepsilon} - \varepsilon_i - (H-\varepsilon)tg\varphi + \frac{2f^2 R(H-\varepsilon)}{l+2f\varepsilon} \right] \leqslant 0$$

Il convient de simplifier cette condition. Pour cela remarquons que la fraction $\dfrac{l+2f\,H}{l+2f\varepsilon}$ décroît quand l augmente car $H > \varepsilon$. Nous aurons donc la plus grande valeur que cette fraction pourra pratiquement atteindre en donnant à l sa plus petite valeur pratique et en prenant H aussi grand et ε aussi petit que possible.

En prenant $l = 1$ mètre, $H = 1^m,20$, $f = 0,1$, $\varepsilon = 0$, la valeur de la fraction considérée est $1,24$. La plus grande valeur de $\dfrac{l+2f\,E}{l+2f\varepsilon}$ est, de même, pour $E = 0^m,80$

égale à 1,16. Avec $R = 0^m,50$ la plus grande valeur pratique de la fraction $\dfrac{2f^2 R (H - \varepsilon)}{l + 2f\varepsilon}$ est, puisque $\dfrac{H - \varepsilon}{l + 2f\varepsilon}$ croît quand ε diminue, $2 \times 0,01 \times 1,2 \times 0,5 = 0,012$. Le terme $P_r \cos \varphi \dfrac{2f^2 R (H - \varepsilon)}{l + 2f\varepsilon}$ est donc toujours relativement très petit. Nous le négligerons pour tenir compte ainsi en partie de ce que nous avons pris les plus grandes valeurs pratiques pour les coefficients de $P\varepsilon$ et de F. Nous arrivons ainsi à la condition :

$$(77) \quad \begin{cases} 1,24\,P\varepsilon + 1,16\,F\,(H - \varepsilon) - P_t l_t \\ + P_r \cos \varphi \left[1,24\,(x + \varepsilon_l) - \varepsilon_l\,(H - \varepsilon)\,\operatorname{tg}\varphi \right] \leqslant 0. \end{cases}$$

Dans la pratique on se contente d'assurer la stabilité dans le tir sous l'angle $\varphi = 0$ et la condition devient, en négligeant le terme négatif $\varepsilon_l P_r$, ce qui la rend plus difficile à observer :

$$1,24\,P\varepsilon + 1,16\,(H - \varepsilon)\,F - P_t l_t + 1,24\,(x + \varepsilon_l)\,P_r \leqslant 0.$$

Si l'on fait alors abstraction de la première période du recul après laquelle $P = 0$ et si l'on néglige ε et ε_l devant H et x on a :

$$1,16\,FH + 1,24\,P_r x \leqslant P_t l_t.$$

F est bien supérieur à P_r puisque seule la tension initiale du récupérateur doit atteindre $0,8\,P_r$.

x n'est de l'ordre de grandeur de H qu'à la fin du recul. Pratiquement, même à la fin du recul, on peut admettre que $FH = 4\,P_r x$. La condition précédente sera donc largement satisfaite si l'on a :

$$1,22\,FH + P_r x \leqslant P_t l_t$$

ou :

$$(78) \qquad F = 0{,}82 \, \frac{P_t l_t - P_r x}{H}.$$

Cette condition très simple a le défaut d'être un peu dure mais aussi, si elle est remplie, on peut être à peu près certain que la condition (76) sera satisfaite, c'est-à-dire que l'affût sera stable. L'équation (78) permet donc d'arrêter le matériel dans ses grandes lignes ; cela fait on vérifiera l'inégalité (76) et on se rendra compte de la marge que l'on a pour modifier, si besoin, certaines des données, sans nuire pour cela à la stabilité future de l'affût en projet.

2° *La bouche à feu recule sur une glissière.*

Soit NP l'axe de la bouche à feu ; représentons par G_1

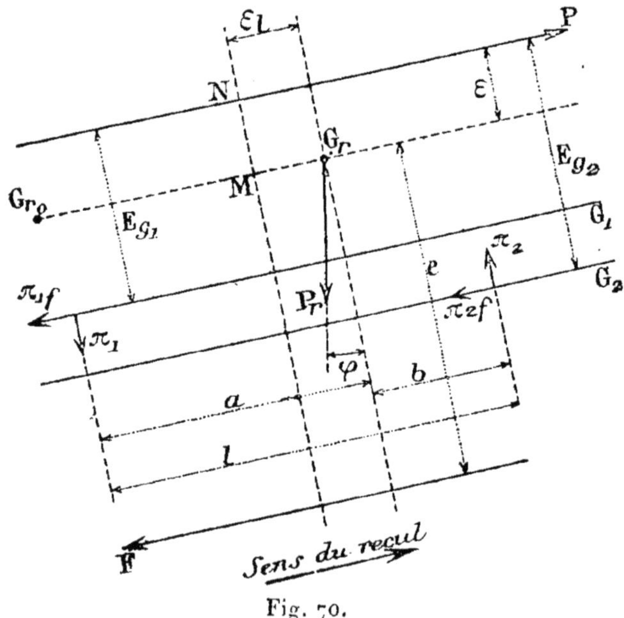

Fig. 70.

et G_2 les surfaces de la glissière sur lesquelles appuient les galets ou les griffes pendant le recul. Le centre de gravité de la masse reculante n'est pas forcément à l'aplomb du milieu M des galets g_1 et g_2 de la figure 62. Il peut en être à une distance ε_l. Soient comme précédemment G_{r_0} et G_r la position initiale et une position quelconque du centre de gravité. On a, comme dans le cas précédent

$$\pi_2 - \pi_1 - P_r \cos \varphi = 0$$

$$P\varepsilon + Fe + \pi_2 f\left(E_{g_2} - \varepsilon\right) + \pi_1 f\left(E_{g_1} - \varepsilon\right) - \pi_1 a - \pi_2 b = 0.$$

D'où :

$$\pi_1 = \frac{P\varepsilon + Fe + P_r \cos \varphi \left[f\left(E_{g_2} - \varepsilon\right) - b\right]}{a + b + f\left(2\varepsilon - E_{g_1} - E_{g_2}\right)}.$$

Or :

$$a + b = l \qquad b = \frac{l}{2} - \varepsilon_l.$$

Par suite :

$$\pi_1 = \frac{P\varepsilon + Fe + P_r \cos \varphi \left[f\left(E_{g_2} - \varepsilon\right) - \frac{l}{2} + \varepsilon_l\right]}{l + f\left(2\varepsilon - E_{g_1} - E_{g_2}\right)}.$$

Comme dans le cas précédent l'affût est soumis pendant le tir aux efforts représentés sur la figure 71. Comme précédemment la condition de stabilité est :

$$\pi_1 d_1 - \pi_2 d_2 + \pi_1 f h_1 + \pi_2 f h_2 + FH - P_a l_a \leqslant 0.$$

Elle peut s'écrire :

$$\pi_1 l + d_2(\pi_1 - \pi_2) + \pi_1 f(h_1 + h_2) - f h_2(\pi_1 - \pi_2) + Fh - P_a l_a \leqslant 0.$$

Or :

$$\pi_1 - \pi_2 = - P_r \cos \varphi.$$

On a donc :

$$\pi_1 l + (f h_2 - d_2)\, \mathrm{P}_r \cos \varphi + \pi_1 f (h_1 + h_2) + \mathrm{F}h - \mathrm{P}_a l_a \leqslant 0.$$

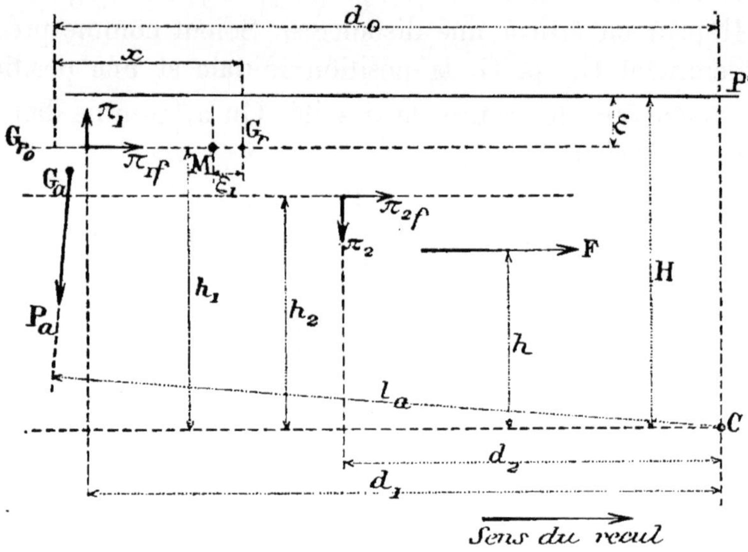

Fig. 71.

Or :

$$h_1 = \mathrm{H} - \mathrm{E}_{g_1} \qquad h_2 = \mathrm{H} - \mathrm{E}_{g_2}.$$

On a donc :

$$\pi_1 \left[l + f \left(2\mathrm{H} - \mathrm{E}_{g_1} - \mathrm{E}_{g_2} \right) \right] + \mathrm{P}_r \cos \varphi \left(f h_2 - d_2 \right) + \mathrm{F}h - \mathrm{P}_a l_a \leqslant 0$$

ou, en remplaçant π_1 par sa valeur :

$$(\mathrm{P}\varepsilon + \mathrm{F}e) \frac{l + f \left(2\mathrm{H} - \mathrm{E}_{g_1} - \mathrm{E}_{g_2} \right)}{l + f \left(2\varepsilon - \mathrm{E}_{g_1} - \mathrm{E}_{g_2} \right)}$$

$$+ \mathrm{P}_r \cos \varphi \left[\frac{l + f \left(2\mathrm{H} - \mathrm{E}_{g_1} - \mathrm{E}_{g_2} \right)}{l + f \left(2\varepsilon - \mathrm{E}_{g_1} - \mathrm{E}_{g_2} \right)} \left(f \mathrm{E}_{g_2} - f\varepsilon - \frac{l}{2} + \varepsilon_1 \right) \right.$$

$$\left. + f\mathrm{H} - f\mathrm{E}_{g_2} - d_2 \right] + \mathrm{F}h - \mathrm{P}_a l_a \leqslant 0$$

ou .

$$P_\varepsilon \frac{l+f\left(2H-E_{g_1}-E_{g_2}\right)}{l+f\left(2\varepsilon-E_{g_1}-E_{g_2}\right)}+F(H-\varepsilon)\frac{l+2fE-f\left(E_{g_1}+E_{g_2}\right)}{l+f\left(2\varepsilon-E_{g_1}-E_{g_2}\right)}-P_a l_a$$

$$+P_r\cos\varphi\left[\frac{l+f\left(2H-E_{g_1}-E_{g_2}\right)}{l+f\left(2\varepsilon-E_{g_1}-E_{g_2}\right)}\varepsilon_l-\frac{l}{2}-d_2\right.$$

$$\left.+\frac{f^2(H-\varepsilon)\left(E_{g_1}-E_{g_2}\right)}{l+f\left(2\varepsilon-E_{g_1}-E_{g_2}\right)}\right]\leqslant 0.$$

Or d_2 est, à un moment quelconque, la distance du point C au point d'appui postérieur de la masse reculante sur la glissière. En appelant d_0 la distance inscrite sur la figure 71 on a :

$$d_0=d_2+\frac{l}{2}-\varepsilon_l+x.$$

D'autre part on a comme dans le cas précédent, avec les mêmes notations et avec la même convention pour le signe de φ :

$$P_a l_a=P_t l_t-P_r l_{r_0}$$

et :

$$l_{r_0}=d_0\cos\varphi-(H-\varepsilon)\sin\varphi=d_2\cos\varphi+\left(\frac{l}{2}-\varepsilon_l\right)\cos\varphi$$

$$+x\cos\varphi\,(H-\varepsilon)\sin\varphi.$$

D'où :

$$d_2=\frac{l_{r_0}}{\cos\varphi}+\varepsilon_l-\frac{l}{2}-x+(H+\varepsilon)\,\mathrm{tg}\,\varphi.$$

La condition de stabilité devient :

$$(79) \quad \left\{ \begin{aligned} &P\varepsilon \frac{l + 2fH - f(E_{g_1} + E_{g_2})}{l + 2f\varepsilon - f(E_{g_1} + E_{g_2})} \\ &+ F(H - \varepsilon) \frac{l + 2fE - f(E_{g_1} + E_{g_2})}{l + 2f\varepsilon - f(E_{g_1} + E_{g_2})} - P_l l_l \\ &+ P_r \cos \varphi \left\{ \frac{2f(H - \varepsilon)\varepsilon_l}{l + 2f\varepsilon - f(E_{g_1} + E_{g_2})} + x - (H - \varepsilon)\,\mathrm{tg}\,\varphi \right. \\ &+ \left. \frac{f^2(H - \varepsilon)(E_{g_2} - E_{g_1})}{l + f(2\varepsilon - E_{g_1} - E_{g_2})} \right\} \leq 0. \end{aligned} \right.$$

Remarquons que le dernier terme est pratiquement très petit car on a intérêt, à tous les points de vue, à réduire au minimum la hauteur $E_{g_2} - E_{g_1}$ de la glissière. Avec

$$l = 1^{\mathrm{m}}, \quad \varepsilon = 0^{\mathrm{m}},20, \quad E_{g_1} + E_{g_2} = 1^{\mathrm{m}} \quad \text{et } E_{g_2} - E_{g_1} = 0^{\mathrm{m}},10$$

ce dernier terme est de l'ordre du millième : nous le négligerons donc.

Comme dans le cas précédent, nous obtenons une condition pratique en simplifiant les coefficients de $P\varepsilon$, de $F(H - \varepsilon)$ etc., tout en leur attribuant la plus grande valeur pratique.

Pour $H = 1^{\mathrm{m}},20$, $\varepsilon = 0$, $E = 0^{\mathrm{m}},60$, $l = 1$ mètre, $E_{g_1} + E_{g_2} = 2$ le maximum pratique des coefficients est pour :

$$P\varepsilon \qquad \frac{1 + 0,24 - 0,20}{1 - 0,20} = \frac{1,04}{0,80} = 1,30$$

$$F(H - \varepsilon) \qquad \frac{1 + 0,12 - 0,20}{1 - 0,20} = \frac{0,92}{0,80} = 1,15$$

$$\varepsilon_l P_r \cos \varphi \qquad \frac{0,24}{1 - 0,20} = 0,30.$$

La condition ainsi simplifiée est :

$$(80)\quad 1,30\,P\varepsilon + 1,15\,F(H-\varepsilon) - P_t l_t + P_r\cos\varphi\left[0,30\,\varepsilon_l + x(H-\varepsilon)\,\mathrm{tg}\,\varphi\right] \leqslant 0.$$

Si l'on fait abstraction de la première période du recul, si l'on néglige ε devant H et $0.30\,\varepsilon_l$ devant x, il vient, en supposant $\varphi = 0$:

$$1,15\,FH - P_t l_t + P_r x \leqslant 0.$$

Il suffit donc que :

$$(81)\qquad F = 0,85\,\frac{P_t l_t - P_r x}{H}.$$

C'est la condition qui convient aux avant-projets d'affûts.

Conséquences des formules précédentes. — Les formules précédentes permettent de mettre en évidence les conditions favorables à la stabilité des affûts au tir.

L'effort F ne doit pas dépasser la valeur que nous avons calculée, si l'on veut éviter le soulèvement de l'affût autour de la bêche de crosse.

Pour une force vive de recul donnée, la longueur du recul doit être suffisante pour que cette force vive puisse être absorbée par une résistance au mouvement, inférieure ou égale à l'effort F calculé précédemment. Théoriquement, le problème peut toujours être résolu en adoptant une longueur de recul assez grande, mais pratiquement il peut ne pas en être ainsi. Tout d'abord, il n'est pas possible de réduire toujours autant qu'on le voudrait les résistances passives et ensuite, pour des raisons de poids et d'encombrement, on ne peut guère dépasser pour le recul des longueurs de $1^m,20$ à $1^m.35$.

Il faut donc, avant toute chose, s'assurer qu'avec cette course la force vive de recul pourra être absorbée par une résistance inférieure ou au plus égale à celle compatible avec la stabilité de l'affût.

Il est clair que plus la valeur donnée par la condition de stabilité est grande, plus la stabilité est facile à assurer dans les limites admissibles pour les longueurs de recul.

Cherchons donc les éléments qui conduisent à de grandes valeurs pour l'effort F admissible.

Que nous considérions la formule (77) (cas des bouches à feu reculant dans un manchon) ou la formule (80) (cas des bouches à feu reculant sur une glissière), on voit que l'effort F est d'autant plus considérable :

1° Que le poids total P_t du système pièce-affût est plus grand ;

2° Que la distance horizontale l_t du centre de gravité de ce système à la crosse, est plus considérable ;

3° Que la distance H de la crosse à l'axe de la bouche à feu est plus faible, en supposant, bien entendu, que la valeur de F tirée des formules (76) ou (79) est positive, c'est-à-dire que $P\varepsilon$ n'est pas trop considérable ;

4° Que la pression totale P des gaz sur la culasse est moins élevée ;

5° Que la distance ε est plus réduite.

En outre, la valeur de F est plus grande lorsque :

6° Le poids P_r de la masse reculante est plus considérable, comme nous le démontrerons plus loin ;

7° La distance ε_t du milieu de l'intervalle des galets ou des griffes ou du milieu du manchon au centre de gravité de la masse reculante est plus petite, comme le montre l'équation qui suit la formule (77), page 261, ainsi que l'équation (80);

8° Que la distance l des galets ou des griffes ou la longueur du manchon est plus grande, car nous avons fait remarquer que les coefficients des termes positifs des formules (76) et (79) décroissaient quand l augmentait. Il y a alors plus de chance pour que le premier membre soit négatif comme il convient. Toutefois, l'élément l ne figurant plus dans les formules approchées (77) et (80), il ne doit pas y avoir grand bénéfice à augmenter l ce qui présenterait des inconvénients, d'autre part, aux points de vue du poids et de l'encombrement.

Remarquons que si $\varepsilon = 0$, peu importe la grandeur de la pression totale P. Tel est le cas du matériel de Saint-Chamond, modèle 1901 (voir page 190).

Il reste à examiner dans quelles limites on peut, dans la pratique, augmenter P_t, l_t et diminuer H.

Pour un matériel de campagne, tout le monde est d'avis de ne guère dépasser pour la voiture-pièce, 1 800 kilogrammes sans les servants. On admet, d'autre part, pour obtenir un roulement satisfaisant dans tous les terrains, même avec 4 roues égales, qu'un tiers de ce poids, soit 600 kilogrammes, doit être affecté à l'avant-train avec ses munitions[1]. Le poids P_t se trouve ainsi limité à 1 200 kilogrammes environ. Cette limite est même déjà élevée si l'on veut avoir une pièce en batterie facile à déplacer à bras dans tous les terrains et par tous les temps.

Il serait bon, à ce point de vue, de s'en tenir pour P_t à

---

[1] Cette répartition dans le cas des voitures à 4 roues égales, n'est pas celle qui serait indiquée par la théorie.

Soient, en effet, R le rayon des 4 roues, r celui des fusées d'essieu,

1 000 ou 1 100 kilogrammes. Tout ce qu'on peut faire au point de vue de la stabilité, c'est d'augmenter artificiellement P_t en faisant asseoir sur l'affût en batterie le plus grand nombre possible de servants. Généralement, la place

P le poids de la voiture réparti sur les deux essieux dans le rapport m. En appelant x et y les poids par essieu, on a :

$$x + y = P,$$
$$\frac{x}{y} = m.$$

D'où :

$$x = \frac{m}{m + 1} P \qquad y = \frac{1}{m + 1} P.$$

Dans nos voitures d'artillerie, la valeur recherchée pour m est à peu près égale à $\frac{1}{2}$.

L'effort de traction total T est égal à l'effort trouvé par Coulomb, augmenté de l'effort nécessaire pour vaincre le frottement sur les fusées d'essieu.

On a donc, pour le cylindre des roues d'avant :

$$T_1 = \frac{Kx}{R} + f\frac{r}{R}x \qquad \text{(voir pages 29 et 27).}$$

et pour les roues d'arrière :

$$T_2 = \frac{Ky}{R} + f\frac{r}{R}y.$$

Par suite :

$$T = T_1 + T_2 = \frac{K}{R}(x + y) + f\frac{r}{R}(x + y) = \frac{P}{R}(K + fr).$$

Il est indépendant du rapport m. Et cela n'a lieu que si les roues de devant sont égales à celles de derrière.

Il semblerait ainsi que l'on puisse alléger autant qu'on le veut l'avant-train. Si on ne le fait pas, c'est que l'expérience a montré qu'*en terrain varié* une voiture avec avant-train relativement trop léger, se comportait mal. A ce propos, on entend parfois dire aux charretiers que les roues de devant doivent frayer la route à celles de derrière, ce dont ne tient pas compte, en particulier, la théorie ci-dessus.

disponible et les nécessités du service ne permettent pas de placer ainsi plus de deux servants. Comme d'autre part leurs pieds reposent plus ou moins sur le sol, il ne faut guère compter augmenter P_t par ce moyen de plus d'une centaine de kilogrammes. Dans les applications, nous prendrons 100 kilogrammes pour les deux servants.

Le poids P_t est ainsi fixé.

La longueur l_t dépend de la distance horizontale a de la bêche aux moyeux des roues. Représentons ces longueurs sur la figure 72.

Soit O le centre de la roue reposant sur le sol par le point r et C le point fixe de la bêche de crosse.

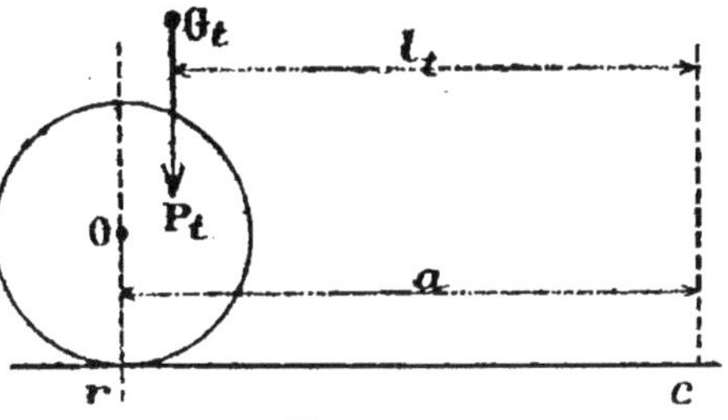

Fig. 72.

Le centre de gravité G_t du système pièce–affût de poids total P_t ne doit pas se trouver trop en arrière de la verticale Or afin que les servants puissent soulever la crosse à bras sans trop de fatigue. D'autre part ce centre de gravité doit être un peu en arrière de Or afin que la pièce soit stable sur le sol.

Une légère pression de la crosse sur le sol doit donc être réalisée.

La considération « fatigue des servants » la fait limiter à 70 kilogrammes environ

On peut alors considérer le poids P_t comme la résultante de 2 forces l'une égale à $P_t - 70$ suivant la verticale Or, l'autre égale à 70 suivant la verticale du point c. On a ainsi :

$$(P_t - 70)(a - l_t) = 70\,l_t$$

D'où :

$$(82) \qquad l_t = a\, \frac{P_t - 70}{P_t}.$$

Dans le poids P_t il convient de faire entrer s'il y a lieu le poids des servants dans la limite que nous avons indiquée.

La longueur a est fixée par des considérations de service. Il faut en particulier que le tournant de la voiture ne soit pas exagéré. Cette considération conduit dans la pratique à ne pas dépasser pour a la limite supérieure de $2^m,30$. Si nous adoptons cette limite ainsi que celle de 1 300 kilogrammes pour P_t y compris les servants, la limite l_t est, d'áprès la formule (82) :

$$l_t = 2,3 \times \frac{1\,230}{1\,300} = 2^m,17.$$

Les industriels allemands, *Ehrardt* de *Düsseldorf*, avaient pensé avoir résolu ce problème de faire a petit pour les transports, et grand pour le tir mais l'expérience ne parait pas avoir confirmé leurs prévisions. La solution consistait dans le télescopage possible de la flèche formée à cet effet de tubes en acier sans soudure que la maison Ehrhardt fabrique spécialement. Cette solution présentait l'inconvénient d'exiger une manœuvre supplémentaire lors de la mise en batterie, manœuvre qui pouvait devenir pénible et même impossible si les tubes avaient été bosselés par des chocs violents ou si les joints étaient remplis de poussière ou de boue. On avait bien il est vrai, la ressource de choisir des tubes assez épais pour éviter toute déformation et d'employer des frotteurs pour nettoyer et lubrifier les parties frottantes dans le télescopage. Mais alors la flèche devient lourde et jusqu'ici pour ces raisons ou pour d'autres le système ne parait nulle part en faveur.

Passons à l'examen de l'élément H. Il représente la hauteur de l'axe de la bouche à feu supposé horizontal au-dessus du sol horizontal. Si cette hauteur est trop réduite, les fusées d'essieu, si haut qu'elles soient placées dans les flasques, sont trop basses ; il en résulte des roues de trop faible rayon et le tirage de la voiture est pénible. Nous avons vu en effet, page 29, que l'effort de traction est, toutes choses égales d'ailleurs, à très peu près inversement proportionnel au rayon des roues. La pratique fixe le diamètre des roues au-dessous duquel il convient de ne guère descendre. D'après les matériels existants cette limite peut être considérée comme sensiblement égale à $1^m,20$. Cette considération entraîne généralement pour H une limite inférieure égale à $0^m,90$.

C'est pour réduire H sans diminuer le diamètre des roues que le commandant *Bloch* de l'artillerie française, et, plus tard, les usines du *Creusot* avaient imaginé de faire coïncider l'essieu avec l'axe des tourillons. On pourrait aussi, dans le même but, employer des essieux coudés, mais cette solution ne paraît pas encore être admise par les constructeurs.

Il est intéressant de pouvoir se faire une idée de ce que l'on peut gagner au point de vue du tirage de la voiture, en augmentant le rayon R des roues. Nous avons vu, page 270, renvoi [1], que, dans le cas d'une voiture à 4 roues égales, l'effort de traction a pour expression :

$$T = (K + fr) \frac{P}{R}.$$

Sur bonne route horizontale, on peut admettre qu'en

moyenne $K + fr = 0,03$. On a alors, avec $R = 0^m,70$,

$$T = \frac{0,02}{0,7}\, P = 0,03\,P$$ (effort de tirage : 30 kilogrammes par tonne).

Dans notre cas, $P = 2000$ kilogrammes avec les servants :

$$T = 60 \text{ kilogrammes.}$$

Dans la boue épaisse, cet effort est environ triplé.

Supposons qu'au lieu de $R = 0^m,70$ nous prenions $R = 0^m,60$. Nous avons :

$$T = \frac{0,02}{0,6} \times P = 0,33\,P.$$

Pour deux tonnes, l'effort de tirage est augmenté de 6 kilogrammes : la différence ne devient notable que dans la boue épaisse. Toutefois il faut aussi considérer le franchissement des obstacles. Or, on démontre en mécanique, *qu'à égalité d'effort dépensé*, les hauteurs d'obstacles franchies par 2 roues sont proportionnelles aux rayons de ces dernières. Il faut aussi que les chevaux ne tirent pas trop obliquement.

Pour toutes ces raisons on admet, nous le répétons, que R ne doit guère descendre au-dessous de $0^m,60$. Il conviendra d'ailleurs de proportionner la largeur des jantes au poids supporté.

On voit que, même en adoptant la solution des tourillons formant essieu, la hauteur H est au moins égale au rayon des roues. Pour les matériels plus récents à recul sur une glissière portée par l'affût, l'axe du canon se trouvant toujours un peu au-dessus de l'essieu, H ne peut guère descendre au-dessous de $0^m,90$ à 1 mètre.

Il nous reste pour terminer cette théorie à examiner l'influence de la grandeur du poids P_r sur la stabilité. Cette influence est complexe. En effet si P_r augmente, l'effort à opposer à la masse reculante, *pour la même longueur du recul*, peut être plus faible, mais d'autre part, on voit, d'après l'expression de l'effort F, que celui-ci diminue aussi. Rien ne prouve donc *à priori* qu'en augmentant P_r la stabilité soit augmentée.

Supposons pour simplifier que l'effort total F_t opposé au recul soit constant pendant ce recul, ce qui arrive assez souvent dans la pratique. Pour une course maximum égale à $1^m,30$ (voir page 268) on a :

$$F_t \times 1,3 = \frac{1}{2} \frac{P_r}{g} v_0^2$$

v_0 étant la vitesse maximum réelle de recul.

Nous avons vu, page 155, qu'avec une longueur de recul supérieure à 1 mètre, la vitesse v_0 ci-dessus diffère bien peu de la vitesse maximum en recul libre laquelle a pour expression (voir page 61).

$$v_0 = \frac{p V_0}{P_r} K.$$

K étant un coefficient numérique très peu supérieur à l'unité dans le cas des poudres B. On a donc en faisant $g = 10$ pour simplifier :

$$F_t = \frac{p^2 V_0^2}{26} K^2 \frac{1}{P_r} \cdot$$

Les deux conditions (78) et (81) sont satisfaites d'autre part si l'effort F_t ne dépasse pas :

$$0,8 \frac{P_t l_t - P_r x}{H}$$

c'est-à-dire si :

$$0,8 \; \frac{P_t l_t - P_p x}{H} - 0,04 K^2 p V_0^2 \frac{p}{P_r} > 0.$$

La stabilité sera d'ailleurs d'autant plus facile à assurer que le terme positif sera plus grand par rapport au terme négatif, c'est-à-dire que la différence :

$$0,8 \; \frac{P_t l_t}{H} - 0,8 \; \frac{P_r x}{H} - 0,03 K^2 p^2 \frac{V_0^2}{P_r}$$

sera plus grande.

Or la dérivée de cette expression est :

$$+ \; 0,04 K^2 \frac{p^2}{P_r^2} V_0^2 0,8 \frac{x}{H} \cdot$$

Le principe de similitude nous montre que $\frac{p}{P_r}$ est voisin de $0,015$, K de 1 et V_0^2 de $250\,000$.

Par suite $0,04 K^2 \frac{p^2}{P_r^2} V_0^2$ s'écarte assez peu dans la pratique de la valeur 2. Comme x ne dépasse guère la valeur 1 et que H ne descend pas au-dessous de $0^m,60$, cette dérivée est positive et la différence précitée croît quand P_r croît.

Il est donc avantageux, toutes choses égales d'ailleurs, d'augmenter P_r. C'est en se basant sur ce résultat que les industriels, qui y ont intérêt, ne manquent pas de faire remarquer qu'il est préférable de faire reculer le cylindre plutôt que le piston qui est une partie plus légère du frein.

Mais il ne faut pas trop se faire illusion sur le bénéfice ainsi réalisé. Nous avons vu en effet, pages 251 et 252, que lorsque le cylindre est fixe il sert de support à la masse reculante.

Application des formules précédentes à un projet d'affût. — Lorsqu'on procède à l'étude d'un matériel en projet il convient d'abord d'en arrêter les grandes lignes dans un *avant-projet*. Sans cette précaution on serait exposé à des tâtonnements longs et fastidieux avant d'arriver à des résultats, nous ne dirons pas définitifs, ce serait exagéré, mais seulement acceptables dans leur ensemble. C'est précisément l'étude de cet avant-projet qui exige précisément le plus de connaissances générales, le plus d'expérience de celui qui en est chargé. Ce n'est qu'en possédant parfaitement les éléments caractéristiques de nombreux matériels existants que l'on peut, par comparaison et au moyen de calculs rapides et sommaires, s'apercevoir que telle donnée choisie arbitrairement ne peut convenir sous certains rapports et qu'il est nécessaire de la modifier dans tel ou tel sens. Il y a là une question de pratique que l'on peut avantageusement aider par l'application intelligente du principe de similitude (voir page 68 et suivantes).

Pour un avant-projet de matériel de campagne, non démontable, les méthodes peuvent varier. Nous proposons la suivante : nous prendrons pour bases le poids de la voiture-pièce et celui d'une des balles à loger dans l'obus.

Cette seconde donnée fixe approximativement, avec l'agencement intérieur des obus actuels, le calibre de la bouche à feu [1]. Le principe de similitude fait alors connaître le poids de la pièce, le poids de l'obus et sa vitesse initiale.

Connaissant d'autre part le poids de la voiture-pièce on le répartit sur l'avant-train et l'arrière-train. On a ainsi le poids P_t. On s'assure alors par comparaison avec

----

[1] CHALLÉAT. 2. p. 12.

d'autres matériels que ce poids a des chances d'être suffisant pour l'agencement projeté pour l'affût. Supposons cette condition remplie. Il ne restera plus qu'à vérifier qu'avec les nombres ainsi déterminés approximativement il sera possible d'organiser un matériel stable au tir avec une longueur maximum de recul comprise entre $1^m,20$ et $1^m,30$.

Or l'examen des conditions complètes de stabilité (76) et (79) montre que l'effort admissible F diminue :

1° Quand x augmente,

2° Quand φ diminue.

Aussi se contente-t-on en général d'assurer la stabilité pour la plus grande valeur de x, soit $x = L$ et pour l'angle $\varphi = 0$. On simplifie en outre les premiers calculs en faisant d'abord abstraction de la première période du recul. On adopte ainsi suivant les cas les formules (78) ou (81).

L'effort à opposer au recul ne doit pas dépasser la valeur F ainsi obtenue. Il reste à vérifier qu'avec cet effort supposé constant, la force vive de recul peut être absorbée sur une longueur L ne dépassant pas $1^m,20$ à $1^m,30$. Il faudra donc vérifier qu'il existe une valeur de L rendant négative ou au plus nulle la différence

$$\frac{1}{2}\frac{P_r}{g}\frac{v_0^2}{L} - 0,85\,\frac{P_t l_t - P_{\cdot}L}{H}.$$

Si cela n'a pas lieu on modifiera en conséquence le choix de certains éléments du matériel en projet.

Il faut donc que L soit comprise entre les 2 racines de l'équation :

$$(83)\qquad L^2 - \frac{P_t}{P_r}\,l_t L + \frac{1}{2}\frac{v_0^2}{g}\frac{H}{0,85} = 0$$

Application numérique. — Soit à établir un canon de 75 millimètres de campagne lançant un projectile de 7 kilogrammes à la vitesse initiale de 600 mètres. Supposons :

$$P_t = 1\,300 \text{ kilogrammes (servants compris)},$$
$$H = 0^m,90,$$
$$a = 2^m,30,$$
$$P_r = 450 \text{ kilogrammes}.$$

La formule (82) donne :

$$l_t = 2,3 \frac{1\,300 - 70}{1\,300} = 2^m,17.$$

Pour les poudres sans fumée et les bouches à feu de campagne $\dfrac{\varpi}{p}$ s'écarte peu de la valeur $\dfrac{1}{10}$.

On a alors :

$$v_0 = \frac{p V_0}{P_r}\left(1 + 2,5\,\frac{\varpi}{p}\right) = 1,25 \times \frac{7 \times 600}{450} = 11^m,66.$$

L'équation (83) donne :

$$L^2 - \frac{1\,300}{450} \times 2,17 L + \frac{1}{2}\frac{\overline{11,66}^2}{9,8}\frac{90}{85} = 0,$$

soit :

$$L^2 - 6,27 L + 6,52 = 0$$

$$L = \frac{6,27 \pm \sqrt{\overline{6,27}^2 - 4 \times 6,52}}{2} = \begin{cases} 1^m,32 \\ 4^m,95 \end{cases}$$

En prenant $L = 1^m,35$ on serait sûr que

$$F = 0,85 \frac{P_t l_t - P_r L}{H}$$

serait supérieur à l'effort constant nécessaire pour absorber la force vive du recul sur $1^m,35$, mais ce recul est un peu grand.

Si on veut le diminuer il faut modifier le choix des éléments précédents en sacrifiant soit un peu de puissance soit un peu de mobilité.

Dans le cas que nous envisageons, il ne semble guère possible d'augmenter P_t et c'est sur la puissance, particulièrement sur V_0 qu'il faut agir.

Essayons $V_0 = 540$ mètres au lieu de 600.

Alors :

$$v_0 = \frac{7}{450} \times 540 \times 1,25 = 10^m,50$$

L'équation (83) donne :

$$L^2 - 6,27L + 5,78 = 0$$

$$L = \frac{6,27 \pm \sqrt{\overline{6,27}^2 - 23,12}}{2} = \frac{6,27 \pm 4,02}{2}.$$

On est sûr qu'avec une course de $1^m,15$ à $1^m,20$, la stabilité pourra être assurée. On pourra passer de l'avant-projet au projet lui-même.

§ 3. — ÉTUDE PLUS COMPLÈTE DE LA STABILITÉ DES AFFUTS AU TIR

Dans le paragraphe précédent nous avons admis que l'affût restait en équilibre pendant le tir, puis nous avons simplifié la question en faisant abstraction de la première période du recul. Si pendant cette période l'affût se soulève, l'équilibre est détruit et la théorie précédente est en défaut. En d'autres termes si la condition de stabilité simplifiée que nous avons établie n'est pas satisfaite, l'affût se soulèvera sûrement, mais si elle l'est il n'est pas certain que l'affût ne se soulèvera pas. Il conviendra donc d'examiner au moyen des conditions (77) et (80) si, pour $\varphi = 0$, l'affût est stable pendant la première période du recul. S'il l'est, le problème est complètement résolu. Si non rien ne prouve que le soulèvement à craindre sera assez grand pour causer des dépointages appréciables. La théorie qui a fait l'objet du précédent paragraphe n'étant plus alors applicable il est intéressant de chercher à la remplacer par une autre, dans le but de prévoir le maximum du soulèvement possible.

Avant de procéder à cette étude, appliquons la formule (80) à l'exemple numérique précédent en complétant les données indiquées plus haut par les suivantes : Pression maximum par centimètre carré = 2 500 kilogrammes.

$$\text{Pression } P = \frac{1}{4}\,\pi \times \overline{7,5}^{\,2} \times 2\,500 - 110450 \text{ kg, environ,}$$

$$\varepsilon_l = 0^m,01,\; x = 0^m,05 \qquad \varepsilon = 0^m,005, \qquad \varphi = 0.$$

La formule (80) donne :

$$1,30 \times 110450 \times 0,005 + 1,15\,F \times 0,895 \times 1300$$
$$\times 2,17 + 450 \times 0,053 \leqslant 0$$

ou

$$717,9 + F - 2821 + 23.8 \leqslant 0$$

ou

$$F \leqslant 2\,080.$$

16.

La force vive du recul est, en supposant, pour simplifier, $g = 10$,

$$\frac{1}{2} \frac{450}{10} \overline{11,66}^2 = 3\,059 \text{ kgr.}$$

Avec un effort constant de $2\,080$ kilogrammes, il faudrait une longueur de recul égale à $\frac{3\,059}{2\,080} = 1^{m},45$. Cette longueur dépasse les limites permises.

Ainsi avec un effort constant et une longueur de recul de $1^{m},15$ à $1^{m},20$ indiquée par la théorie du paragraphe précédent, la stabilité de l'affût n'est pas assurée pendant la première période du recul. Il reste à se demander si le soulèvement qui peut en résulter est assez grand pour causer des dépointages appréciables. C'est pour essayer de répondre à cette question que nous procédons à l'étude suivante qui ne suppose pas l'affût stable à priori, mais au contraire qu'il tourne autour du point fixe idéal de la bêche.

Soit (fig. 73), à un moment quelconque t, G_r la position du centre de gravité de la masse reculante, G_a le centre de gravité de l'affût, G_t celui du système total pièce-affût. En menant par la crosse C un plan CO perpendiculaire à l'axe OP du canon, et en supposant ce plan entraîné par l'affût dans sa rotation autour du point fixe C, la distance x de G_r à ce plan, mesure le mouvement relatif de la bouche à feu.

Soit φ l'angle de la direction CO et de direction horizontale $C\beta$ menée par C vers la bouche de la pièce. L'angle φ varie pendant le soulèvement et sa variation mesure le soulèvement. Cherchons les équations du mouvement de rotation du système autour de C. Pour cela, prenons pour tout le système pièce-affût, les moments par rapport au point C, et exprimons que leur somme est nulle en tenant compte des forces d'inertie et des forces intérieures.

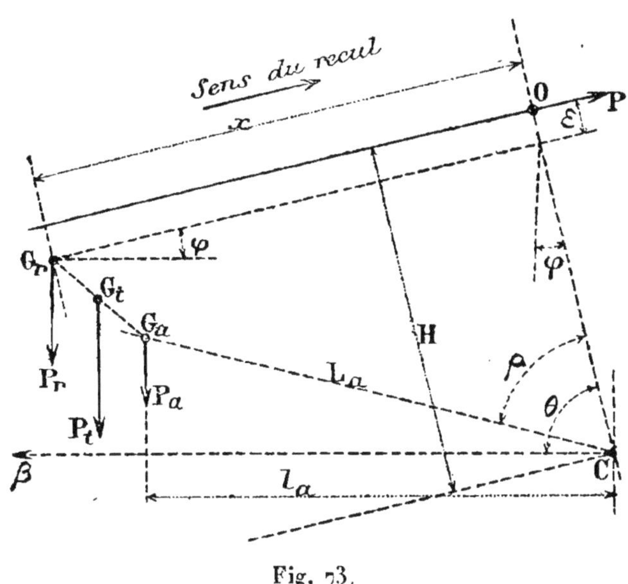

Fig. 73.

(Théorème de d'Alembert voir page 31). Les forces extérieures sont :

1° La pression totale P des gaz sur la culasse,

2° La pesanteur $P_t = P_a + P_r$.

Les forces intérieures, telles que la résistance opposée au recul du canon, sont détruites par leurs réactions égales et contraires.

Les forces d'inertie sont celle de l'affût et celle de la masse reculante.

Cette dernière force d'inertie a pour composantes, prises en sens convenable, (voir page 34) la force d'inertie d'entraînement, la force d'inertie dans le mouvement relatif et la force d'inertie complémentaire ou force centrifuge composée.

Les moments par rapport à C des forces extérieures sont :

$$+ \text{PH.} - \text{P}_r\left[x \cos \varphi + (\text{H} - \varepsilon) \cos \theta\right]. - \text{P}_a\text{L}_a \cos (\theta - \varphi)$$

La somme des moments des forces intérieures est nulle.

Calculons les moments des forces d'inertie.

La force d'inertie absolue de la pièce seule est la résultante des forces d'inertie absolue des diverses molécules de masse m qui composent cette pièce.

Soit r la distance de la masse m au point C. La force d'inertie absolue de cette masse est la résultante des forces suivantes :

1° La force d'inertie d'entraînement qui est elle-même la résultante de la force centrifuge $m\omega^2 r$ (en appelant ω la vitesse angulaire de rotation du système autour de C) et de la force tangentielle $mr\dfrac{d\omega}{dt}$ (voir pages 12 et 11).

La première est dirigé de C vers m, la seconde en sens inverse du mouvement.

La première à un moment nul, le moment de la seconde est :

$$mr^2\,\frac{d\omega}{dt}.$$

2° La force d'inertie dans le mouvement relatif ; elle est dirigée en sens inverse du recul et a pour expression en appelant v_r la vitesse de recul au temps t, $-\,m\dfrac{dv_r}{dt}$. Son moment par rapport à C a donc pour expression

$$-\,m\frac{dv_r}{dt}\,(\text{H} - \varepsilon).$$

3° La force centrifuge composée que nous savons être égale (voir page 34) à $2m\omega v_r \sin \lambda$ en appelant λ l'angle de la direction de v_r et de la direction de l'axe de rotation C. Cet angle est droit. Enfin la force centrifuge composée a pour direction, en appliquant la règle de la page 34, la perpendiculaire à OP menée par m et dans la direction du mouvement. Son moment est :

$$+\ 2m\omega v_r \times \text{distance de } m \text{ à OC}.$$

En appliquant le théorème de d'Alembert on a donc ;

$$PH - P_r \left[x \cos \varphi + (H - \varepsilon) \cos \theta \right] - P_a L_a \cos (\theta - \varphi)$$

$$- \Sigma m \frac{dv_r}{dt} (H - \varepsilon) - \Sigma mr^2 \frac{d\omega}{dt} + \Sigma 2m\omega v_r \times \text{dist. } m \text{ à OC}$$

$$+ \text{ moment de la force d'inertie de l'affût} = 0.$$

Les signes Σ sont relatifs à l'ensemble des masses m, qui constituent la pièce seule. Or

$$\Sigma m \frac{dv_r}{dt} (H - \varepsilon) = \frac{dv_r}{dt} (H - \varepsilon) \Sigma m = \frac{P_r}{g} (H - \varepsilon) \frac{dv_r}{dt} .$$

$$\Sigma mr^2 \frac{d\omega}{dt} = \frac{d\omega}{dt} \Sigma mr^2 = \left\{ I_p + \frac{P_r}{g} \left[(H - \varepsilon)^2 + x^2 \right] \right\} \frac{d\omega}{dt}$$

en appelant I_p le moment d'inertie de la pièce seule par rapport à son centre de gravité, (voir la première équation de la page 21).

$$\Sigma 2m\omega v_r \times \text{distance de } m \text{ à OC} = 2\omega v_r \Sigma m \times \text{distance de}$$

$$m \text{ à OC} = 2\omega v_r \times \frac{P_r}{g} x.$$

Enfin le moment de la force d'inertie de l'affût est égal

à $-\Sigma\, mr^2\, \dfrac{d\omega}{dt}$. Or $\Sigma\, mr^2 =$ moment d'inertie I_a de l'affût

par rapport à son centre de gravité $+\dfrac{P_a}{g}\, L_a^2$ (voir page 21).

Le moment de l'affût seul est donc :

$$-\left(I_a + \frac{P_a}{g}\, L_a^2\right) \frac{d\omega}{dt}.$$

L'équation précédente peut ainsi s'écrire :

$$PH - P_r\left[x \cos \varphi + (H - \varepsilon) \cos \theta\right] - P_a L_a \cos (\theta - \rho)$$
$$- \frac{P_r}{g}\,(H - \varepsilon)\,\frac{dv_r}{dt} + \frac{2\,P_r}{g}\,\omega v_r x$$
$$- \left\{ I_p + \frac{P_r}{g}\left[(H - \varepsilon)^2 + x^2\right] \right\} \frac{d\omega}{dt}$$
$$- \left(I_a + \frac{P_a}{g}\, L_a^2\right) \frac{d\omega}{dt} = 0.$$

En posant :

$$(84) \qquad I_a + \frac{P_a}{g}\, L_a^2 + I_p + \frac{P_r}{g}\,(H - \varepsilon)^2 = K_1$$

on a :

$$(85) \quad (gK_1 + P_r x^2)\, d\omega + P_r\,(H - \varepsilon)\, dv_r - 2\,P_r \omega v_r x dt$$
$$= PgHdt - gP_r\left[x \cos \varphi + (H - \varepsilon) \cos \theta\right]\, dt$$
$$- gP_a L_a dt \cos (\theta - \rho).$$

Cela posé appliquons le théorème de Coriolis (voir page 34) au mouvement de la bouche à feu projeté sur la direction OP. Pour cela écrivons que l'accélération relative projetée $m\,\dfrac{dv_r}{dt}$ est égale à la somme des projections des composantes suivantes : accélération absolue, accélération d'entraînement prise en sens contraire et accélération centrifuge composée.

La projection de l'accélération absolue est égale à la composante, suivant OP, de l'accélération absolue. Cette accélération est égale à la résultante des forces appliquées divisée par la masse $\dfrac{P_r}{g}$ de la masse mobile. Elle a donc pour expression :

$$\dfrac{g}{P_r}\,(P - F - P_r \cos\theta)$$

en appelant F la résultante des résistances au mouvement (frottements dans les joints et dans le manchon ou dans les glissières, effort du frein récupérateur).

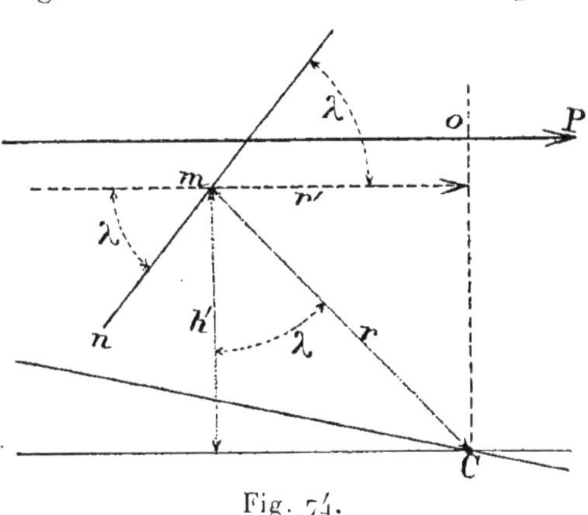

Fig. 74.

L'accélération d'entraînement relative à une molécule m a pour composantes $\omega^2 r$ dirigée vers m (fig. 74) et $r\,\dfrac{d\omega}{dt}$ dirigée perpendiculairement à Cm.

La projection sur OP de l'accélération d'entraînement a donc pour expression :

$$\omega^2 r' + r\,\dfrac{d\omega}{dt}\cos\lambda = \omega^2 r' + h'\,\dfrac{d\omega}{dt}.$$

Quant à l'accélération centrifuge composée nous avons vu page 285 qu'elle était perpendiculaire à OP. Sa composante suivant OP est nulle.

On a donc pour l'ensemble de la pièce :

$$\Sigma m \frac{dv_r}{dt} = P - F - P_r \cos\theta - \Sigma m\omega^2 r' - \Sigma m h' \frac{d\omega}{dt}.$$

d'où :

$$(86) \qquad \frac{P_r}{g} \frac{dv_r}{dt} = P - F - P_r \cos\theta - \frac{P_r}{g}\left[\omega^2 x + (\text{II} - \varepsilon)\frac{d\omega}{dt}\right]$$

On a enfin :

$$(87) \qquad\qquad v_r = \frac{dx}{dt}.$$

$$(88) \qquad\qquad \omega = \frac{d\theta}{dt}.$$

Les équations (85), (86), (87) et (88) entre les variables x, v, ω, θ et t permettent d'obtenir les quatre premiers éléments et en particulier θ en fonction de t. On peut ainsi *théoriquement* calculer le soulèvement à chaque instant et par suite au bout du temps t_1 donné par la formule (11) qui correspond à la première période du recul.

Transformons les équations (85) et (86) en remarquant que si φ est négatif comme dans le cas de la figure 73 on a $\theta = \frac{\pi}{2} - \varphi$, alors que si φ était positif on aurait $\theta = \frac{\pi}{2} + \varphi$.

On a donc dans les 2 cas $\theta = \frac{\pi}{2} + \varphi$, φ étant positif ou négatif.

Appelons S l'angle de soulèvement à chaque instant. Nous avons :

$$\theta = \frac{\pi}{2} + \varphi + S$$

$$\omega = \frac{d\theta}{dt} = \frac{dS}{dt}.$$

Les équations (85) et (86) s'écrivent alors :

$$(89) \quad \left(K_1 + \frac{P_r}{g} x^2\right) \frac{d^2S}{dt^2} + \frac{P_r}{g} (H - \varepsilon) \frac{d^2x}{dt^2} - \frac{2 P_r}{g} \frac{dS}{dt} x \frac{dx}{dt}$$

$$= PH - P_r \left[x \cos \varphi + (H - \varepsilon) \sin S\right] + P_a L_a \sin (S + \varphi - \rho)$$

$$(90) \quad \frac{P_r}{g} \frac{d^2x}{dt^2} = P - F + P_r \sin (S + \varphi) - \frac{P_r}{g} x \left(\frac{dS}{dt}\right)^2 - (H - \varepsilon) \frac{d^2S}{dt^2}$$

Ces deux équations font connaître S en fonction de t. Si on savait les résoudre on pourrait obtenir la valeur maximum de S. Malheureusement nous sommes obligés de laisser à la sagacité du lecteur le soin de résoudre ces équations différentielles.

La difficulté de ce problème justifie la solution approchée dont nous nous sommes jusqu'à présent contentés.

CHAPITRE VI

ÉTUDE DES FREINS RÉCUPÉRATEURS[1]

Considérations générales. — Nous avons vu que, *pour tout affût stable*, l'effort total opposé au recul ne devait pas dépasser une certaine valeur, donnée suivant les cas et pour l'angle de tir zéro, par les formules (78) ou (81), toutes deux de la forme

$$F = \frac{P_t l_t - P_r x}{H} \times K$$

K étant un coefficient voisin de 0,85.

Cette expression montre que l'effort F doit diminuer avec le recul x et que cette diminution est celle de l'ordonnée F de la droite représentée par l'équation ci-dessus. Or l'effort total F comprend les frottements que l'on peut considérer comme sensiblement constants pendant la durée du recul (voir page 25), et l'effort du frein-récupérateur.

Dans les systèmes pour lesquels les deux organes, frein et récupérateur, sont nettement indépendants l'un de l'autre, cet effort comprend la résistance du récupérateur, qui croît avec la longueur du recul, et celle du frein. Cette dernière doit alors être décroissante, au lieu de rester constante comme dans les freins hydrauliques pour

---

[1] Nous supposons dans ce chapitre qu'il s'agit des affûts de campagne à bêche de crosse. Dans les autres cas les calculs sont analogues, mais le problème est plus facile puisqu'il n'y a pas à se préoccuper de la stabilité.

affûts fixes étudiés dans le chapitre III. Dans les systèmes à frein hydropneumatique, les orifices d'écoulement sont généralement calculés de façon à obtenir une résistance totale constante, ce qui paraît favoriser la régularité du fonctionnement de l'appareil. On ne satisfait donc pas dans ce cas, à la théorie précédente et encore moins si, le récupérateur étant indépendant du frein, on construit celui-ci de façon à réaliser une résistance constante.

Cette manière d'opérer est cependant admissible quelquefois dans la pratique comme il est facile de s'en rendre compte. Soient en effet (figure 75), OR la grandeur des résistances passives, RI la résistance initiale du ressort-récupérateur, IB la ligne représentant les variations de cette résistance avec l'aplatisse

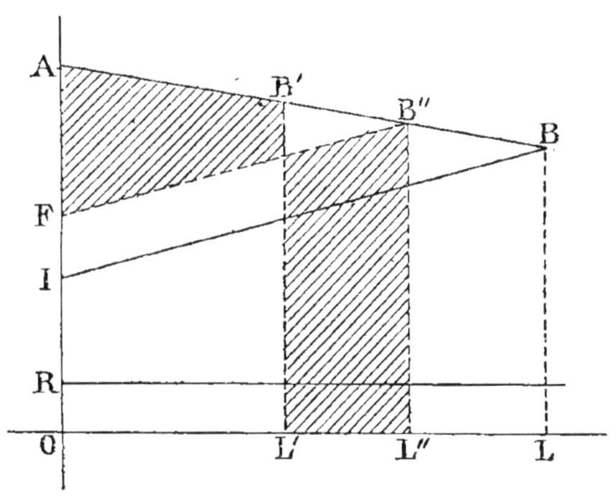

Fig. 75.

ment, AB la droite dont les ordonnées représentent l'effort maximum total qu'il est possible d'opposer à chaque instant au recul sans provoquer le soulèvement de l'affût. Si l'aire OABL est inférieure à la force vive de recul la stabilité est impossible à assurer puisqu'après le recul OL les résistances passives et celle du ressort dépassent à elles seules l'effort compatible avec la stabilité. Il faut alors modifier les données. Supposons au contraire que la force vive de recul soit nettement inférieure à l'aire OABL et soit représentée par exemple par l'aire OAB'L'. Si nous traçons L"B" telle que les aires couvertes de hachures sur la figure 75 soient équivalentes, il est clair que la force vive de recul peut être absorbée sur une longueur OL" l'effort du frein seul étant constant et égal à IF.

Exemple. — Considérons un matériel de campagne dont le frein soit indépendant du récupérateur constitué par un ou plusieurs ressorts métalliques. Soient, pour ce matériel :

$$P_t = 1\,100 \text{ kilogrammes (servants compris),}$$
$$l_t = 2^m,15, \qquad\qquad P_r = 430 \text{ kilogrammes}$$
$$H = 0^m,90, \quad v_0 = 9^m,45, \quad OR = 300 \text{ kilogrammes}$$
$$RI = 350 \text{ kilogrammes (nombre voisin de } 0,8\,P_r).$$

Après l'aplatissement RS = 1 mètre, la résistance du ressort est SP = 500 kilogrammes.

La formule (81) donne OA = 2232 kilogrammes. Après 1 mètre de recul cet effort se réduit à 1826 kilogrammes.

Ces données permettent de construire la figure 76, dans laquelle OAB'L' représente la force vive de recul 1920 kilogrammètres environ. On voit que le frein pourrait être à effort constant IF = 900 kilogrammes environ, à condition que le recul soit très voisin de $1^m,16$.

Cela ne veut pas dire qu'il ne vaut pas mieux faire décroître l'effort du frein à la demande de la stabilité, mais, simplement que celle ci peut être encore assurée avec un frein à effort constant. La longueur du recul qui pourrait être seulement égale à OL' est alors majorée de la longueur L'L". Cet inconvénient peut parfois être compensé

par certains avantages, par exemple par la constance du
régime et une sta-
bilité plus large-
ment assurée pen-
dant la première
période du recul.

L'inconvénient
peut être d'ailleurs
minime. Ainsi dans
l'exemple précé-
dent le recul avec
frein à effort con-
stant n'est que d'en-

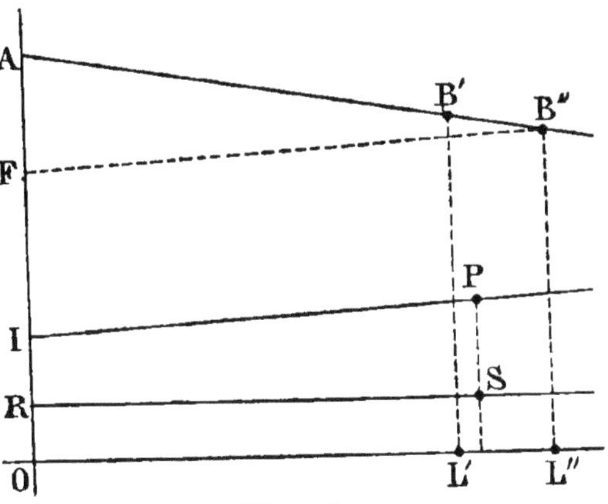

Fig. 76.

viron $1^m,16$[1] Avec un frein hydropneumatique à effort
total constant, la longueur du recul serait encore moins
grande.

Aussi peut-on rencontrer dans la pratique :

1° *Des freins récupérateurs à résistance totale croissante
avec frein hydraulique indépendant, à effort constant ;*

2° *Des freins récupérateurs à résistance totale constante ;*

3° *Des freins récupérateurs à résistance totale décroissante.*

Nous allons consacrer un paragraphe à l'étude de chacune de ces catégories de freins-récupérateurs.

---

[1] Dans cet exemple, la résistance finale du récupérateur est égale
à 550 kilogrammes environ. Le coefficient que nous avons appelé α
dans l'étude des ressorts métalliques est alors égal à $\dfrac{550}{350} = 1,57$. Le
rendement du ressort est faible et l'encombrement grand (voir
page 206. Il vaudra mieux augmenter un peu le recul ainsi que
l'inclinaison de la droite IP.

§ I. — ÉTUDE DES FREINS RÉCUPÉRATEURS
A RÉSISTANCE TOTALE CROISSANTE
AVEC FREIN HYDRAULIQUE INDÉPENDANT, A EFFORT CONSTANT

1er *Cas. — Le récupérateur est à ressorts métalliques.*
Négligeons d'abord la première période de recul.

Soit P_i la résistance initiale du ressort. Nous avons, avec les notations du chapitre IV : $P_m = \alpha P_i$ et $\dfrac{P_m - P_i}{L} = \dfrac{\alpha - 1}{L} P_i.$

Cette dernière fraction est le coefficient de proportionnalité de la résistance à l'aplatissement. Par suite la résistance du ressort est après le recul x :

$$P_i + \frac{\alpha - 1}{L} P_i x = \frac{P_i}{L} \left[L + (\alpha - 1) x \right].$$

Soit F la résistance partielle constante du frein hydraulique déterminée comme il a été dit plus haut pour assurer la stabilité de l'affût, l'équation du mouvement de la masse reculante est :

$$\frac{P_r}{g} v \frac{dv}{dx} = - F - R - \frac{P_i}{L} \left[L + (\alpha - 1) x \right]$$

R représentant l'ensemble des résistances passives.

On a donc, en remarquant que, pour $x = 0$, $v = v_0$:

$$\frac{1}{2} \frac{P_r}{g} (v_0^2 - v^2) = x (F + R + P_i) + \frac{1}{2} \frac{P_i (\alpha - 1)}{L} x^2.$$

Pour $x = L$ on doit avoir $v = 0$. Donc :

$$(91) \quad \frac{1}{2} \frac{P_r}{g} v_0^2 = (F + R) L + P_i L + \frac{1}{2} P_i L (\alpha - 1).$$

D'autre part, d'après la figure 76, on doit avoir, pour $L = oL''$:

$$(92) \qquad R + \alpha P_i + F = 0.85 \frac{P_i l_t - P_r L}{H}.$$

Cette équation et la précédente font connaître F et L.

Application numérique :

$$v_0 = 9^m,45 \qquad v_0^2 = 89,30$$

$$\frac{1}{2} \frac{P_r}{g} v_0^2 = 1\,920 \text{ kgm.}, \qquad R = 300 \text{ kg},$$

$P_i = 0,8\,P_r = 350$ kg. environ, $\qquad P_r = 430$ kg., $\qquad \alpha = 1,57$,

$H = 0^m,90$, $\quad P_t = 1\,100$ kg. (servants compris) $\qquad l_t = 2^m,15$.

Les deux équations précédentes donnent :

$$1\,920 = (F + 750)\,L$$
$$850 + F = 2\,232 - 406\,L$$

ou :

$$1\,382 - F = 406\,L.$$

D'où :

$$F = 900 \text{ kg.} \qquad \text{et} \qquad L = 1^m,16$$

résultat concordant avec celui obtenu page 292.

Connaissant F et L l'équation du mouvement donne v^2.
On a :

$$v^2 = v_0 - \frac{2g}{P_r} (F + R + P_i)\,x - \frac{g}{P_r} \frac{P_i}{L} (\alpha - 1)\,x^2.$$

On peut ainsi calculer la vitesse v pour diverses valeurs de x et en déduire, connaissant F, les éléments Ω et ω du frein hydraulique comme nous l'avons fait dans le chapitre III (application numérique page 145).

Cherchons maintenant à tenir compte de la première période du recul. Il faudrait étudier de nouveau complètement le mouvement de la masse reculante en tenant compte de l'action du récupérateur, l'effort total opposé au recul étant variable. Pour simplifier et éviter cette nouvelle étude un peu compliquée, nous nous contenterons de la solution approchée suivante :

Soit (fig. 77) RR' la droite relative aux résistances

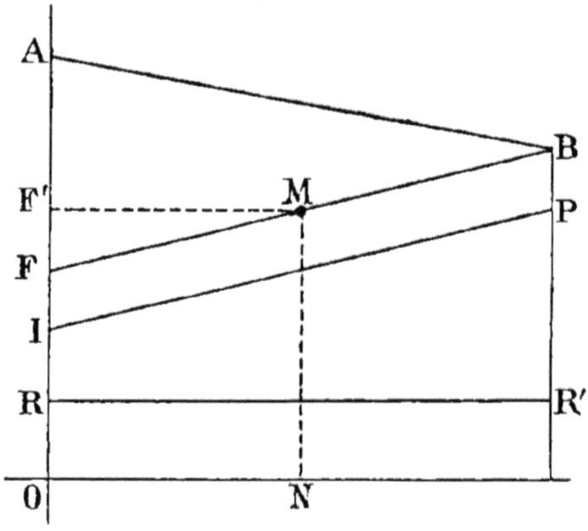

Fig. 77.

passives à chaque instant, IP celle qui est relative au ressort, FB celle du frein et AB la droite limitant la résistance totale compatible avec la stabilité. Soit M le milieu de FB : nous calculerons le frein pendant la première période de façon à avoir une résistance totale constante égale à MN. Nous obtiendrons alors au moyen des formules des pages 162 et 163 la courbe des orifices et la vitesse v_1 au début de la deuxième période du recul. Comme dans cette deuxième période on se trouve dans le cas précédent, on obtient facilement la courbe des orifices qui lui correspond.

On raccorde alors à vue les deux tracés ainsi obtenus et la courbe continue qui en résulte est prise pour loi des orifices.

L'exemple suivant montrera la méthode à suivre.

Application numérique.

Les données sont celles indiquées dans l'exemple traité page 292. Savoir :

$$RI = 350 \text{ kg.}, \quad R'P = 550 \text{ kg.}, \quad MN = 300 + \frac{550 + 350}{2}$$

$$+ 900 = 1650. \quad P_r = 430 \text{ kg.}, \quad v_0 = 9^m,45.$$

$$P_t = 1100 \text{ kg (servants compris, etc.}$$

Nous supposerons d'autre part :

$$u = 2^m,20, \quad p = 6^{kg},500 \quad V_0 = 500 \text{ m. par seconde}$$

u longueur d'âme parcourue par le culot du projectile de poids p lancé à la vitesse initiale V_0. Nous admettrons en outre que le volume de la chambre à poudre et la vivacité de la charge sont tels que $t_0 = 0^s,0065, \quad t_1 = 0,0185.$ (voir page 80). Si nous appliquions strictement la théorie complète des page 147 et suivantes, nous trouverions pour effort total constant un effort inférieur à MN puisque ce dernier effort correspond à la force vive du recul libre. Il faudrait alors pour ne pas dépasser la longueur L du recul précédemment déterminée, conserver le même effort pendant la deuxième période du recul. Le frein ne serait plus à effort partiel constant. Nous ne procéderons donc pas ainsi : nous prendrons pour effort constant pendant la première période l'effort 1650 kilogrammes et non celui donné (1483 kilogrammes) par la formule (28) qui suppose l'effort total constant pendant les deux périodes du recul.

La formule (25) donne $q = 0^m,035.$

De (26) et (27) on déduit :

$$v_1 = 9,45 - 0,185 \, \frac{1650}{430} = 8^m,74$$

$$x_1 = 0^m,029 \text{ environ.}$$

Avec les orifices calculés pour la première période l'effort total opposé au recul pendant cette période sera 1650 kilogrammes et en faisant croître la résistance pendant la deuxième période les valeurs de v_1 et x_1 n'en seront pas modifiées. Si pendant la première période nous admettons dans le frein hydraulique une pression maximum égale à 200 kilogrammes par centimètre carré, nous avons :

$$\Omega \times 200 = IF' \text{ (fig. 77).}$$

D'où :

$$\Omega = \frac{MN - OI}{200} = \frac{1650 - 650}{200} = 5 \text{ centimètres carrés}$$

en supposant $\delta = 1$, on a :

$$\omega_1^2 = \frac{\Omega^3 \delta}{20g} \frac{v_1^2}{F_1}.$$

F_1 étant l'effort du frein seul après le recul $x_1 = 0^m,029$, On a :

$$F_1 = 1650 - 300 - (350 + 150 \, x_1) = 996 \text{ kg.}$$

$$\omega_2^1 = \frac{125}{200 \times 996} \, \overline{8,74}^2 = \overline{0,025}^2 \times \overline{8,74}^2$$

$$\omega_1 = 8,74 \times 0,025 = 0,^{cmq}22.$$

L'effort du frein pendant la première période du recul étant un peu supérieur à x_1, nous pourrons dans la deuxième période absorber la force vive du recul avec un effort constant un peu inférieur à IF, sur la longueur $L - x_1$. L'équation (92) devient alors inutile et F est donné par une formule analogue à (91) déduite de l'équation du mouvement de la masse reculante.

Cette équation est :

$$\frac{1}{2}\frac{P_r}{g}\,v_1^2 = (F + R)(L - x_1) + P_i(L - x_1)$$
$$+ \frac{1}{2}P_i(L - x_1)(\alpha - 1).$$

Elle donne dans notre exemple :

$$1642 = (F + 300) \times 1,131 + 350 \times 1,131$$
$$+ 0,285 \times 350 \times 1,131$$
$$F = \frac{1642 - 848}{1,131} = 702\ \text{kg}.$$

La formule qui donne les vitesses est, toujours d'après la théorie précédente, applicable à la deuxième période où l'effort partiel du frein est constant. Cette formule est :

$$v^2 = v_1^2 - \frac{2g}{P_r}(F + R + P_i)(x - x_1)$$
$$- \frac{g}{P_r}\frac{P_i}{L}(\alpha - 1)(x - x_1)^2.$$

Elle donne, dans notre exemple :

$$v^2 = 76,38 - \frac{1}{21,5}(702 + 300 + 350)(x - 0,029)$$
$$- \frac{1}{43}\frac{350}{1,16} \times 0,57\,(x = 0,029)^2,$$

ou :

$$v^2 = 76,38 - 62,9\,(x - 0,029) - 4\,(x - 0,029)^2.$$

Pour $x = 0^m,529$, on a :

$$v^2 = 76,38 - 62,9 \times 0,5 - 4 \times \overline{0,5}^2 = 43,93$$
$$v = 6^m,6$$
$$\omega^2 = \frac{125}{200 \times 702} \times \overline{6,6}^2 = \overline{0,03}^2 \times \overline{6,6}^2$$
$$\omega = 0^{cmq},20.$$

On peut ainsi obtenir assez de points pour tracer la courbe des orifices dans la deuxième période du recul. On peut aussi assez bien tracer celle qui correspond à la première période. On obtient deux courbes analogues aux courbes A et B de la figure 78, exagérée pour être plus claire. On raccorde en deux courbes aussi bien que possible par la courbe C.

Deuxième cas : le récupérateur est à air comprimé.

On peut, dans les limites adoptées pratiquement pour le coefficient α (voir page 231), remplacer, sans erreur sensible, la courbe de détente de l'air par une ligne droite.

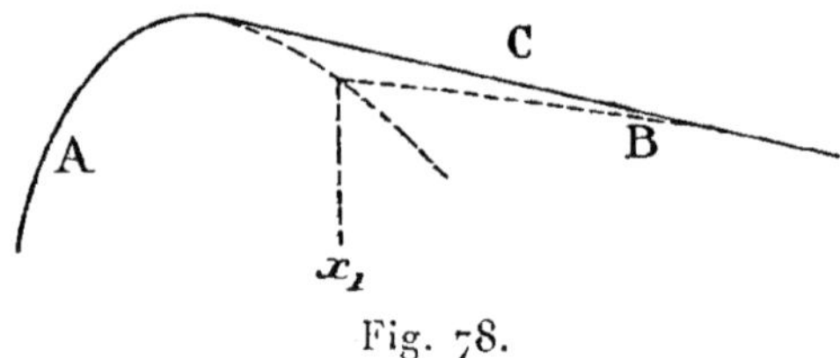

Fig. 78.

On est alors ramené au cas précédent. On peut aussi traiter directement la question. Pour abréger, nous appliquerons la méthode directe au seul cas simple où l'on néglige la première période du recul.

Soit S′ la section utile du diaphragme et p la pression après le recul x : la résistance du récupérateur est pS′.

On évalue p en kilogrammes par centimètre carré. La pression p peut s'exprimer facilement en fonction de longueur x du recul à un moment quelconque t. On a, en effet, en appelant p_1 et v_1 la pression et le volume de la masse d'air avant le recul :

$$(93) \qquad p = p_1 \left(\frac{1}{v}\right)^{1,4}.$$

Mais v dépend de x. Si, avant le recul, l'air occupe, dans le cylindre de section S′, la longueur L′ on a :

$$v_1 = \mathrm{L}'\mathrm{S}'$$

et

$$(94) \qquad v = (L' - x)S'.$$

On a donc :

$$(95) \qquad p = p_1 \left(\frac{L'}{L' - x} \right)^{1,4}.$$

p_1 dépend des données, comme il est facile de s'en rendre compte, comme il suit.

Le coefficient α ayant été choisi dans les limites indiquées page 231, la formule (70) (page 233) donne la récupération. La formule (72) (page 233) faisant d'autre part connaître le rendement au gramme d'air, on obtient facilement le poids ϖ de l'air nécessaire à la récupération.

Si en prenant pour tension initiale la valeur $0,8P_r$ la récupération est jugée suffisante, on a :

$$(96) \qquad p_1 S' = P_i = 0,8P_r.$$

Sinon on majore P_i. L'équation du mouvement de la masse reculante est, avec nos notations habituelles :

$$\frac{P_r}{g} v \frac{dv}{dx} = - (F + R) - p_0 S' \frac{(L')^{1,4}}{(L'-x)^{1,4}}.$$

L'intégration donne :

$$(97) \quad \frac{P_r}{g} \frac{v_0^2 - v^2}{2} = x(F + R) + \frac{p_1 S'}{0,4} (L')^{1,4} \left[\frac{1}{(L'-x)^{0,4}} - \frac{1}{(L')^{0,4}} \right].$$

Pour $x = L$, on doit avoir $v = 0$. On a donc :

$$(98) \quad \frac{P_r}{g} \frac{v_0^2}{2} = (F + R)L + \frac{p_1 S'}{0,4} (L')^{1,4} \left[\frac{1}{(L'-L)^{0,4}} - \frac{1}{(L')^{0,4}} \right].$$

Se donnant L dans des limites acceptables, cette équation fait connaître F. On vérifie qu'à la fin du recul L la résistance totale est compatible avec la stabilité. Si cela n'a pas lieu, il faut ou bien modifier les données, ou bien augmenter la longueur adoptée pour le recul si cela est possible.

Dans les formules précédentes quelles valeurs prendre pour S' et L' si, comme nous en avons montré la nécessité, il faut organiser une transmission entre la masse reculante et le diaphragme? (voir page 237). Le produit S'L' est toujours le volume initial v_1 de l'air supposé occuper la longueur L' dans un cylindre de section S' telle qu'après la course L' du diaphragme égale à celle de la masse reculante, le nouveau volume soit dans le rapport choisi α avec le volume v_1.

Nous avons établi, page 236 que l'on avait alors ;

$$L' = \frac{\alpha}{\alpha - 1}\, L.$$

Connaissant ainsi L', on a S' puisque $S'L' = v_1$.

Les valeurs S'L' sont donc des valeurs simplement théoriques lorsqu'il existe entre le diaphragme et la masse reculante une transmission de mouvement destinée à diminuer l'encombrement. Il suffit que cette transmission soit telle que le volume v_1 devienne, après le recul, égal à $\frac{v_1}{\alpha}$.

Application numérique.

A titre d'exemple, calculons l'effort F d'un frein hydraulique indépendant à effort constant en supposant d'autre part le récupérateur organisé comme il a été dit page 238 (matériel Schneider-Canet). Une revue portugaise (Revista do exercito et da armada, avril 1904) fournit les données numériques suivantes :

$$v_0 = 8^m,87, \qquad P_r = 450 \text{ kilogrammes},$$
$$L = 1^m,25, \qquad R = 45 \text{ kilogrammes},$$

Volume v_1 de l'air contenu dans le cylindre A $= 4^{lit},366$,
Volume du liquide contenu dans le cylindre B $= 2^{lit},017$.

Après le recul on a :

$$v_2 = v_1 - 2^{lit},017 = 2^{lit},349.$$

On a donc :

$$\alpha = \frac{v_1}{v_2} = \frac{4,366}{2,349} = 1,86.$$

$$L' = \frac{186}{86} L = 2^m,70.$$

$$S' \times 2,70 = 0^{mc},004366,$$

$$S' = 16^{cmq},17.$$

Calculons p_1. La formule (70) donne en prenant

$$\gamma = 1,4$$

$$p = 2,16\left[(1,86)^{0,4} - 1\right]\frac{360 \times 1,25}{0,4} = \frac{2,16 \times 0,281 \times 360 \times 1,25}{0,4}$$

ou :

$$p = 683 \text{ kilogrammètres environ}.$$

La formule (72) donne :

$$\text{Rendement au gramme} = 8,43\,\frac{0,281}{0,4} = 5^{kgm},9.$$

On a donc :

$$\varpi = \frac{683}{5,9} = 115 \text{ grammes environ}.$$

La récupération 683 kilogrammètres étant jugée suffisante on a :

$$p_1 S' = 0,8 \times 430 = 360 \text{ kilogrammes.}$$

L'équation (98) donne :

$$1\,768,5 = (F + 45) \times 1,25 + 900 \times (2,7)^{1,4} \left[\frac{1}{(1,45)^{0,4}} - \frac{1}{(2,7)^{0,4}} \right].$$

Or :

$$(2,7)^{1,4} = 4,02. \qquad \left(\frac{1}{1,45} \right)^{0,4} = 0,86. \qquad \frac{1}{(2,7)^{0,4}} = 0,67.$$

On a donc :

$$1\,768,5 - 56,3 = 1,25F + 687,4.$$

D'où

$$F = 820 \text{ kilogrammes environ.}$$

Vérifions qu'à la fin du recul la résistance totale n'est pas trop grande. Cette résistance est :

$$820 + 45 + S'p_1 \left(\frac{L'}{L' - L} \right)^{1,4} = 865^{kg} + 360^{kg} \times (1,86)^{1,4},$$

soit 1 723 kilogrammes environ.

D'après la formule (81) cet effort doit être inférieur à :

$$0,85 \frac{P_t l_t - 450 \times 1,25}{H}.$$

A défaut de renseignements nous admettrons

$$P_t = 1\,150 \text{ kilogrammes (servants compris),}$$
$$l_t = 2^m,20,$$
$$H = 0^m,90.$$

L'expression précédente devient :

$$\frac{0.85}{0,90}\,1\,968 = 1\,857 \text{ kilogrammes.}$$

La stabilité est donc largement assurée, même à la fin du recul.

Pour le tracé des orifices on calcule, au moyen de la formule (97) les valeurs de v pour diverses valeurs de x par exemple pour x croissant de décimètre en décimètre. Connaissant ainsi v et F l'orifice correspondant ω est donné par la formule (12) (voir page 132).

§ 2. — ÉTUDE DES FREINS RÉCUPÉRATEURS A RÉSISTANCE TOTALE CONSTANTE, LE FREIN HYDRAULIQUE ÉTANT INDÉPENDANT DU RÉCUPÉRATEUR.

Premier cas : le récupérateur est à ressorts métalliques.

Ce problème est très simple, même si l'on veut tenir compte de la première période du recul. Les formules des pages 162 et 163 sont en effet applicables. En particulier la formule (28) donne la valeur de l'effort constant absorbant la force vive de recul sur la longueur L.

Soient OR (fig. 79) la grandeur des résistances passives, RI la résistance P_i, IB la ligne représentant les variations de cette résistance avec l'aplatissement du ressort, AB la droite représentant la condition de stabilité, OAB'L' l'aire représentant la force vive de recul. En traçant B"L" telle que les aires couvertes de hachures soient équivalentes, l'effort total constant sera égal à B"L" et la longueur du recul OL".

En posant $OL'' = L$, on a :

$$B''L'' = 0,85 \frac{P_t l_t - P_r L}{H}$$

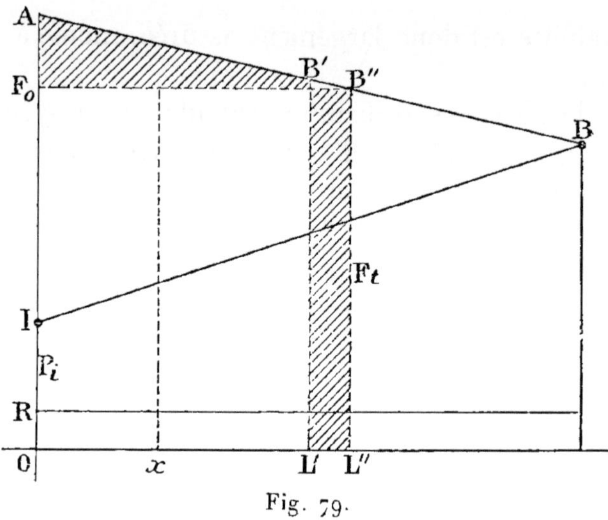

Fig. 79.

ou, en vertu de la formule (28) :

$$(99) \qquad 0,85 \frac{P_t l_t - P_r L}{H} = \frac{\frac{1}{2} \frac{P_r}{g} v_0^2}{L + v_0 l_t - q}.$$

Cette équation fait connaître L.

On en déduit la valeur de $B''L''$ que nous appellerons F_t.

Cela posé, après le recul x, on a :

$$F_t = R + P_i + Kx + F.$$

K étant le coefficient de proportionnalité de la résistance du ressort à l'aplatissement. Nous avons vu, page 294, que ce coefficient est égal à $\frac{\alpha - 1}{L} P_i$. L'effort partiel F du frein à chaque instant est donc donné par l'équation :

$$(100) \qquad F = F_t - R - P_i - \frac{\alpha - 1}{L} P_i x.$$

D'autre part les formules des pages 162 et 163 permettent de calculer la vitesse de la masse reculante après le recul x.

Connaissant la vitesse et l'effort partiel du frein la formule (12) de la page 132 donne la section correspondante des orifices. La section utile Ω du frein est d'ailleurs calculée de façon que la pression maximum par centimètre carré dans le frein ne dépasse pas une certaine limite 200 kilogrammes par exemple. On a ainsi :

$$F_0 = 200\,\Omega.$$

D'où :

$$(101) \qquad \Omega = \frac{F_t - R - P_i}{200} \text{ (unités : K}g \text{ et cent. carré).}$$

On peut abréger un peu le calcul des orifices pendant la deuxième période du recul en le disposant comme il suit :

L'effort des gaz étant nul pendant cette période on a, avec nos notations habituelles :

$$\frac{1}{2} \frac{P_r}{g} (v_1^2 - v^2) = F_t (x - x_1)$$

et, puisque $v = 0$ pour $x = L$:

$$\frac{1}{2} \frac{P_r}{g} v_1^2 = F_t (L - x_1).$$

On a donc :

$$1 - \frac{v^2}{v_1^2} = \frac{x - x_1}{L - x_1}$$

ou :

$$\frac{v^2}{v_1^2} = \frac{L - x}{L - x_1}.$$

D'autre part :

$$F_t - R = P_i + \frac{\alpha - 1}{L} P_i x + \frac{\Omega^3 \delta}{20\,g} \frac{v^2}{\omega^2} = P_i + \frac{\alpha - 1}{L} P_i x_1 + \frac{\Omega^3 \delta}{20\,g} \frac{v}{\omega_1^2},$$

On tire de là :

$$v^2 = \frac{F_t - R - P_i - \dfrac{\alpha - 1}{L} P_i x}{\Omega^3 \delta} \; 20\,g\omega^2$$

$$v_1^2 = \frac{F_t - R - P_i - \dfrac{\alpha - 1}{L} P_i x_1}{\Omega^3 \delta} \; 20\,g\omega_1^2.$$

On a donc :

$$\frac{v^2}{v_1^2} = \frac{F_t - R - P_i - \dfrac{\alpha - 1}{L} P_i x}{F_t - R - P_i - \dfrac{\alpha - 1}{L} P_i x_1} \; \frac{\omega^2}{\omega_1^2}$$

par suite :

$$(102) \quad \frac{\omega^2}{\omega_1^2} = \frac{F_t - R - P_i - \dfrac{\alpha - 1}{L} P_i x_1}{F_t - R - P_i - \dfrac{\alpha - 1}{L} P_i x} \; \frac{L - x}{L - x_1}.$$

Application numérique. — Mêmes données que dans l'application numérique faite pages 295 et 297, savoir :

$$v_0 = 9^m,45 \qquad P_r = 43o \text{ kg.} \qquad \frac{1}{2} \frac{P_r}{g} v_0^2 = 1\,920 \text{ kgm.}$$

$$R = 3oo \text{ kg.} \qquad P_i = 35o \text{ kg.} \qquad H = 0^m,9o$$

$$P_t = 1\,1oo \text{ kg. (servants compris)} \qquad l_t = 2^m,15$$

$$p = 6^{kg},5oo \qquad V_0 = 5oo \text{ mètres} \qquad u = 2^m,20$$

$$t_0 = 0^s,oo65 \qquad t_1 = 0^s,o185$$

La formule (25) a donné

$$q = 0^m,035.$$

L'équation (99) s'écrit alors :

$$0,944\,(2\,365 - 430\,L) = \frac{1\,920}{L + 0,14}$$

ou :

$$405,9\,L^2 - 2\,175,7\,L + 1\,608 = 0$$

ou :

$$L^2 - 5,36\,L + 3,96 = 0.$$

D'où :

$$L = 0^m,90 \text{ environ.}$$

En augmentant un peu cette longueur on pourra assurer encore plus largement la stabilité. On voit la supériorité, à ce point de vue, des freins récupérateurs à résistance totale constante sur les systèmes étudiés dans le paragraphe précédent. En outre L ne dépend de α qu'en ce que sa valeur ne doit pas dépasser celle de l'abscisse du point B de la figure 79.

Cela permet d'adopter pour α une valeur plus convenable aux points de vue du rendement et de l'encombrement moindre. Pour $L = 1^m,00$, on a :

$$B''L'' = \frac{1\,920}{1 + 0,14} = 1\,684 \text{ kg.}$$

Pour que la droite IB passe par le point B'' ainsi défini il faut prendre :

$$P_i + K \times 1 = 1\,684$$

ou

$$350 + (\alpha - 1)\,350 = 1\,684$$

ou

$$\alpha = \frac{1\,684}{35o} = 4,8.$$

Ainsi en prenant $\alpha = 3$ qui correspond à un rendement excellent et en général à une récupération suffisante, l'effort du frein ne sera pas nul en fin de course.

Pour $\alpha = 3$ la récupération est, en vertu de la formule (45) :

$$1,6\,P_r L = 688 \text{ kilogrammètres.}$$

Elle est à peu près suffisante puisque la récupération nécessaire serait sous 45° d'inclinaison et pour $f = 0,1$:

$$3oo + 43o\,(\sin 45° + f \cos 45°) = 634 \text{ kilogrammètres.}$$

Pour plus de sécurité, il vaudrait mieux porter le recul à $1^m,25$. Pour simplifier les calculs conservons cependant $L = 1^m,oo$.

On a :

$$F_t = 1\,684 \text{ kilogrammes}$$

$$\Omega = \frac{F_t - R - P_i}{2oo} = \frac{1\,o94}{2oo} = 5^{cmq},17.$$

Nous ne pousserons pas plus loin les calculs qui ne présentent aucune difficulté : il suffit d'appliquer les formules précédemment indiquées.

2e *Cas : le récupérateur est à air comprimé.*

La formule (99) reste applicable. Après le recul x on a, en vertu de la formule (95) :

$$F_t = R + p_1 S' + p_1 S' \left(\frac{L'}{L' - x}\right)^{1,4} + F.$$

D'où :

$$(103) \quad F = F_t - R - p_1 S' \left[1 - \left(\frac{L'}{L' - x} \right)^{1,4} \right].$$

La formule (101) reste applicable ainsi que les autres équations en y remplaçant P_t par $p_1 S'$. Rappelons que :

$$v_1 = S'L'$$

$$L' = \frac{x}{x - 1} L \qquad \text{(voir page 236)}.$$

On a donc, comme dans le cas précédent, tous les éléments pour calculer le frein-récupérateur.

Application numérique.

Mêmes données qu'à la page 308, sauf pour P_i.

Nous prendrons $L = 1^m,00$. Nous en déduirons $F_t = 1684$ kilogrammes.

Calculons p_1 pour $x = 1,8$, en supposant $\gamma = 1,4$.

La formule (70) donne

$$p = \frac{18}{8} \left[(1,8)^{0,4} - 1 \right] \times \frac{0.8 \times 430}{0.4}$$

$$= 2,25 \times 860 \times 0,265 = 513 \text{ kilogrammètres environ.}$$

D'après les résultats de la page 310, cette récupération paraît insuffisante et pour l'augmenter nous prenons $P_i = P_r$ au lieu de $0,8 P_r$.

Alors $p_i = 2,25 \times 0,265 \times 1975 = 640$ kilogrammètres, ce qui est suffisant. Pour $x = 1,8$ le rendement au gramme d'air est (voir pages 234 et 235) : $5^{kgm},6$. On a donc :

$$\varpi = \frac{647}{5,6} = 114 \text{ grammes}$$

$$p_1 S' = 430 \text{ kilogrammes}$$

$$L' = 2L = 2^m,25.$$

La formule (103) donne :

$$F = 1\,684 - 300 - 430 \left[1 + \left(\frac{2,25}{2,25 - x} \right)^{1,4} \right].$$

L'effort du frein devenant négatif pour $x = 1$ mètre, nous en concluons que la tension initiale du récupérateur est un peu trop forte; il convient de la diminuer et d'augmenter un peu la longueur du recul. Reprenons les calculs avec $L = 1^m,25$.

$$P_i = 0,8\,P_r = 360 \text{ kilogrammes et } \alpha = 1,8.$$

La formule (70) donne :

$$\rho = \frac{18}{8} \left[(1,8)^{0,4} - 1 \right] \times \frac{0,8 \times 430}{0,4} \times 1,25$$
$$= 2,25 \times 860 \times 0,265 \times 1,25 = 641 \text{ kilogrammètres.}$$

Avec $L = 1^m,25$, $F_t = 1\,381$.
Par suite :

$$F = 1\,081 - 360 \left[1 + \left(\frac{2,25}{2,25 - x} \right)^{1,4} \right].$$

Pour $x = 1^m,25$, on trouve $F = 786$ kilogrammes, la stabilité étant assurée.

Nous ne pousserons pas plus loin les calculs : ils ne présentent aucune difficulté. D'ailleurs ce cas présente peu d'intérêt. Si l'on veut réaliser un système à effort total constant, il paraît bien plus avantageux de réaliser une constance de régime par le système du frein hydropneumatique dont le principe est indiqué page 240 et suivantes.

Troisième cas : Freins hydropneumatiques.

Dans ces freins le liquide, au lieu de s'écouler dans le milieu atmosphérique, s'écoule dans un milieu relativement très résistant. L'action du récupérateur se traduit alors par la difficulté plus grande qu'éprouve le liquide pour s'écouler. Tout se passe ainsi, pour une vitesse de recul déterminée, comme si le liquide traversait les orifices du frein, sous l'action d'une pression élémentaire égale à la différence des pressions élémentaires résultant de l'action isolée du frein hydraulique et de celle du récupérateur à l'instant considéré. Il semble plausible d'admettre dans ces conditions que la constance de la pression élémentaire à laquelle est soumis réellement le liquide du frein, est une garantie de la régularité du fonctionnement du système. Aussi est-il naturel de calculer les freins hydropneumatiques en vue de réaliser une résistance constante, ce qui est en outre avantageux pour la solidité du matériel.

Connaissant les conditions de tir, on calcule tout d'abord au moyen des formules de la page 162, les temps t_0 et t_1 et, au moyen de la formule (8) de la page 61, la vitesse v_0 en recul libre.

La formule (25) de la page 162 donne q : on en déduirait l'effort total constant du système y compris les résistances passives R si l'on connaissait L. Cet effort total a pour expression, d'après la formule (28) :

$$\frac{\dfrac{1}{2}\dfrac{P_r}{g}v_0^2}{L + v_0 t_1 - q}.$$

Pour la stabilité cet effort total doit être au plus égal à :

$$0,85\,\frac{P_t l_t - P_r L}{H}.$$

On a donc pour déterminer L l'équation :

$$(104) \qquad 0{,}85 \, \frac{P_t l_t - P_r L}{H} = \frac{\frac{1}{2} \frac{P_r}{g} v_0^2}{L + v_0 l_1 - q}.$$

Connaissant L la formule (28), donne $(F_1 + R)$.

Les formules de la page 163 donnent alors successivement :

$$v_1, \quad x_1, \quad x_p, \quad v_p, \quad v_b, \quad x_b, \quad l_m, \quad v_m, \quad x_m.$$

De ces éléments on déduit facilement le tracé de la courbe des orifices d'écoulement.

Ce calcul se ferait par la formule (12) de la page 132, si on connaissait l'effort exercé par le frein indépendamment du récupérateur. Soient S et s les sections respectives du piston et de sa tige, S′ la section du diaphragme. Après le recul x le volume du liquide qui s'est écoulé est $(S - s)\, x$; il a fait reculer le diaphragme d'une quantité y telle que :

$$S'y = (S - s)\, x$$

Soit L′ la longueur occupée par l'air du récupérateur avant le recul. Après le recul x, cette longueur devient :

$$L' - \frac{S - s}{S'}\, x.$$

En supposant le récupérateur de forme cylindrique, les volumes sont proportionnels aux longueurs. On a donc, en appliquant la loi $pv^\gamma = $ constante et en appelant p la pression après le recul x.

$$p_1 \, (L')^\gamma = p \left[L' - \frac{S - s}{S'}\, x \right]^\gamma$$

ou

$$(105) \qquad p = \left[\frac{L'}{L' - \dfrac{S - s}{S'} x} \right]^{\gamma} p_1.$$

En faisant dans cette formule $x = x_1$ on a la pression de l'air dans le récupérateur à la fin de la détente des gaz de la poudre, si l'on connaît d'autre part p_1, S', S et s.

La surface $S - s$ se détermine facilement.

Si l'on admet que la pression constante développée dans le frein est de 200 kilogrammes par unité de surface, on a :

$$(106) \qquad (S - s) \times 200 = 0{,}85 \frac{P_i l_i - P_r L}{H} - R.$$

La section s se déduit de la valeur de la résistance représentée par le second membre de cette équation, comme il a été dit page 173. Pratiquement, on est souvent obligé de majorer la section ainsi obtenue afin de ne pas avoir une tige trop mince pouvant se fausser.

Cela posé, on a :

$$v_1 = S'L'.$$
$$v_2 = S'L' - (S - s) L.$$

On a donc :

$$\frac{v_1}{v_2} = \frac{S'L'}{S'L' - (S - s) L} = \alpha.$$

Lorsque α est choisi dans les limites que nous avons indiquées, page 231, des deux éléments S' et L' l'un peut être choisi arbitrairement. Toutefois ce choix doit être exercé avec circonspection. Si l'on adopte en effet une très grande valeur pour S', la longueur L' correspondant à un volume d'air déterminé pourra être relativement faible. Par contre, une valeur trop grande de S' entraîne, pour une épaisseur déterminée du diaphragme, des frottements considérables dans le récupérateur. Dans tous les cas L' doit être tout au plus légèrement supérieur à L et si l'on pose $L' = \dfrac{L}{n}$ le nombre n ne doit pas pratiquement être très inférieur à l'unité.

L'équation précédente peut s'écrire,

$$\frac{S'L}{S'L - n\,(S - s)\,L} = \alpha.$$

D'où :

$$(107) \qquad S' = \frac{\alpha}{\alpha - 1}\, n\,(S - s).$$

Nous avons vu, page 233, que la récupération ρ a pour expression :

$$(108) \qquad \rho = p_1 v_1 \frac{\alpha^{\gamma-1} - 1}{\gamma - 1} = p_1 \frac{S'L}{n} \frac{\alpha^{\gamma-1} - 1}{\gamma - 1}$$

$$= p_1 L \frac{\alpha}{\alpha - 1}\,(S - s)\, \frac{\alpha^{\gamma-1} - 1}{\gamma - 1}.$$

Il faut adopter pour p_1 une valeur telle que la récupération ρ soit largement suffisante. Il ne faut même pas craindre de majorer celle-ci des $\dfrac{2}{10}$ de sa valeur et même plus. On peut le faire grâce à l'emploi de l'air comprimé qui ne perd pas, comme les ressorts métalliques, ses qualités avec le temps.

Soit p_{x_1} la valeur de la pression après le recul x_1 : elle est donnée par la formule (105), en y faisant $x = x_1$. Si la pression p_{x_1} n'existait pas, la pression dans le frein serait $200 - p_{x_1}$: c'est donc la pression élémentaire dans le frein considéré isolément. On a donc d'après la formule (12) de la page 132 :

$$(S - s)\left(200 - p_{x_1}\right) = \frac{\Omega^3 \delta}{20\,g}\,\frac{v_1^2}{\omega_1^2}.$$

D'où, puisque $\Omega = S - s$:

$$\omega_1 = (S - s)\,v_1\sqrt{\frac{\delta}{20\,g\left(200 - p_{x_1}\right)}}.$$

On calcule de même les orifices correspondants à x_p, x, x_m.

On pourrait procéder de la même façon pour diverses valeurs de x, dans la deuxième période du recul et construire par points la courbe des orifices.

Les calculs sont simplifiés en opérant de la façon suivante :

vante :

Comme nous l'avons établi page 308, on a :

$$\frac{v^2}{v_1^2} = \frac{L - x}{L - x_1}.$$

D'autre part, comme on l'a vu plus haut :

$$(S - s)\left(200 - p_{x_1}\right) = \frac{(S - s)^3 \delta}{20\,g}\,\frac{v_1^2}{\omega_1^2}$$

$$(S - s)\left(200 - p_x\right) = \frac{(S - s)^3 \delta}{20\,g}\,\frac{v^2}{\omega^2}.$$

D'où :

$$\frac{200 - p_{x_1}}{200 - p_x} = \frac{v_1^2}{\omega_1^2}\,\frac{\omega^2}{v^2} = \frac{\omega^2}{\omega^2}\,\frac{v_1^2}{v^2}$$

18.

ou :

$$(110) \qquad \frac{L - x}{L - x_1} \cdot \frac{200 - p_{x_1}}{200 - p_x} = \frac{\omega^2}{\omega_1^2}$$

p_x et p_{x_1} se calculant au moyen de la formule (105).

Application numérique.

Données : Canon de 75 millimètres d'étude.

$P_r = 450$ kg. $p = 7^{kg},200$ $\varpi = 0^{kg},756$ $V_0 = 530$ m.
$u = 2^m,22$ $P_l = 1250$ kg. (servants compris) $l_l = 2^m,20$
$R = 600$ kg. $V_0 = 10^m,70$ $H = 0^m,85$ $\alpha = 1,2$ $n = 0,9$.

On trouve :

$$t_0 = 0^s,00656$$
$$t_1 = 0^s,01706.$$

Au lieu de résoudre l'équation (104) par rapport à L, nous admettrons à priori un recul de $1^m,20$ et nous vérifierons que le second membre de l'équation (104) est inférieur au premier, de façon que la stabilité de l'affût au tir soit assurée.

Le deuxième membre a pour expression, en supposant pour simplifier $g = 10$:

$$\frac{2,25 \times \overline{10,7}^2}{1,20 + 10,7 + 0,01706 - 0,142} = 2\,077 \text{ kg. environ.}$$

Le premier membre est égal à

$$0,85 \, \frac{1250 \times 2,2 - 450 \times 1,2}{0,85} = 2\,210 \text{ kg.}$$

Ce nombre étant supérieur au précédent, on peut adopter $L = 1^m,20$.

Avec $L = 1^m,20$, l'effort total $= 2\,077$ kg., soit $2\,080$ kg. environ, est admissible.

La formule (26) donne

$$v_1 = 10^m,70 - 0,1706\,\frac{2\,080}{450} = 9^m,92.$$

La formule (35) donne ;

$$x_1 = 0^m,136$$

on calculerait de même

$$x_{p}, \quad v_{p}, \quad v_{b}, \quad x_{b}, \quad t_{m}, \quad v_{m}, \quad x_{m}.$$

La formule (106) donne

$$200\,(S - s) = 2\,080 - 600.$$

D'où :

$$S - s = 7 \text{ centimètres carrés } 40.$$

Nous pourrions calculer s comme il a été dit page 173, mais nous trouverions une tige trop mince, trop exposée à se fausser. En adoptant pour cette tige un diamètre de 4 centimètres, on a $s = 12^{cmq},56$. On en déduit $S = 19^{cmq},96$ dont le diamètre est d'environ 5 centimètres.

La formule (107) donne $S' = 39^{cmq},95$ dont le diamètre est de 7 centimètres environ.

Nous allons maintenant calculer p_1 de façon à obtenir une récupération largement suffisante.

Les résistances passives étant de 600 kilogrammes, la récupération doit être au moins de $600 \times 1,2 = 720$ kilogrammètres.

En la majorant des $\frac{2}{10}$ environ de sa valeur, on voit qu'une récupération de 1 000 kilogrammes en nombre rond n'a rien d'exagéré.

En supposant $\gamma = 1,3$ la formule (108) s'écrit :

$$1\,000 = p_1 \times 1,2 \times 6 \times 0,00074 \, \frac{0,056}{0,3}.$$

D'où :

$$p_1 = \frac{1\,000 \times 0,3}{1,2 \times 6 \times 0,00074 \times 0,056}.$$

Si l'on veut p_1 en kilogrammes par centimètre carré, il faut diviser le second membre par 10 000 ce qui donne :

$$p_1 = \frac{0,03}{1,2 \times 6 \times 0,00074 \times 0,056} = 100 \text{ kg. env. par cmq.}$$

La formule (105) donne alors :

$$p_{x_1} = \left[\frac{1^m,333}{1,333 - \dfrac{740}{3\,996} \, 0,136} \right]^{0,3} \times 100.$$

Comme p_{x_1} la formule (109) fait connaître ω_1.

Le calcul des autres orifices se ferait aussi facilement.

La longueur occupée par l'air à la fin du recul est :

$$L' = \frac{S - s}{S'} \, L$$

soit, ici :

$$\frac{1,2}{0,9} - \frac{740}{3\,996} \times 1,2 = 1,2 \left[\frac{10}{9} - \frac{740}{3\,996} \right] = 1^m,116.$$

La course du diaphragme est $1^m,333 - 1^m,116 = 0^m,217.$

§ 3. — Étude des freins-récupérateurs a résistance totale variable

Le problème à résoudre est assez simple, si l'on fait abstraction de la première période du recul mais il est très compliqué dans le cas contraire. Il faut en effet étudier le mouvement de la masse reculante et on ne connait pas la résistance du récupérateur en fonction du temps. Le plus simple est de se contenter d'une approximation analogue à celle que nous avons indiquée page 296. C'est ce que nous allons faire, en supposant que nous avons affaire à un récupérateur à ressorts métalliques, le problème ne présentant guère d'intérêt pour les freins hydropneumatiques comme nous l'avons déjà fait remarquer. Soient donc (fig. 80) AB la droite définie par la condition de stabilité simplifiée, OR l'ensemble des résistances pas-

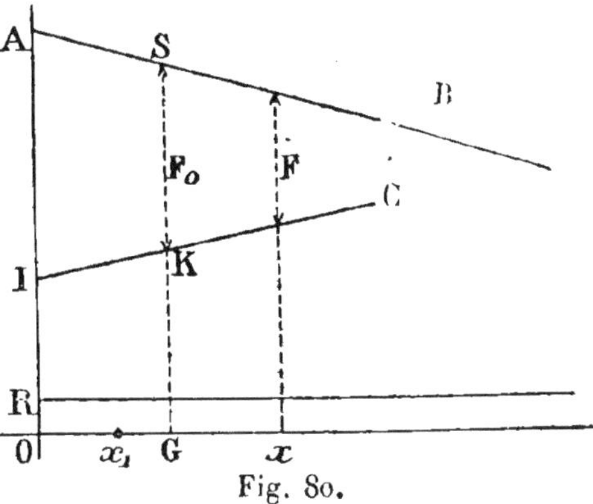

Fig. 80.

sives, IC la droite relative à la variation de résistance du ressort en fonction de son aplatissement.

Soit x_1, la longueur du recul pendant la détente des gaz. Soit $OG = a$ une longueur arbitraire. La parallèle à OA menée au point G rencontre AB en S. Calculons le frein-récupérateur, de façon à avoir pendant l'espace OG la résistance connue GS constante. Nous obtenons ainsi, au moyen des formules de la page 163, une valeur pour x_1 et v_1.

La valeur de x_1 est :

$$x_1 = q - \frac{1}{2} g t_1^2 \frac{GS}{P_r},$$

Or l'équation de la droite AB étant :

$$y = 0,85 \frac{P_t l_t}{H} = 0,85 \frac{P_r}{H} x$$

on a :

$$GS = y_i = 0,85 \frac{P_t l_t}{H} = 0,85 \frac{P_r}{H} a.$$

La longueur a étant arbitraire on peut la choisir de façon que $ox_1 = OG$. On a ainsi a par la relation :

$$a = q - \frac{1}{2} g t_1^2 \frac{0,85}{H} \frac{P_b L_t}{P_r} + \frac{1}{2} g t_1^2 \frac{a}{H}$$

ou :

$$(112) \qquad a \left(1 - \frac{1}{2} g t_1^2 \frac{1}{H} \right) = q - \frac{1}{2} g t_1^2 \frac{0,85}{H} \frac{P_t l_t}{P_r}.$$

Le point x_1 étant alors confondu avec le point G, on peut calculer comme il suit la loi de variation des orifices pendant la deuxième période du recul.

Appelons F_0 l'effort initial SK du frein au début de la deuxième période du recul.

Soient d'autre part m le coefficient angulaire de la droite IC et $RI = P_i$. L'équation du mouvement de la masse reculante est après l'action des gaz :

$$\frac{P_r}{g} v \frac{dv}{dx} = - \left(F_0 + P_i + mx_1 + R - \frac{P_r}{H} x \right).$$

En intégrant à partir de $x = x_1$ pour laquelle on a $v = v_1$, il vient :

$$\frac{1}{2}\frac{P_r}{g}(v_1^2 - v^2) = (F_0 + R + P_i + mx_1)(x - x_1) - \frac{1}{2}\frac{P_r}{H}(x^2 - x_1^2)$$

Après le recul x l'effort partiel F du frein est sensiblement, si OG est assez voisin de Ox_1 ;

$$F = F_0 - m(x - x_1) - (x - x_1)\frac{P_r}{H} = \frac{\Omega^3 \delta}{20\,g}\frac{v^2}{\omega^2}$$

ou, en posant pour simplifier les écritures :

$$m + \frac{P_r}{H} = a$$

$$\frac{\Omega^3 \delta}{20\,g} = b$$

$$F = F_0 - a(x - x_1) = \frac{bv^2}{\omega^2}.$$

Soit ω_1 l'orifice d'écoulement pour $x = x_1$ et $v = v_1$, on a :

$$\omega_1^2 = \frac{bv_1^2}{F_0} \qquad \text{ou} \qquad v_1 = \frac{\omega_1^2 F_0}{b}.$$

Remplaçant dans l'expression ci-dessus de $v_1^2 - v^2$, il vient :

$$\frac{1}{2}\frac{P_r}{g}\left[\frac{F_0 \omega_1^2}{b} - \omega^2 \frac{F_0 - a(x - x_1)}{b}\right]$$

$$= (F_0 + R + P_i + mx_1)(x - x_1) - \frac{1}{2}\frac{P_r}{H}(x^2 - x_1^2).$$

Cette équation peut être écrite sous une forme plus

commode pour les calculs. A cet effet faisons $v = 0$ et $x = L$ dans l'expression de $v_1^2 - v^2$; nous avons :

$$(113) \qquad \frac{1}{2} \frac{P_r}{g} v_1^2 = y_i (L - x_1) - \frac{1}{2} \frac{P_r}{H} (L^2 - x_1^2)$$

Or, au moyen de la formule (26) de la page 153 on connaît v_1. Cette équation donne donc L.

Remplaçant alors dans l'équation antéprécédente $F_0 + R + P_i + mx_1$ par sa valeur tirée de l'équation ci-dessus et b par sa valeur $\dfrac{\omega_1 F_0}{v_1^2}$, il vient :

$$\frac{1}{2} \frac{P_r}{g} \left\{ v_1^2 - \omega^2 \frac{v_1^2}{\omega_1^2 F_0} \left[F_0 - a(x - x_1) \right] \right\}$$
$$= (x - x_1) \left[\frac{1}{2} \frac{P_r}{g} \frac{v_1^2}{L - x_1} + \frac{1}{2} \frac{P_r}{H} \frac{L^2 - x_1^2}{L - x_1} \right] - \frac{1}{2} \frac{P_r}{H} (x^2 - x_1^2)$$

ou :

$$\frac{P_r}{g} \frac{v_1^2}{\omega_1^2 F_0} \left\{ \omega_1^2 F_0 - \omega^2 \left[F_0 - a (x - x_1) \right] \right\}$$
$$= (x - x_1) \left[\frac{P_r}{g} \frac{v_1^2}{L - x_1} + \frac{P_r}{H} \frac{L^2 - x_1^2}{L - x_1} \right] - \frac{P_r}{H} (x^2 - x_1^2)$$

ou :

$$\omega^2 \frac{F_0 - a (x - x_1)}{g \omega_1^2 F_0} P_r v_1^2$$
$$= \frac{P_r}{g} v_1^2 - (x - x_1) \left(\frac{P_r}{g} \frac{v_1^2}{L - x_1} + \frac{P_r}{H} \frac{L^2 - x_1^2}{L - x_1} \right) + \frac{P_r}{H} (x^2 - x_1^2)$$

ou :

$$\omega^2 \left[F_0 - a (x - x_1) \right] \frac{P_r}{g} v_1^2$$
$$= \omega_1^2 \left\{ \frac{P_r}{g} v_1^2 F_0 - F_0 (x - x_1) \left(\frac{P_r}{g} \frac{v_1^2}{L - x_1} + \frac{P_r}{g} \frac{L^2 - x_1^2}{L - x_1} \right) + F_0 \frac{P_r}{H} (x^2 - x_1^2) \right\}$$

ou :

$$\sqrt{\frac{F_0}{F_0-a(x-x_1)} - \frac{F_0(x-x_1)}{F_0-a(x-x_1)}\left[\frac{1}{L-x_1} + \frac{g}{Hv_1^2}\frac{L^2-x_1^2}{L-x_1}\right] + \frac{F_0}{F_0-a(x-x_1)}\frac{g(x^2-x_1^2)}{Hv_1^2}}$$

ou :

$$\omega = \omega_1 \sqrt{\frac{F_0}{F_0 - a(x-x_1)}\left[1 - \frac{x-x_1}{L-x_1} - \frac{g}{Hv_1^2}(x-x_1)(L-x)\right]}$$

ou :

$$\omega = \omega_1 \sqrt{\frac{F_0(L-x)}{F_0 - \left(m + \frac{P_r}{H}\right)(x-x_1)}\left(\frac{1}{L-x_1} - \frac{g(x-x_1)}{Hv_1^2}\right)}$$

ou :

$$\omega = \omega_1 \sqrt{\frac{F_0}{F_0 - \left(m + \frac{P_r}{H}\right)(x-x_1)}\frac{L-x}{L-x_1}\left[1 - \frac{g}{Hv_1^2}(x-x_1)(L-x_1)\right]}$$

ou :

$$4)\ \omega = \omega_1 \sqrt{\frac{F_0}{F_0 - \left(m + \frac{P_r}{H}\right)(x-x_1)}\left(1 - \frac{x-x_1}{L-x_1}\right)\left[1 - \frac{g(L-x_1)(x-x_1)}{Hv_1^2}\right]}$$

Quelques auteurs résolvent seulement le problème en négligeant la première période du recul. Pour obtenir leur formule il suffit de remplacer dans l'équation précédente ω_1, v_1, x_1 respectivement par ω_0, v_0, et o. On a ainsi :

$$\omega = \omega_0 \sqrt{\frac{F_0}{F_0 - \left(m + \frac{P_r}{H}\right)x}\left(1 - \frac{x}{L}\right)\left(1 - \frac{gLx}{Hv^2}\right)}$$

Nous ne préconisons pas cette formule car si la tension initiale du récupérateur est assez grande, la vitesse de recul après la période de détente des gaz est notablement inférieure à v_0.

$$(115) \qquad F_0 = y_i - R - (P_i + mx_1)$$

Application numérique.

Appliquons la méthode précédente au canon de 75 millimètres d'étude dont les données sont indiquées à la page 318.

$$y = 0,142 \qquad \frac{1}{2} gt_1 = 0,0853 \qquad \frac{1}{2} gt_1^2 = 0,00145$$

La formule (112) donne :

$$a = \frac{0,142 - 0,00145 \times 6,11}{1 - 0,0017} = 0,113.$$

La formule (111) donne :

$$y_i = 2750 - 59,850 = 2690^{kg},150$$

Comme vérification la valeur de x_1 est :

$$x_1 = 0,142 - 0,00145 \frac{2690,15}{450} = 0,133.$$

La formule (26) de la page 153 donne :

$$v_1 = 10^m,70 - 0,1706 \times 5,98 = 10^m,70 - 1^m,02 = 9^m,68.$$

L'équation (113) donne :

$$22,5 \times \overline{9,68}^2 = 2690,15(L - 0,133) - 264,7(L^2 - \overline{0,133}^2).$$

ou :

$$22,5 \times 93,7 = 2690,15\,L - 357,8 - 264,7\,L^2 - 4,685$$

ou :

$$L^2 - 10,16\,L + 9,33 = 0 ; \quad L = 5,08 - \sqrt{5,08^2 - 9,33}$$
$$= 5,08 - 4,05 = 1^m,03.$$

Comme il fallait s'y attendre le recul est un peu plus faible qu'avec un frein récupérateur à effort total constant.

La formule (115) donne :

$$F_0 = 2\,690,15 - 600 - (P_i + m \times 0,133).$$

Soit $P_i = 360$ kilogrammes. Pour $x = 1$ l'ordonnée de la droite AB est :

$$2\,750 - 450 = 2\,300 \text{ kilogrammes.}$$

D'autre part, voir page 294,

$$m = \frac{\alpha - 1}{L}\, P_i.$$

Pour $\alpha = 3$ on a comme tension du ressort $3 \times 360 = 1\,080$. Nous pouvons donc admettre $\alpha = 3$ soit $m = 702$

$$F_0 = 2\,190 - 453 = 1\,737 \text{ kilogrammes.}$$

En admettant comme pression maximum dans le frein une pression de $173^{kg},7$ par centimètre carré, on a $\Omega = 10$ centimètres carrés.

Par suite :

$$b = \frac{\Omega^3 \delta}{20\,g} = \frac{1\,000}{200} = 5.$$
$$\omega_1^2 = \frac{b v_1^2}{F_0} = \frac{468,5}{1\,737} \qquad \omega_1 = 0^{cmq},52.$$

La formule (115) fait alors connaître la grandeur des orifices pour toute valeur de x.

§ 4. — FREINS-RÉCUPÉRATEURS POUR AFFUTS FIXES

Pour les affûts fixes la considération de la stabilité étant superflue, on a tout avantage à organiser des systèmes à effort total constant. D'une part les calculs sont plus simples et plus approchés, d'autre part la résistance du matériel peut-être assurée dans de meilleures conditions. Le problème ne présente ainsi aucune difficulté et on peut se donner la longueur du recul suivant les besoins de la pratique. Il nous parait inutile de répéter ici les calculs précédents en nous donnant L au lieu de calculer cet élément de façon à assurer la stabilité de l'affût au tir.

CHAPITRE VII

ORGANES DESTINÉS A RÉGLER LA VITESSE DE RENTRÉE EN BATTERIE

Considérations générales. — Nous venons de voir que la récupération strictement suffisante est toujours majorée pour assurer le retour de la pièce en batterie dans les cas les plus défavorables (glissières et griffes ou galets rouillés, glissières remplies de poussières ou de boue, matages des surfaces frottantes, inclinaisons du canon plus fortes que d'ordinaire, etc.). Lorsque ces circonstances défavorables ne se produisent pas, la pièce est exposée à prendre une vitesse de rentrée en batterie trop grande, les résistances passives étant à elles seules généralement insuffisantes pour l'en empêcher. Or une trop grande vitesse de rentrée en batterie pourrait causer des vibrations et des chocs entraînant des dépointages. Il convient donc d'organiser le frein de façon qu'il tienne lieu de régulateur du mouvement en fonctionnant, dans le retour en batterie en sens inverse de celui dans lequel il agissait pendant le recul. A cet effet les orifices d'écoulement calculés pour le recul peuvent être obstrués dans le retour en batterie par un jeu convenable de soupapes, d'autres soupapes démasquant à ce moment d'autres orifices calculés pour réaliser la résistance voulue au mouvement de rentrée de la pièce en batterie. Nous verrons d'ailleurs que, pour les affûts mobiles, cette résistance doit être limitée si on veut éviter des dépointages. Pour les affûts fixes, toujours très stables, de simples tampons de choc pourraient suffire pour absorber en fin de course l'énergie en excès, et on s'en est souvent contenté. Toutefois, comme ces tampons peuvent causer des rebondissements nuisibles à la conservation du matériel la solution précédente paraît aujourd'hui préférée.

Pendant la rentrée en batterie c'est donc un nouveau frein qu'il s'agit de calculer, du moins en ce qui concerne les orifices car la section utile du piston est déjà connue. Théoriquement le problème est analogue aux précédents. Il est même plus simple car les forces agissantes sont ici bien plus faciles à évaluer que la force des gaz de la poudre pendant la première période du recul. Pratiquement l'organisation du frein de retour en batterie présente assez souvent de sérieuses difficultés. Cela tient, en grande partie, à ce que cet organe doit toujours se plier aux exigences du récupérateur et aux variations qui peuvent affecter les résistances passives prévues dans les projets.

Organisation du frein pour le retour en batterie.

Il est très difficile de se procurer des renseignements un peu détaillés sur les dispositions adoptées dans la pratique pour obtenir la vitesse convenable de rentrée en batterie malgré l'excès souvent très grand de la récupération. Les industriels, aussi bien que les constructeurs militaires, gardent jalousement le secret de leur fabrication. C'est donc sur des brevets d'invention que reposent les descriptions schématiques que nous donnons ci-après.

Parmi les divers systèmes employés pour obtenir la variation des orifices dans les freins hydrauliques (voir pages 175 à 183), les systèmes à tiroir, à fraisures, à contre-tige et à barres d'obturations peuvent être combinés de façon que l'ensemble du système fonctionne dans les deux sens. Comme exemples nous indiquerons sommairement deux des dispositifs essayés concurremment dans ces dernières années par le *Portugal*. Nous voulons parler du, ou plutôt, des systèmes *Schneider-Canet* et du système *Krupp*. Dans l'un des systèmes Schneider-Canet nous trouvons le genre à contre-tige aussi bien pour le frein de recul que pour le frein de rentrée en batterie et, dans l'autre, la combinaison du genre à barres d'obturation pour le recul avec le genre à contre-tige pour le retour en batterie.

Le système *Krupp* est du genre à tiroir ou à bague tournante aussi bien pour le recul que pour la rentrée en batterie.

Voici d'ailleurs succinctement en quoi consistent ces trois systèmes.

Premier système Schneider-Canet.

Dans le frein de recul nous retrouvons le dispositif de la figure 51 (page 181) : AB (fig. 81) est la contre-tige

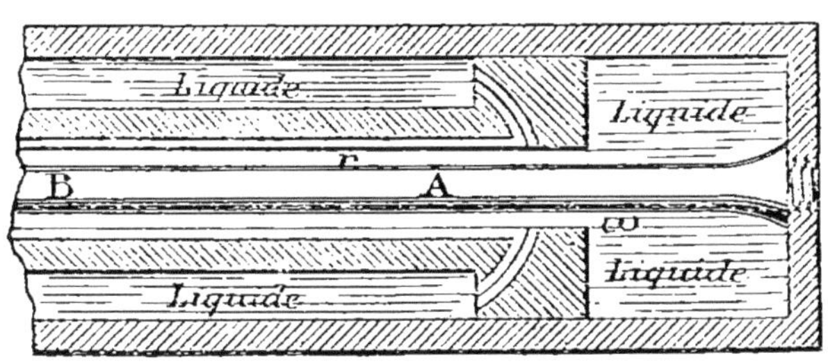

Fig. 81.

pour le frein de recul et le liquide est obligé de s'écouler par l'orifice variable ω, mais alors que le côté de l'extrémité B est absolument clos sur la figure 51, il n'en est pas de même ici. A l'extrémité la contre-tige porte une boîte à soupape dans laquelle débouche l'orifice o (fig. 82).

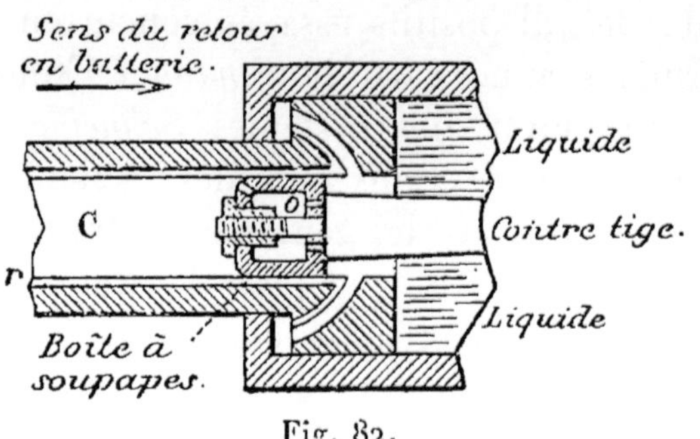

Fig. 82.

Pendant le recul le liquide soulève la soupape de l'orifice et remplit la tige creuse C du piston. Pendant le retour en batterie sous l'action du récupérateur, le piston se meut dans le sens de la flèche. Le liquide qui se trouve à droite du piston repasse par les canaux par lesquels il était passé et le liquide entré en C est chassé par la contre-tige. Mais les soupapes de la contre-tige étant alors fermées le liquide est obligé de s'écouler par les cannelures r entre la tige du piston et la boîte à soupapes portée par la contre-tige.

Il suffit de régler la section des raînures r pour obtenir l'effort résistant voulu.

Deuxième système Schneider-Canet.

Il paraît moins compliqué que le précédent. Pour le recul, le frein est à *barres d'obturation* (voir page 183), pour la rentrée en batterie il est du genre à contre-tige. La figure 83 en donne le schéma. La tige du piston est creuse et peut loger une contre-tige fixée au fond avant du cylindre de frein. Cette contre-tige présente vers son extrémité A jusqu'en B une section droite analogue à celle d'une baïonnette. A droite de B la section est circulaire de grandeur décroissante.

Pendant le recul le frein fonctionne comme il a été dit

pour les freins à barres d'obturation. La contre-tige à extrémité en forme de baïonnette sort de son logement. Ce dernier n'est pas d'ailleurs forcément rempli par du

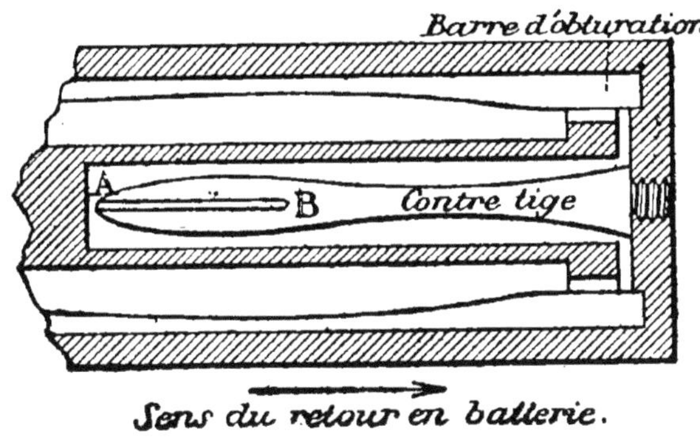

Fig 83.

liquide, puisque celui-ci n'est sous pression qu'en arrière du piston. A la fin du recul la contre-tige est complètement dégagée. Au début du retour en batterie, le liquide qui était passé en avant du piston n'est pas immédiatement comprimé, parce que la sortie de la tige du piston a laissé un vide dans le cylindre. Dès que ce vide est comblé le liquide comprimé pénètre dans le creux de la tige du piston et le remplit. La contre-tige sera obligée de l'en chasser et l'écoulement se fera entre la surface interne de la tige du piston et la surface externe de la contre-tige. Le profil de cette dernière règle ainsi la variation des orifices et par suite la résistance opposée au retour de la pièce en batterie.

Système Krupp[1].

Le capitaine Gonçalves, de l'artillerie portugaise, membre de la Commission d'essais comparatifs des matériels Schneider-Canet et Krupp a donné dans une revue

[1] GONÇALVES.

portugaise quelques renseignements sur le système Krupp. C'est de ces renseignements que nous avons pu déduire le schéma ci-après.

Comme nous l'avons déjà dit, le frein Krupp est du système à tiroir ou à bague tournante (voir page 175). Le cylindre étant entraîné dans le recul de la pièce, c'est la tige T du piston (fig. 84) qui est fixée à l'affût. Le

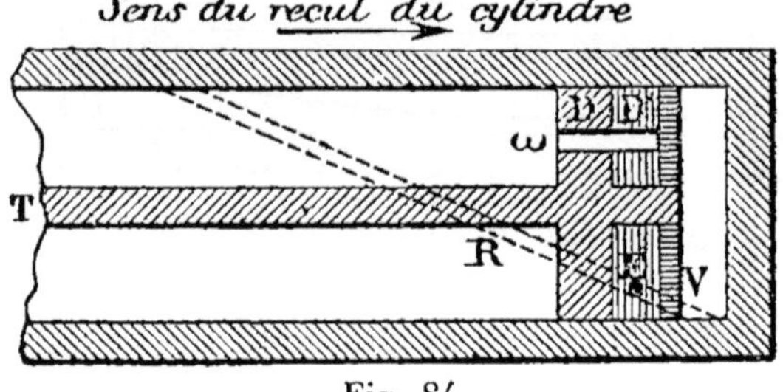

Fig. 84.

piston lui-même est formé de deux disques D, D' le premier seul faisant corps avec la tige. Le second peut tourner autour de l'axe de cette dernière lorsque, pendant le recul, l'ergot E parcourt une rainure hélicoïdale R creusée dans le cylindre du frein. Cette disposition permet de faire varier l'orifice ω afin d'obtenir la résistance voulue à chaque instant.

Une valve V est appuyée par un ressort contre le disque D'. Pendant le recul la résistance de ce ressort est vaincue, la valve est soulevée et l'orifice ω existe comme s'il n'y avait pas de valve. Au contraire, pendant la rentrée en batterie, la valve est appuyée contre le disque D'. Comme elle tourne d'autre part grâce à une rainure et un ergot, elle vient présenter une ouverture en face des orifices ω dont elle modifie ainsi la loi de variation pour obtenir la résistance voulue à chaque instant du retour en batterie.

Quelques détails sur le montage des parties de ce frein, sont donnés par le brevet français 325552 du 23 octobre 1902.

Stabilité de l'affût dans le retour en batterie. Comment se pose le problème. — Au début du retour en batterie, le frein ne doit agir que très progressivement et avec une force assez faible, de façon à laisser prendre à la pièce une vitesse suffisante pour un matériel à tir rapide. D'après des observations faites sur des matériels existants, il semble que la vitesse de rentrée en batterie ne doive guère dépasser 1 à 2 mètres sans être trop inférieure d'ailleurs au plus petit de ces deux nombres. Cette vitesse doit aller ensuite en décroissant, pour devenir nulle ou très sensiblement nulle à la fin de la rentrée en batterie. Le retour en batterie peut donc se diviser en deux périodes : une période accélérée jusqu'à ce que la vitesse atteigne le maximum fixé entre 1 et 2 mètres et une période retardée. Dans la première période, l'accélération de la partie mobile du système pièce-affût est positive si l'on compte positivement les accélérations dans le sens du mouvement de rentrée en batterie. Dans la seconde période, cette accélération est négative.

Or, lorsque l'accélération est positive, c'est-à-dire pendant la première période du mouvement, l'affût tend à reculer et la bêche à s'appuyer contre la partie arrière de son logement dans le sol. Au contraire, dans la seconde période, l'accélération de la pièce étant négative, l'affût tend à se porter en avant. Si cette tendance est assez considérable pour vaincre les frottements et la résistance de la bêche celle-ci se détache du sol, c'est-à-dire *décolle*. Ce décollement est à éviter à tout prix. S'il se produit, il faut craindre que le coup suivant provoque un lancé du matériel auquel la théorie de la stabilité, basée sur les lois de la statique, cesse d'être applicable. Il faudrait alors, pour voir si des dépointages résulteront de ce mouvement possible, étudier le mouvement du système et nous avons montré les difficultés de ce problème, même en admettant la fixité d'un point du système. Aussi, est-il prudent de caler si possible, automatiquement dans la mise en batterie, les roues de l'affût en avant de leur point d'appui sur le sol.

D'ailleurs cette précaution peut être insuffisante. La force qui tendait à provoquer le mouvement de l'affût vers l'avant tend alors en effet à faire tourner la bêche autour du point d'appui des roues si la pression de la crosse sur le sol n'est pas assez grande pour l'en empêcher. Or, d'une part, cette pression diminue au fur et à mesure du retour en batterie et, d'autre part la tendance de la crosse au soulèvement est d'autant plus grande, toutes choses égales d'ailleurs, que le frein agit plus énergiquement pour réduire la vitesse du retour en batterie.

Cet effort du frein doit donc à chaque instant être limité de façon à assurer la stabilité de l'affût autour du point d'appui des roues supposées immobilisées. Cette limite variable avec la position de la pièce est précisément fournie par la condition de stabilité que nous allons établir.

Il faut d'ailleurs toujours s'assurer, après avoir choisi la vitesse maximum de rentrée en batterie, que la force vive correspondante peut être absorbée sur la longueur à parcourir sans dépasser l'effort compatible avec la stabilité. Sinon il faut adopter une vitesse maximum plus faible.

Condition de stabilité de l'affût pendant le retour en batterie. — Comme nous l'avons fait dans l'étude de la stabilité au tir (page 253), nous supposerons :

1° que la pièce est assise,

2° que le mouvement de la bouche à feu est rectiligne ainsi que cela a lieu dans les systèmes d'affûts actuels.

Nous supposerons en outre que les roues sont calées à l'avant. Si elles ne l'étaient pas il faudrait calculer le frein de retour en batterie de façon que sa réaction sur l'affût ne puisse vaincre les résistances passives opposées au mouvement de ce dernier. Le problème serait ainsi ramené au précédent, les roues restant immobilisées par les résistances passives.

Nous allons enfin considérer successivement les deux principales sortes d'agencement des matériels modernes de campagne à bêche de crosse savoir : bouches à feu mobiles dans un manchon, bouches à feu glissant ou roulant sur une glissière.

Premier cas : la bouche à feu se meut dans un manchon.

Soit (fig. 85) MP l'axe de la bouche à feu mobile dans un manchon de rayon R.

Soit à un moment quelconque G_r le centre de gravité de la partie mobile de poids P_r. Après le retour en batterie G_r occupe la position G_{r_0}. Soit Φ la force réellement motrice, c'est-à-dire la différence entre l'effort F du récupérateur à l'instant considéré et l'effort F du frein de retour en batterie au même instant. Cette différence est positive pendant la période accélérée du mouvement et négative après. Comme pendant la première période la question de stabilité ne se pose pas, il convient de donner à Φ le sens adopté sur la figure 85.

Les réactions du manchon sur le canon peuvent alors

être représentées soit par π_1, $\pi_1 f$, π_2 et $\pi_2 f$ soit par π'_1, π'_2, $\pi'_1 f$, $\pi'_2 f$ suivant que c'est l'effet de la force Φ ou celui de la pesanteur qui prédomine. Le premier cas étant le plus défavorable à la stabilité c'est celui que nous adopterons.

Exprimons alors que la partie mobile ne fait que glisser dans le manchon c'est-à-dire que la somme des projections des forces appliquées sur l'axe MY est nulle, ainsi que la somme des moments pris par rapport à G_r. Nous obtenons ainsi dans le cas de la figure 85 où G_r est à l'extérieur du manchon ;

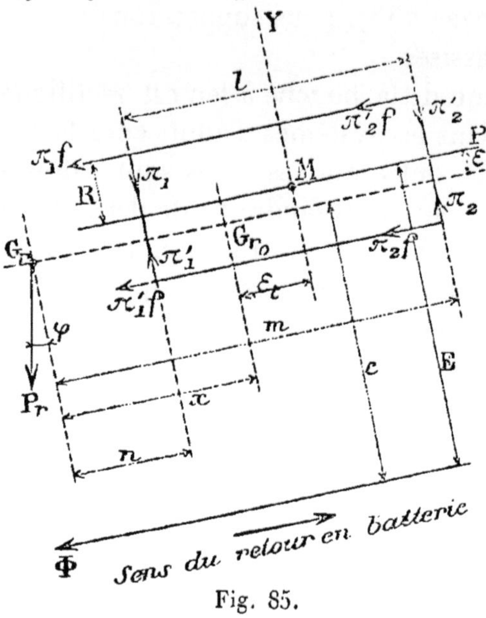

Fig. 85.

$$\pi_2 - \pi_1 - P_r \cos \varphi = 0$$

$$\Phi c + \pi_2 f (R - \varepsilon) - \pi_1 f (R + \varepsilon) + \pi_1 n - \pi_2 m = 0$$

Nous en déduisons :

$$\pi_1 = \frac{\Phi c + P_r \cos \varphi \left[f(R - \varepsilon) - \dfrac{l}{2} - x - \varepsilon_l \right]}{l + 2 f \varepsilon}$$

On trouverait d'ailleurs la même expression si G_r était supposé à l'intérieur du manchon.

Connaissant π_1 on a π_2 par l'équation :

$$\pi_2 = \pi_1 + P_r \cos \varphi.$$

Considérons maintenant l'équilibre de l'affût seul soumis à son poids P_a et aux forces de la figure 85, changées de sens.

Figurons les ainsi sur la figure 86.

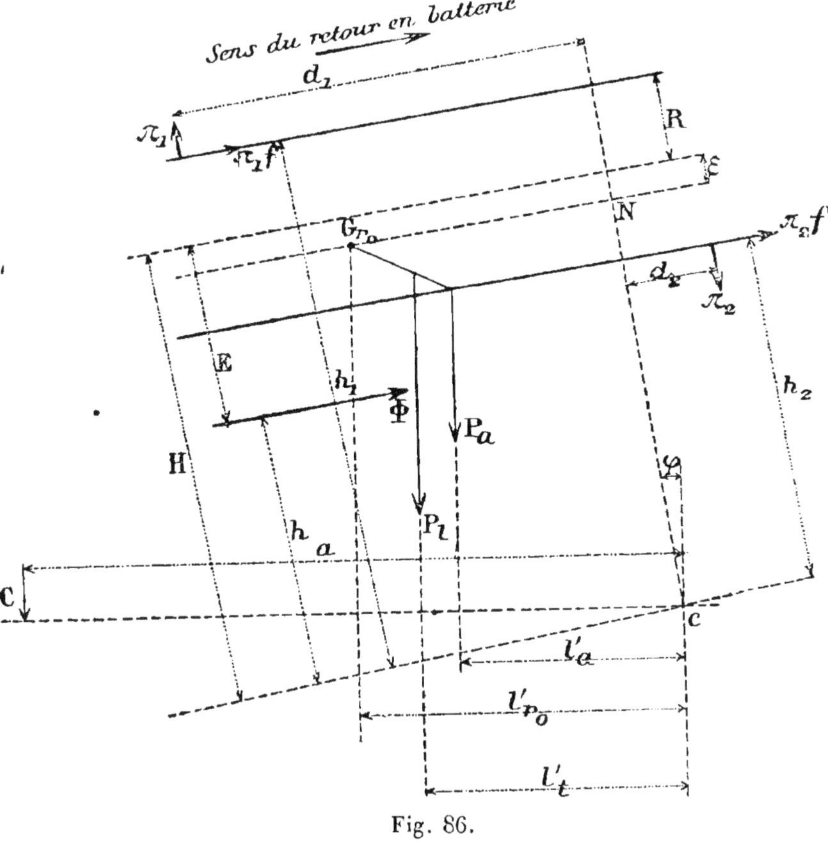

Fig. 86.

Pour que la stabilité soit assurée il faut que la somme

des moments des forces pris par rapport au point R, point de contact de la roue et du sol, soit négative ou nulle. Nous obtenons en appelant C la pression de la crosse sur le sol :

$$\pi_1 d_1 + \pi_2 d_2 + \pi_1 f h_1 + \pi_2 f h_2 + \Phi h - P_a l'_a - aC \leqslant 0$$

On a sur la figure :

$$d_1 + d_2 = l$$
$$h_1 = H + R$$
$$h_2 = H - R$$

et d'après une équation précédente :

$$\pi_2 - \pi_1 = + P_r \cos \varphi.$$

On a donc :

$$(\lambda) \quad \pi_1(l + 2fH) + P_r \cos \varphi [f(H - R) + d_2] + \Phi h - P_a l'_a - aC \leqslant 0.$$

Calculons $d_2 P_r \cos \varphi$.

Nous avons :

$$P_t l'_t = P_r l'_{r_0} + P_a l'_a$$

D'autre part :

$$G_{r_0} N = \varepsilon_l + \frac{l}{2} - d_2,$$

et :

$$l'_{r_0} = \left(\varepsilon_l + \frac{l}{2} - d_2 \right) \cos \varphi + (H - \varepsilon) \sin \varphi.$$

D'où :

$$P_r l'_{r_0} = P_t l'_t - P_a l'_a = \left(\varepsilon_l + \frac{l}{2} \right) P_r \cos \varphi - d_2 P_r \cos \varphi + P_r(H - \varepsilon)\sin \varphi.$$

Par suite :

$$d_2 P_r \cos \varphi = \left(\varepsilon_l + \frac{l}{2} \right) P_r \cos \varphi + P_r(H - \varepsilon)\sin \varphi - P_t l + P_a l'_a.$$

Remplaçant dans l'inégalité (λ) elle devient :

$$\pi_1(l + 2fH) + P_r \cos \varphi \left\{ f(H - R) + \varepsilon_l + \frac{l}{2} + (H - \varepsilon)tg\varphi \right\}$$
$$- P_t l_t' + \Phi h - aC \leqslant 0.$$

Remplaçant π_1 par sa valeur, on obtient :

$$\Phi e \frac{l + 2fH}{l + 2f\varepsilon} + \Phi h + P_r \cos \varphi \left\{ \frac{l + 2fH}{l + 2f\varepsilon}\left(fR - f\varepsilon - \frac{l}{2} - x - \varepsilon_l\right) \right.$$
$$\left. + fH - fR + \varepsilon_l + \frac{l}{2} + (H - \varepsilon)tg\varphi \right\} - P_t l_t' - aC \leqslant 0.$$

On remarque que, sur la figure 86, on a :

$$E = e + \varepsilon$$
$$h = H - E$$

l'équation précédente peut s'écrire :

$$\Phi(H - \varepsilon)\frac{l + 2fE}{l + 2f\varepsilon} + P_r \cos \varphi \left\{ \frac{2f(H - \varepsilon)(fR - \varepsilon_l)}{l + 2f\varepsilon} \right.$$
$$\left. - \frac{l + 2fH}{l + 2f\varepsilon} x + (H - \varepsilon)tg\varphi \right\} - P_t l_t' - aC \leqslant 0.$$

Simplifions cette condition trop compliquée. Nous avons vu page 261 que 1,16 est une des plus grandes valeurs pratiques de $\dfrac{l + 2fE}{l + 2f\varepsilon}$, que le terme $\dfrac{2f^2R(H - \varepsilon)}{l + 2f\varepsilon}$ est négligeable. Nous négligerons aussi le terme $-\dfrac{2f(H - \varepsilon)\varepsilon_2}{l + 2f\varepsilon}$ qui est également très petit ; d'ailleurs il est négatif et cela est favorable à la stabilité.

D'après ce que nous avons vu page 260, la plus petite valeur de $\dfrac{l + 2fH}{l + 2f\varepsilon}$ s'obtient en faisant l et ε aussi grands que possible et en prenant pour H sa plus petite valeur pratique. On trouve ainsi que la valeur de cette fraction ne descend guère au-dessous de l'unité.

La stabilité sera donc a fortiori assurée si la condition ci-après est satisfaite.

$$1.16, \Phi H - x P_r \cos \varphi + P_r H \sin \varphi - P_t l'_t - ac \leqslant 0$$

or, nous avons vu, page 271 que :

$$(P_t - C)(a - l_t) = Cl_t$$

ou :

$$P_t (a - l_t) - aC = 0.$$

Sur la figure 86, on a :

$$l_t = a - l_t.$$

Par suite :

$$P_t l_t = aC.$$

Remplaçant dans l'inégalité de condition, il vient :

$$1,16 \Phi H \leqslant 2aC + x P_r \cos \varphi - P_r H \sin \varphi.$$

Lorsque φ augmente, on voit que Φ diminue. Cette remarque nous sera utile pour l'étude de l'organisation des bouches à feu courtes à long recul sur l'affût.

Pour les canons longs on se contente souvent de calculer Φ de façon à assurer la stabilité sous l'angle zéro. On a alors :

$$1,16 \Phi = \frac{2aC + P_r x}{H}$$

ou :

$$\Phi = 0,86 \frac{2aC + P_r x}{H}.$$

Nous adopterons :

$$(116) \qquad \Phi = 0{,}85 \, \frac{2aC + P_r x}{H}.$$

Deuxième cas : la bouche à feu se meut sur une glis-sière.

Soient NP l'axe de la bouche à feu, $G_r G_{r_0}$ la trajectoire du centre de gravité de la masse reculante de poids P_r, M le milieu de l'intervalle des galets ou des griffes mobiles sur les chemins G_1 et G_2 de la glissière.

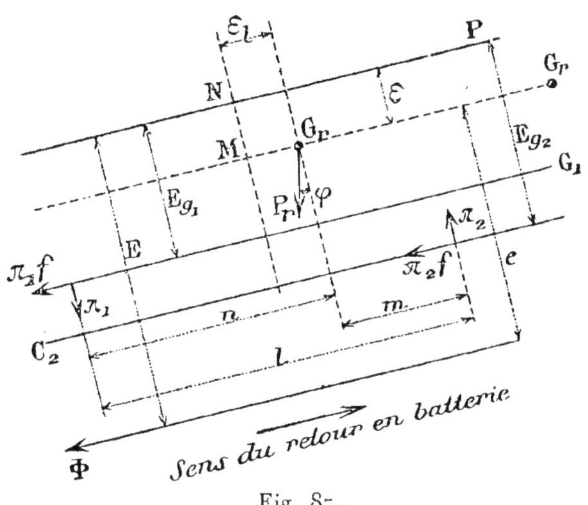

Fig. 87.

En adoptant les mêmes hypothèses et notations que dans le cas précédent et en appliquant le même théorème on a :

$$\pi_2 = \pi_1 + P_r \cos \varphi$$

$$\Phi e + \pi_2 f (E_{g_2} - \varepsilon) + \pi_1 f (E_{g_1} - \varepsilon) - \pi_1 n - \pi_2 m = 0.$$

Ce sont précisément les deux équations de la page 263

dans lesquelles on aurait fait $P = o$, et $F = \Phi$. On a donc :

$$\pi_1 = \frac{\Phi c + P_r \cos \varphi \left[f\left(E_{g2} - \varepsilon\right) - \dfrac{l}{2} + \varepsilon_l \right]}{l + f\left(2\varepsilon - E_{g_1} - E_{g2}\right)}.$$

Avec cette valeur de π_1, la valeur de π_2 est $\pi_1 + P_r \cos \varphi$.

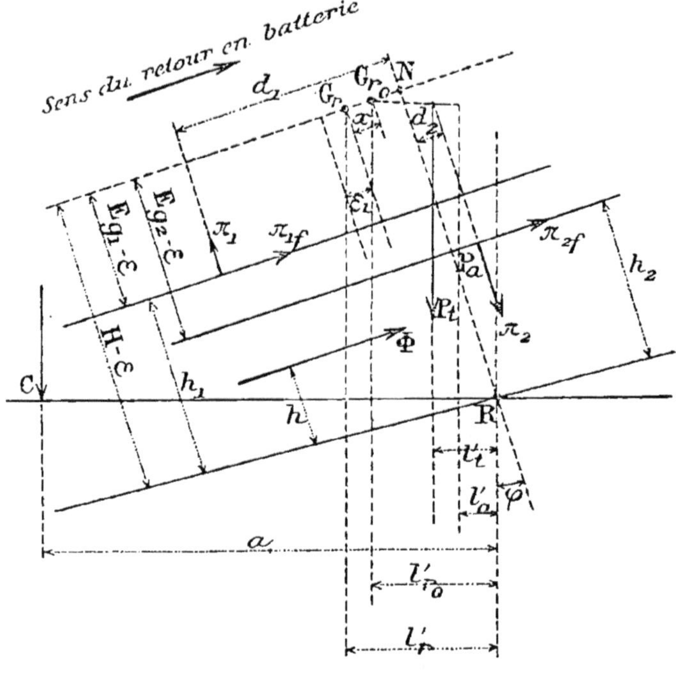

Fig. 88.

Comme dans le cas précédent, la condition d'équilibre de l'affût se déduit de la figure 88. Elle est :

$$\Phi h + \pi_1 f h_1 + \pi_2 f h_2 + \pi_1 d_1 + \pi_2 d_2 - P_a l_a' - Ca \leqslant o.$$

Or :

$$d_1 + d_2 = l$$
$$h_1 = H - E_{g_1}$$
$$h_2 = H - E_{g_2}$$
$$\pi_2 = \pi_1 + P_r \cos \varphi.$$

On a alors :

$$\Phi h + \pi_1 l + d_2 P_r \cos \varphi + f h_2 P_r \cos \varphi +$$
$$+ \pi_1 f \left(2\,H - E_{g_1} - E_{g_2}\right) - P_a l'_a - Ca \leqslant 0$$

ou :

$$\Phi h + P_r \cos \varphi \left[d_2 + f\left(H - E_{g_2}\right)\right] - P_a l'_a - Ca +$$
$$+ \pi_1 \left[l + f\left(2\,H - E_{g_1} - E_{g_2}\right)\right] \leqslant 0.$$

Calculons $d_2 P_r \cos \varphi$. Nous avons :

$$P_t l_t = P_r l'_{r_0} + P_a l'_a.$$

D'autre part :

$$G_r N = \frac{l}{2} - \varepsilon_l - d_2.$$

Projetant sur l'horizontale le contour G_r NR, on a :

$$l'_r = \left(\frac{l}{2} - \varepsilon_l - d_2\right) \cos \varphi + (H - \varepsilon) \sin \varphi$$

or :

$$l_r = l'_{r_0} + x \cos \varphi.$$

On a donc :

$$l_r = l^r_0 + x \cos \varphi = \left(\frac{l}{2} - \varepsilon_l - d_2\right) \cos \varphi + (H - \varepsilon) \sin \varphi$$

ou :

$$P_t l_t - P_a l'_a = \left(\frac{l}{2} - \varepsilon_l - d_2 - x\right) P_r \cos\varphi + P_r (H - \varepsilon) \sin\varphi.$$

D'où :

$$d_2 P_r \cos\varphi = \left(\frac{l}{2} - \varepsilon_2 - x\right) P_r \cos\varphi$$
$$+ P_r (H - \varepsilon) \sin\varphi + P_a l'_a - P_t l_t.$$

Remplaçant dans l'inégalité de condition il vient :

$$\Phi h + P_r \cos\varphi \left[f (H - E_{g_2}) - \varepsilon_2 + \frac{l}{2} - x + (H - \varepsilon)\, \mathrm{tg.}\,\varphi \right]$$
$$- P_t l'_t - Ca + \pi_1 \left[l + f (2H - E_{g_1} - E_{g_2}) \right] \leqslant 0.$$

ou, en remplaçant π_1 par sa valeur en remarquant que, sur la figure 87, on a :

$$E = e + \varepsilon$$
$$h = H - E$$

il vient :

$$\Phi (H - \varepsilon)\frac{l + 2Ef - f (E_{g_1} + E_{g_2})}{l + f (2\varepsilon - E_{g_1} - E_{g_2})} + P_r \cos\varphi \left\{ \frac{2 f (H - \varepsilon)\,\varepsilon_l}{l + 2f\varepsilon - f (E_{g_1} - E_{g_2})} \right.$$
$$\left. + \frac{f^2 (H - \varepsilon)(E_{g_2} - E_{g_1})}{l + 2f\varepsilon - f(E_{g_1} + E_{g_1})} - x + (H - \varepsilon)\, \mathrm{tg}\,\varphi \right\}.$$
$$- P_t l_t - Ca \leqslant 0.$$

Comme dans le cas précédent $P_t l'_t = aC$.

D'autre part nous avons vu page 266 que la plus grande valeur pratique du coefficient de $\Phi (H - \varepsilon)$ est $1{,}15$, que celle du coefficient de $\varepsilon_1 P_r \cos\varphi$, est de $0{,}30$, et que le coefficient $\dfrac{f^2 (H - \varepsilon) E_{g_2} - E_{g_1})}{l + 2f\varepsilon - f(E_{g_1} - E_{g_2})}$ est négligeable.

La condition précédente sera donc satisfaite pratiquement si l'on a :

$$1,15\,\Phi\,(\mathrm{H} - \varepsilon) + \mathrm{P}_r\cos\varphi\,[0,30\,\varepsilon_l - x + (\mathrm{H} - \varepsilon)\,\mathrm{tg}\,\varphi] - 2a\mathrm{C} \leqslant 0.$$

Comme précédemment, lorsque φ augmente, Φ diminue. Négligeons ε devant H, et $0,3\,\varepsilon_l$ devant x et admettons qu'il suffise d'assurer la stabilité du tir sous $\varphi = 0$, nous obtenons ainsi :

$$1,15\,\Phi = \frac{2a\mathrm{C} + \mathrm{P}_r x}{\mathrm{H}}.$$

Nous retombons ainsi très sensiblement sur l'équation (117) qui peut ainsi être considérée, dans les deux cas, comme une condition suffisamment approchée de stabilité.

Conséquences. — Dans la théorie qui précède, nous avons implicitement supposé que, la pièce étant animée d'une certaine vitesse vers l'avant, on opposait à son mouvement une force Φ résultante *positive* de l'effort F du frein de retour en batterie et de l'action F_R du récupérateur.

On a donc :

$$\Phi = \mathrm{F} - \mathrm{F}_\mathrm{R}\quad,\quad \mathrm{F}\text{ étant supérieur à }\mathrm{F}_\mathrm{R}.$$

La condition (116) ne s'applique qu'à cette période retardée du mouvement. Pendant cette période, l'effort F compatible avec la stabilité est :

$$\mathrm{F} = \mathrm{F}_\mathrm{R} + 0,85\,\frac{2a\mathrm{C} + \mathrm{P}_r x}{\mathrm{H}}.$$

Dans la valeur de F entrent les résistances passives R. En les mettant à part on a, pour l'effort du frein compatible avec la stabilité, l'expression :

$$(117) \qquad F = F_B - R + 0,85 \, \frac{2\,aC + P_r x}{H}.$$

Cela posé, soit (fig. 89) OABC l'aire représentant le travail des résistances passives à vaincre dans le retour en batterie. Cette aire représente le travail utile à deman-

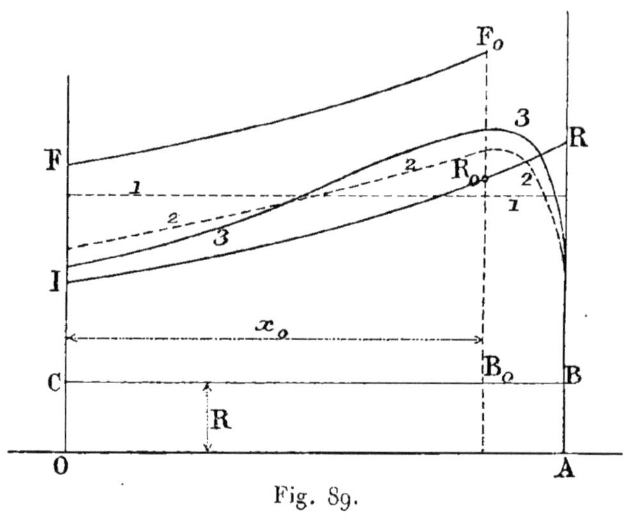

Fig. 89.

der au récupérateur. Soit, d'autre part, OI la résistance initiale du récupérateur dont l'effort varie comme les ordonnées de la courbe IR. L'énergie en excès est repré-sentée par l'aire CIBR. Soit BB_0 l'espace correspondant à la période accélérée du mouvement. L'effort du frein B_0F_0 compatible avec la stabilité est d'après la formule (117) :

$$B_0F_0 = B_0R_0 + R_0F_0 = B_0R_0 + 0,85 \, \frac{2\,aC + P_r x_0}{H}.$$

A partir de ce point cet effort varie comme les ordonnées de la courbe F_0F obtenue en majorant les ordonnées de la courbe IR de la quantité $0,85 \dfrac{2a + P_r x}{H}$, qui diminue quand x diminue.

En particulier s'il s'agit d'un ressort métallique IR est une droite et par suite aussi F_0F. Dans la pratique l'aire CFB_0F_0 est assez supérieure à l'aire B_0R_0BR pour qu'il soit possible non seulement d'absorber l'énergie en excès pendant la deuxième période seule du retour en batterie sans dépasser pour le frein et les résistances passives l'effort total admissible pour la stabilité, mais encore de faire agir le frein dès le retour en batterie de façon à arriver progressivement à la résistance correspondant au début de la deuxième période du retour en batterie. On peut même en général arriver au résultat voulu avec un effort du frein assez inférieur à celui qui résulterait de la courbe F_0F. Cela explique que, dans la pratique, on puisse constituer :

1°) des freins à résistance constante, et alors l'effort résistant total réellement opposé au mouvement va en augmentant pendant la deuxième période du retour en batterie ;

2°) des freins à effort décroissant pendant la deuxième période du retour en batterie de façon que la résistance réellement opposée au mouvement reste constante quand la poussée du récupérateur diminue ;

3°) des freins à effort décroissant pendant la deuxième période du retour en batterie de façon que la résistance totale réellement opposée au mouvement aille en décroissant suivant la condition de stabilité.

Au premier genre correspond la droite 1 parallèle à OA ;

Au deuxième genre, la courbe 2 et au troisième genre

la courbe 3 parallèle à F_0F tracée au-dessous de cette dernière.

Pour obtenir l'effort correspondant à la première période dans le cas des courbes 2 et 3 on raccorde arbitrairement les courbes de la deuxième période à l'axe BR, de façon que l'aire correspondant à l'effort du frein et des résistances passives soit équivalente à l'aire CIBR.

Nous retrouvons ainsi les mêmes problèmes que pour l'organisation des freins de recul. Les solutions sont analogues. Il nous paraît superflu de les reproduire ici et nous nous bornons à titre d'exemple à étudier le cas des freins de retour en batterie à effort partiel constant qui ne nécessitent que des calculs très simples. Cette étude aura d'ailleurs l'avantage de permettre au lecteur de se faire une idée suffisante du fonctionnement des dispositifs en question.

Tracé des orifices dans le cas d'un frein de retour en batterie à résistance partielle constante. — *Premier cas : le récupérateur est à ressorts métalliques.*

Soient (fig. 90) G_{r_0} la position du centre de gravité

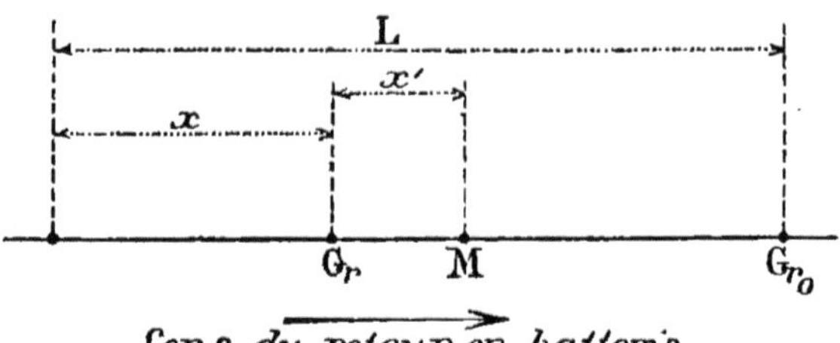

Fig. 90.

avant le tir, G_r sa position à un moment quelconque, L la longueur du recul.

A l'origine du retour en batterie l'effort du récupérateur est :

$$P_i + K_1 L$$

K_1 étant le coefficient de proportionnalité de la résistance du ressort à son aplatissement. Il est connu puisque le récupérateur l'est. Après le parcours x l'effort du récupérateur est :

$$P_i + K_1 (L - x).$$

Le travail du récupérateur pendant le parcours x est donc :

$$\left[P_i + K_1 L - \frac{K_1}{2} x \right] x.$$

Soient F l'effort constant du frein, R les résistances passives, v la vitesse de rentrée en batterie après le parcours x. En appliquant à ce parcours le théorème des forces vives, on a :

$$\frac{1}{2} \frac{P_r}{g} v^2 = - Rx - Fx + \left(P_i + K_1 L - \frac{K_1}{2} x \right) x$$

car pour $x = o$, on doit avoir $v = o$.

La pièce devant rentrer en batterie sans choc, on doit avoir pour $x = L$, $v = o$. Par suite :

$$FL = \left(P_i + K_1 L - \frac{K_1}{2} L \right) L - RL$$

ou :

$$(118) \qquad F = P_i + \frac{K_1}{2} L - R.$$

L'équation du mouvement s'écrit alors :

$$\frac{1}{2} \frac{P_r}{g} v^2 = \left(P_i + K_1 L - \frac{K_1}{2} x \right) x - \left(P_i + \frac{K_1}{2} L \right).x$$

ou :

$$(119) \qquad \frac{P_r}{g}\, v^2 = K_1 x\,(L - x).$$

Connaissant ainsi F et v^2 pour chaque valeur de x la formule (12) de la page 132 fait connaître la grandeur correspondante des orifices d'écoulement. Le calcul peut d'ailleurs être abrégé si l'on remarque que la courbe représentée par l'équation (119) est symétrique par rapport au milieu M de la course L. En rapportant le mouvement à cette origine la formule (119) s'écrit :

$$v^2 = \frac{gK_1}{P_r} \left(\frac{L^2}{4} - x'^2 \right)$$

x' étant la distance du point G_r au point M.

Si l'on veut connaître la force motrice Φ, positive ou négative, on n'a qu'à appliquer la formule :

$$\Phi =: \frac{P_r}{g}\, v \frac{dv}{dx} = \frac{K_1}{2}\,(L - x) - \frac{1}{2}\,K_1 x$$

soit :

$$(120) \qquad \Phi = K_1 \left(\frac{L}{2} - x \right).$$

Comme vérification le second membre doit être égal, en valeur absolue, à l'effort du frein F augmenté des résistances passives R $\left(\text{soit } P_i + \frac{K_1}{2}\,L \right)$ et diminué de l'effort $P_i + K_1\,(L - x)$ du récupérateur après le parcours x.

Comme il fallait s'y attendre Φ s'annule pour $x = \frac{L}{2}$ c'est-à-dire la longueur parcourue pendant la période accélérée est la même que celle qui correspond à la période retardée.

Application numérique.
Supposons :

$$P_i = 250 \text{ kg.}, \quad K_1 = 333$$
$$L = 1^m,25, \quad P_r = 450 \text{ kg.}, \quad g = 9,8, \quad R = 40 \text{ kg.}$$
$$\Omega = 23^{cmq}, \quad C = 60 \text{ kg.}, \quad a = 2^m,10, \quad H = 0^m,90.$$

La formule (118) donne :

$$F = 250 + 333 \times 0,625 - 40 = 419 \text{ kg. environ.}$$

La vitesse de rentrée en batterie est donnée pour toute valeur de x par la formule (119). Par exemple pour $x = 1$ mètre, on trouve $v^2 = 2,04$ soit $v = 1^m,43$ environ.

La formule (12) donne pour orifice correspondant $\omega = 0^{cmq},306$.

Au début du retour en batterie la force motrice est :

$$\Phi = 333 \times 0,625 = 208 \text{ kg.}$$

A la fin elle est négative et égale à 208 kg. Comme Φ varie avec x suivant la formule (120), on obtient Φ pour une valeur quelconque de x en prenant sur la figure 91, l'ordonnée correspondante de la droite qui joint le point de coordonnées $(0, 208)$ au point de coordonnées $(0,625, 0)$. Sur cette figure 91 nous avons tracé la courbe des vitesses de rentrée en batterie calculées au moyen de la formule (119). La vitesse maximum de rentrée en batterie s'obtient en faisant $x = \dfrac{L}{2}$ dans l'expression de v, ou encore $x' = 0$ dans :

$$v^2 = \frac{g K_1}{P_r}\left(\frac{L^2}{4} - x'^2\right).$$

On a ainsi :

$$v_m^2 = \frac{9,8 \times 333}{400 \times 4} \times 1,56 = 3,1812.$$

D'où :

$$v_m = 1^m,78 \text{ environ.}$$

Cette vitesse est bien comprise dans les limites que nous avons indiquées page 335.

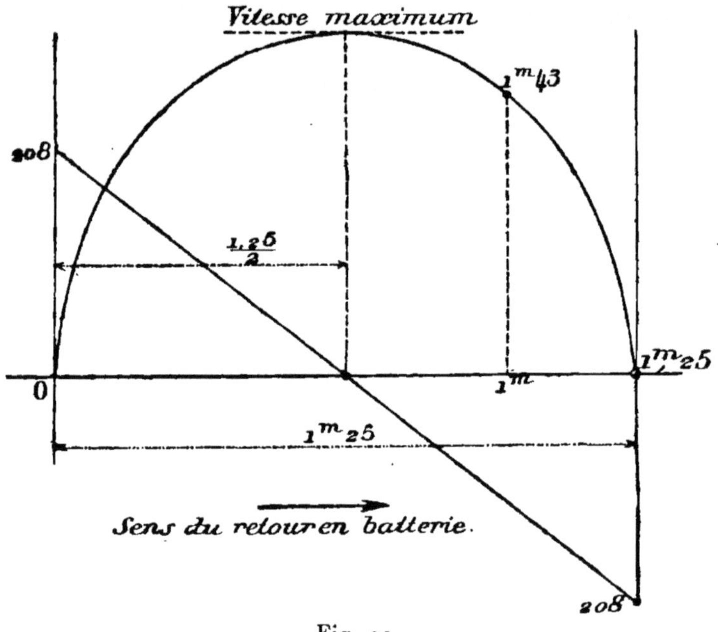

Fig. 91.

Il reste à vérifier que l'effort résistant à la fin du retour en batterie n'est pas supérieur à l'effort compatible avec la stabilité donné par la formule (116). Cette formule donne, pour $x = 0$:

$$\Phi = \frac{85}{90}\,(4,2 \times 60) = 23\ldots$$

L'effort F + R doit être au plus égal à $\Phi + P$, soit $238 + 250 = 488$ kg. Cette condition est satisfaite puisque nous avons trouvé F = 419 kg. avec R = 40 kg. Si la stabilité n'avait pas été assurée il aurait fallu changer le système du frein de retour en batterie.

2° *Cas : le récupérateur est à air comprimé.*

Nous supposerons le récupérateur indépendant du frein. Soient p_2, v_2 (fig. 92) les éléments caractéristiques de la masse gazeuse à la fin du recul.

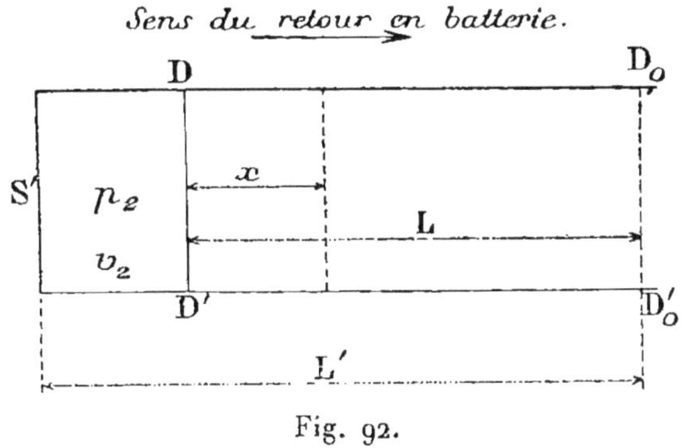

Fig. 92.

Lorsque le diaphragme s'est déplacé de la quantité x le volume est devenu v_x et la pression p_x. D'après la figure 92 on a :

$$\frac{v_x}{v_2} = \frac{S'\,(L' - L + x)}{S'\,(L' - L)} = \frac{L' - L + x}{L' - L}.$$

C'est le rapport que nous avons appelé α, page 230.

Or nous avons vu page 232 que le travail correspondant du récupérateur a pour expression :

$$\varepsilon = \frac{p_x v_x}{\gamma - 1}\left(\alpha^{\gamma - 1} - 1\right).$$

On a donc :

$$\mathfrak{E} = \frac{p_x v_x}{\gamma - 1} \left[\left(\frac{L' - L + x}{L' - L} \right)^{\gamma - 1} - 1 \right].$$

Mais en appelant p_1, v_1 la pression et le volume de l'air avant le tir la formule (95) de la page 301 donne, en remarquant qu'il faut y remplacer x par $L - x$ qui est la longueur du recul :

$$p_x = p_1 \left(\frac{L'}{L' - L + x} \right)^{\gamma}.$$

D'autre part :

$$p_x v_x^{\gamma} = p_1 v_1^{\gamma}.$$

On a donc :

$$v_x^{\gamma} = \left(\frac{L' - L + x}{L'} \right)^{\gamma} v_1^{\gamma}.$$

Remplaçant dans l'expression de $\mathfrak{E}$, il vient :

$$\mathfrak{E} = p_1 \left(\frac{L'}{L' - L + x} \right)^{\gamma} \frac{L' - L + x}{L'} v_1 \frac{1}{\gamma - 1} \left[\left(\frac{L' - L + x}{L' - L} \right)^{\gamma - 1} - 1 \right]$$

ou :

$$\mathfrak{E} = \frac{p_1 v_1}{\gamma - 1} \left(\frac{L'}{L' - L + x} \right)^{\gamma - 1} \left[\frac{(L' - L + x)^{\gamma - 1}}{(L' - L)^{\gamma - 1}} - 1 \right].$$

Appliquant le théorème des forces vives au parcours x, on a :

$$\frac{1}{2} \frac{P_r}{g} v^2 = - (F + R)x + \frac{p_1 v_1}{\gamma - 1} \left(\frac{L'}{L' - L + x} \right)^{\gamma - 1} \left[\frac{(L' - L + x)^{\gamma - 1}}{(L' - L)^{\gamma - 1}} - 1 \right].$$

Car pour $x = 0$, $v = 0$.

Comme pour $x = L$, on doit avoir $v = 0$, on a :

$$FL = \frac{p_1 v_1}{\gamma - 1}\left[\left(\frac{L'}{L' - L}\right)^{\gamma - 1} - 1\right] - RL.$$

Dans cette formule les unités sont le kilogramme et le mètre. Il est plus commode d'évaluer v_1 en litres et p_1 en kilogrammes par centimètre carré. La formule s'écrit alors :

$$(121) \quad F = \frac{10\, p_1 v_1}{\gamma - 1}\frac{1}{L}\left[\left(\frac{L'}{L' - L}\right)^{\gamma - 1} - 1\right] - R.$$

Unités : L, L' en mètres, p en kilogrammes par centimètre carré, v en litres.

Remplaçant dans l'expression de v^2 on a, en conservant les mêmes unités que ci-dessus pour L', L, p_1, v_1 :

$$(122)\; \frac{1}{2}\frac{P_r}{g} v^2 = \frac{10\, p_1 v_1}{\gamma - 1}\left\{\left(\frac{L'}{L' - L + x}\right)^{\gamma - 1}\left[\left(\frac{L' - L + x}{L' - L}\right)^{\gamma - 1} - 1\right]\right.$$

$$\left. - \frac{x}{L}\left[\left(\frac{L'}{L' - L}\right)^{\gamma - 1} - 1\right]\right\}$$

Unités : v en mètres par seconde, L', L, x, en mètres, p_1 en kilogrammes par centimètre carré, v_1 en litres.

Comme dans le cas précédent la force motrice a pour expression :

$$\Phi = \frac{P_r}{g}\, v\, \frac{dv}{dx}.$$

Or de (122) on tire :

$$(123) \quad \Phi = \frac{P_r}{g} \, v \, \frac{dv}{dx} = - \frac{10\,p_1 v_1}{\gamma - 1} \left\{ \frac{1}{L} \left[\left(\frac{L'}{L' - L} \right)^{\gamma - 1} - 1 \right] \right.$$

$$\left. - (\gamma - 1) \left(\frac{L'}{L' - L + x} \right)^{\gamma - 2} \frac{L'}{(L' - L + x)^2} \right\}.$$

A la fin du recul $(x = L)$ la force motrice est donc :

$$\Phi = - \frac{10\,p_1 v_1}{\gamma - 1} \left\{ \frac{1}{L} \left[\left(\frac{L'}{L' - L} \right)^{\gamma - 1} - 1 \right] - (\gamma - 1) \frac{1}{L'} \right\}.$$

Comme vérification on voit que Φ pour $x = L$ est égale à la différence de l'effort du frein augmenté de R et de l'effort du récupérateur qui, pour $x = L$, est $p_1 S' = \frac{p_1 v_1}{L'}$ ou avec les unités précédentes $\frac{10\,p_1 v_1}{L'}$.

Application numérique.

Supposons d'après ce que nous avons trouvé pages 303 et 304 :

$$v_1 = 4^{\text{lit}},366 \qquad p_1 = 22^{\text{kg}},26 \text{ par centimètre carré}$$
$$L = 1^{\text{m}},25 \qquad L' = {}^{\text{m}}2,70$$
$$\gamma = 1,4 \quad R = 45 \text{ kilogrammes} \quad P_r = 450 \text{ kilogrammes}$$

La formule (121) donne :

$$F = 534^{\text{kg}} - 45^{\text{kg}} = 489 \text{ kilogrammes}$$

A titre d'exemple, calculons au moyen de la formule (122) la vitesse de rentrée en batterie pour $x = 1$. Nous obtenons, en supposant $g = 10$.

$$v^2 = 0,0444 \times 2429 \left\{ 1,039 \times 0,233 - 0,8 \times 0,275 \right\}$$

ou :

$$v^2 = 107,85 \, (0,24 - 0,22) = 107,85 \times 0,02 = 2,14$$
$$v = 1^{\mathrm{m}},46.$$

La formule (123) donne pour effort moteur total correspondant $\Phi = -175$ kilogrammes.

3e *Cas : le frein est du genre hydropneumatique.*

Dans ce cas, au retour comme à l'aller. la force du récupérateur est, ainsi que nous l'avons fait remarquer dans l'étude de ces organes, égale à la pression élémentaire de l'air multipliée par la section utile du piston du frein. Le problème est donc le même que dans le cas précédent : la particularité du système n'intervient que dans le calcul du récupérateur.

Remarque sur le calcul des freins de recul et de rentrée en batterie pour canons à forte pression. — Par canon à forte pression nous entendons des canons tirant à des vitesses initiales assez grandes pour que les angles de tir employés dans la pratique ne dépassent pas une dizaine de degrés. Ces canons tirent uniquement à charge de plein fouet et c'est pour cette charge que les freins sont calculés. Sans doute de petits écarts accidentels de vitesse peuvent se produire mais ils sont toujours relativement faibles. Si l'écart est dans le sens positif, la vitesse de recul étant plus grande que celle pour lequel l'orifice d'écoulement a été calculé. l'effort du frein récupérateur dépasse la valeur prévue mais comme la stabilité a été assurée largement, elle ne se trouve pas menacée par cette légère augmentation d'effort. Si elle l'était on modifierait à la lime, après expérience, la grandeur de l'orifice.

Le même raisonnement est applicable lorsqu'ayant

calculé le frein pour l'angle $\varphi = 0$ on tire sous un angle supérieur.

La composante $P_r \sin \varphi$ intervient comme force accélératrice du mouvement de recul, mais comme, par hypothèse, les variations de φ sont faibles, on se retrouve dans le cas précédent. D'ailleurs la condition de stabilité, (77) ou (80) suivant l'agencement du matériel, montre que la stabilité augmente avec φ.

Pour ces raisons il semble suffisant de calculer les freins de recul des canons à forte pression, pour la vitesse de recul correspondant à la charge de plein fouet, normalement employée et pour l'angle de tir zéro, quitte à modifier légèrement après expérience les valeurs calculées.

Dans le retour en batterie la stabilité diminue, d'après la condition (116) lorsque l'angle de tir augmente mais comme l'énergie à absorber par le frein est moins considérable, l'effort du frein de retour calculé sous l'angle zéro est moins grand que celui prévu. Il s'établit ainsi une sorte de compensation. D'ailleurs la stabilité est généralement assez largement assurée sous l'angle zéro.

CHAPITRE VIII

AFFUTS A LIEN ÉLASTIQUE ET BÊCHE DE CROSSE
POUR BOUCHES A FEU
A BASSE PRESSION ET A LONG RECUL

De telles bouches à feu sont destinées à tirer le plus souvent sous de très grands angles (supérieurs largement en général à 10° et atteignant souvent 3o à 4o°). Si la longueur du recul était sensiblement celle qui est adoptée dans le tir sous les petits angles, la bouche à feu risquerait, dans le tir sous les inclinaisons un peu fortes, de rencontrer le sol ou tout au moins elle s'en rapprocherait d'une façon gênante pour une bonne organisation du matériel. Sans doute le tir sous les grands angles correspond aux charges réduites, et l'énergie à absorber est plus faible, mais le recul serait encore trop grand dans la pratique si l'on ne prenait quelques précautions. Ces précautions consistent à régler automatiquement la longueur du recul de façon que cette longueur diminue lorsque l'angle de tir augmente. Cette façon d'opérer ne présente pas d'ailleurs d'inconvénient, au point de vue de la stabilité du matériel au tir, puisque cette stabilité augmente, elle aussi, avec l'angle de tir. Ce réglage automatique peut être obtenu de bien des façons.

En laissant de côté les freins à fraisures, aujourd'hui démodés, nous avons vu, page 18o et suivantes, que les systèmes employés pour la variation des orifices d'écoulement peuvent se ramener aux trois types suivants :

Freins à barre d'obturation ;

Freins à contre-tige centrale ;

Freins à tiroir, le mouvement de ce dernier étant une translation ou une rotation (freins à bague tournante).

Avec ces systèmes, il est facile de faire varier automatiquement avec l'angle de tir l'*orifice initial* d'écoulement. Il suffit pour cela de transformer et transmettre à la barre d'obturation, à la contre-tige ou au tiroir, le mouvement de rotation dont le canon est animé dans le pointage en hauteur.

Comme exemple d'une telle transmission, nous citerons celle qui a fait l'objet des brevets d'invention pris en France en 1903 et 1904, par la Société allemande *Reinische Metalwaaren und Maschinenfabrik.*

La bouche à feu (fig. 93) recule sur une glissière G,

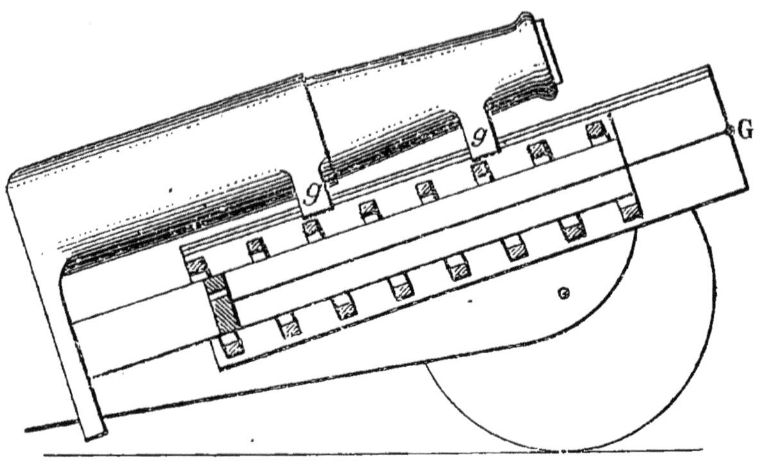

Fig. 93.

dont les nervures sont embrassées par les griffes *g* de la

bouche à feu. A l'avant de la glissière, est fixée la tige du piston qui reste ainsi immobile pendant le tir, la bouche à feu entraînant avec elle le cylindre du frein. Cette disposition est prise dans le but d'augmenter le poids de la masse reculante.

D'autre part, le ressort du récupérateur repose par une extrémité sur le fond de la glissière et par l'autre sur une embase que présente le cylindre : le ressort est ainsi aplati pendant le recul entre le fond de la glissière et l'embase du cylindre de frein.

La variation des orifices calculés sous un angle déterminé, par exemple sous l'angle zéro, est obtenue par le système dit « *à tiroir* ».

A cet effet, le siège S (fig. 94) des soupages *ss'*, des-

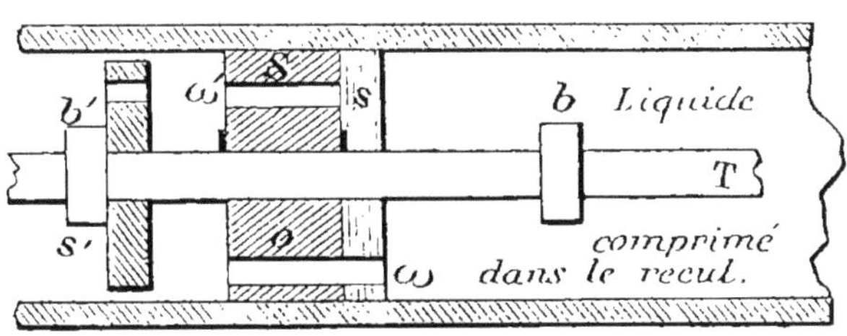

Fig. 94.

tinées à fonctionner, l'une pendant le recul, l'autre pendant le retour en batterie, est fixé à la tige T du piston, du moins dans le sens longitudinal car il peut tourner autour de la tige. Cette rotation est obtenue pendant le recul du cylindre pour un système à ergot et rainure hélicoïdale creusée dans l'épaisseur de la paroi du cylindre de frein (voir pages 175 et 176). Les soupapes *s* et *s'* ne peuvent tourner autour de la tige T grâce à un système facile à imaginer, mais elles peuvent se déplacer longitudinalement le long de la tige T, entre les bagues b et b' et le piston proprement dit S.

Sur le schéma qui constitue la figure 94, la soupape s' est éloignée de S et poussée contre la bague b' par la pression du liquide forcé de s'écouler par l'orifice ω. La soupape s' n'exerçant alors aucune action, tout se passe comme si la soupape s seule existait. On est ainsi ramené au cas général, la variation de l'orifice ω réalisée et calculée comme on le sait, permettant d'obtenir l'effort résistant voulu. Dans le retour en batterie, c'est au contraire la soupape s' qui est poussée contre son siège et c'est par l'orifice ω' que le liquide s'écoule; la soupape s n'agit pas.

Il reste à indiquer l'organisation du mécanisme qui fait varier automatiquement l'orifice initial d'écoulement avec l'angle de tir. Pour obtenir ce résultat, il suffit évidemment de décaler systématiquement la soupape s par rapport au siège S de la quantité convenable, variable avec l'inclinaison donnée à la bouche à feu. En diminuant la grandeur de l'orifice initial quand l'angle de tir augmente, la longueur du recul est forcément diminuée puisque la résistance du frein a été augmentée. Voyons donc comment le décalage de la soupape s peut être obtenu.

Sur la partie avant de la tige T (fig. 95) est calé un secteur denté Σ qui engrène avec un autre secteur denté σ calé sur un arbre t et portant une sorte de doigt D qui s'appuie sur un plan incliné AB fixé au flasque F. Quand on incline la glissière, le doigt D est poussé dans le sens indiqué par la flèche f_1, le secteur σ tourne dans le sens de la flèche f_2 et le secteur Σ dans le sens de la flèche f_3.

Comme la soupape s ne peut tourner par rapport à la tige T, celle-ci entraîne celle-là et le décalage cherché est obtenu.

Le recul diminuant lorsque l'angle de tir augmente, la récupération est moins considérable dans le tir sous les grands angles que dans le tir sous les petits. C'est cependant sous les fortes inclinaisons que la récupération devrait être la plus considérable, puisqu'il faut vaincre une com-

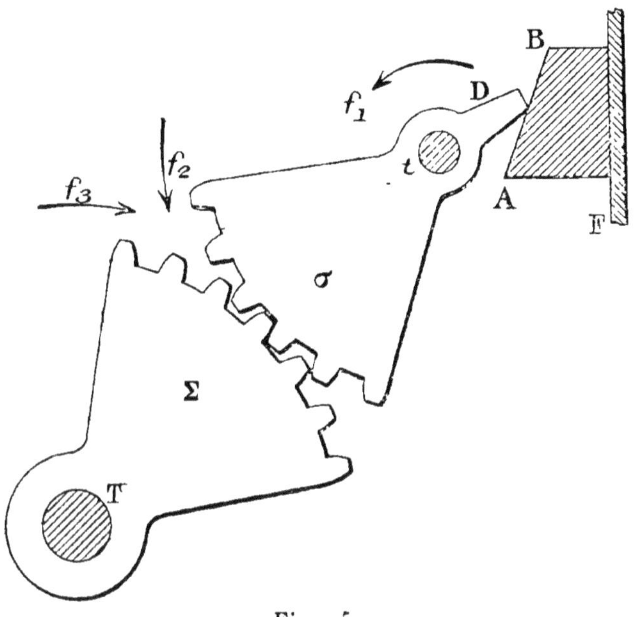

Fig. 95.

posante du poids plus élevé. Il convient donc de faire diminuer automatiquement l'action retardatrice du frein de rentrée en batterie à mesure que l'inclinaison de la pièce augmente. Cette disposition favorise d'ailleurs la stabilité du matériel pendant le retour en batterie (voir page 342).

La rotation de la tige T décale aussi la soupape s' par rapport au siège S et le résultat cherché est obtenu.

Pour que le dispositif fonctionne, lorsque l'angle de tir diminue, le doigt D est constamment poussé contre le plan incliné AB par un dispositif à ressort.

La transmission du mouvement de rotation du canon à la tige T au moyen d'organes dentés peut quelquefois donner lieu à des difficultés de construction. En outre, la rotation de la tige T est proportionnelle à l'inclinaison du canon. Or il peut être nécessaire d'adopter entre les longueurs du recul et l'angle de tir une loi autre que la précédente. C'est dans ce but que la Société allemande a pris, en 1904, une addition à son brevet de 1903. Voici le principe du nouveau dispositif.

Soit (fig. 96) G la glissière contenant le frein sur la-

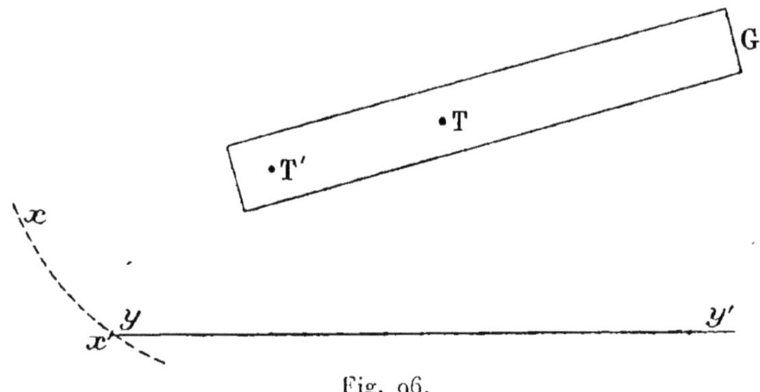

Fig. 96,

quelle glisse la bouche à feu. Les tourillons peuvent être placés en T de façon à laisser reposer l'ensemble avec une légère pression sur le système de pointage en hauteur, mais on peut aussi les placer en T', le plus en arrière possible, quitte à prendre certaines précautions pour équilibrer le système. Cette disposition est avantageuse : d'une part en effet la glissière n'est pas aussi encombrante dans le tir sous les angles les plus grands, d'autre part la culasse se déplaçant moins pendant le pointage, les servants chargent plus facilement. Il fallait donc prévoir la position T' des tourillons et c'est à cette position que le mécanisme précédent pourrait s'appliquer. Mais il peut se faire que l'on préfère placer les tourillons en T pour éviter les précautions à prendre pour équilibrer le système.

Il fallait alors prolonger la courbe xx' qui correspond aux variations du recul sous les petits angles par une droite yy', donnant des reculs moins étendus sous les fortes inclinaisons. La Société allemande précitée a obtenu le résultat voulu au moyen d'une transmission à came dans le détail de laquelle nous n'entrerons pas.

Une autre disposition intéressante pour obtenir la variation du recul avec l'angle de tir est celle qui a été imaginée par la maison belge *John Cockerill de Serainy*. Elle est basée sur un principe tout autre que celui qui a été appliqué dans le dispositif ci-dessus. Comme dans beaucoup d'autres matériels la glissière du canon belge en question renferme le frein et porte les tourillons, mais l'un de ces derniers est creux.

Il communique ainsi au moyen d'un canal logé sous le cylindre du frein avec la partie avant de ce dernier. La section du tourillon est d'ailleurs plus ou moins fermée, suivant l'inclinaison de la glissière par un robinet fixé à l'affût. Quand la bouche à feu est horizontale le robinet est entièrement ouvert et une partie du liquide qui est refoulé par le piston s'écoule presque sans résistance par le tourillon. La résistance est, au contraire très grande quand sous les fortes inclinaisons le robinet est plus ou moins fermé. Le recul est aussi limité par la résistance opposée à l'écoulement d'une autre partie du liquide à travers des orifices ménagés entre le piston et le cylindre.

On peut donc diviser la résistance totale opposée au recul par le frein ainsi organisé, en deux parties : l'une due à un frein à orifices variables, l'autre due à un frein à orifice constant. Celui-ci cesse de fonctionner pendant le recul lorsque le piston a dépassé l'emplacement des tourillons de la glissière. Lors de la rentrée en batterie l'inverse se produit.

Dans ce matériel le recul, qui atteint $1^m,20$ quand la bouche à feu est horizontale, ne dépasse pas $0^m,40$ dans le tir sous $45°$.

Loi de variation des orifices suivant l'angle de tir. — Soit $\omega = f(x)$ la loi de variation des orifices d'écoulement, calculée, comme il a été dit au chapitre VI, en considérant un angle de tir déterminé α. Pour $x = 0$, cette loi donne l'orifice initial ω_0. Or, d'après ce que nous venons de voir, lorsque l'angle de tir varie et devient α' (au lieu de α), l'orifice initial devient ω'_0 (au lieu de ω_0). Lorsque ω'_0 est choisi, ainsi que le genre du frein calculé pour l'angle de tir α, la loi de variation des orifices est déterminée. Il est d'ailleurs facile de la déduire de la loi de variation, correspondant au tir sous l'angle α. Soit en effet (fig. 97), la courbe ω_0HL représentant la loi ci-dessus $\omega = f(x)$. Il est clair, d'après l'organisation même du mécanisme, que sous l'angle α' les orifices varient comme l'indique l'équation $\omega = f(x)$, à partir de $x = x_n$. La loi cherchée, correspondant au tir sous l'angle α' est donc représentée par la courbe $\omega_0' L'$, qui provient d'une translation de la section de courbe HL[1].

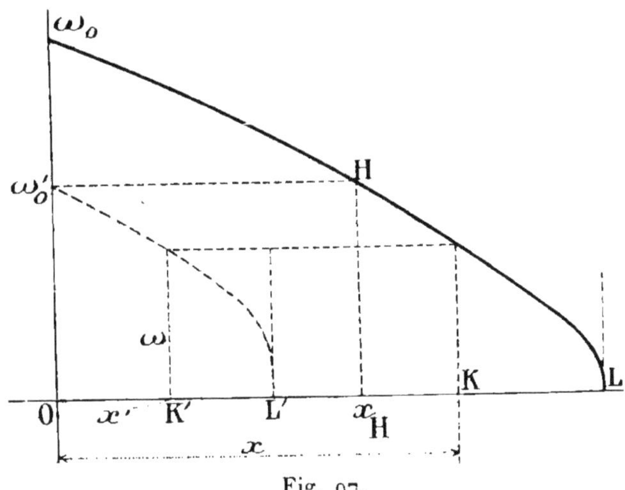

Fig. 97.

Or pour un point quelconque :

$$x = OL - KL$$
$$x' = OL' - K'L'.$$

Comme $KL = K'L'$ on a, en appelant L la longueur du recul dans le tir sous l'angle α et L' la longueur du recul après lequel les orifices d'écoulement se trouvent fermés par le fonctionnement du mécanisme :

$$L - x = L' - x'.$$

[1] Le cas que nous envisageons ici est général. Pour certains freins à bague tournante, par exemple la rainure guide étant hélicoïdale et l'orifice étant de largeur constante, à une même longueur de recul correspond toujours la même variation d'orifice. Il en résulte que les orifices sont pendant toute la durée du recul diminués d'une quantité constante, celle égale à la diminution d'orifice initial.

D'où

$$x = \text{L} - \text{L}' + x'.$$

La loi relative au tir sous l'angle α' est donc, en supprimant l'accent de x.

$$\omega = f\,(\text{L} - \text{L}' + x).$$

Il importe de chercher quel est avec cette loi, l'effort du frein opposé au recul. Pour résoudre ce problème nous considérerons d'abord le cas où le frein-récupérateur a été calculé pour réaliser un effort total constant pendant toute toute la durée du recul sous un angle de tir déterminé α_0.

Soit ω_0 l'orifice initial correspondant. Nous supposerons en outre que le récupérateur est à ressorts métalliques et nous négligerons, pour simplifier, la première période du recul.

D'après la formule (102) de la page 308, la loi de variation des orifices est, dans le tir sous l'angle α_0 :

$$\frac{\text{F}_t - \text{R}_0 - \text{P}_i - \dfrac{\alpha - 1}{\text{L}}\,\text{P}_i x}{\text{F}_t - \text{R}_0 - \text{P}_i}\,\frac{\omega^2}{\omega_0^2} = \frac{\text{L} - x}{\text{L}}$$

F_t étant l'effort total constant, R_0 les résistances passives, P_i la tension initiale du récupérateur, L la longueur du recul compatible avec la stabilité dans le tir sous l'angle α_0. Cette loi s'écrit :

$$\omega^2 = \omega_0^2\,\frac{\text{L} - x}{\text{L}}\,\frac{\text{F}_t - \text{R}_0 - \text{P}_i}{\text{F}_t - \text{R}_0 - \text{P}_i - \dfrac{\alpha - 1}{\text{L}}\,\text{P}_i x}.$$

Posons :

$$a = \frac{\omega_0^2}{L}\, b.$$

$$b = F_t - R_0 - P_i = F_0.$$

Nous avons :

$$\omega^2 = a\, \frac{L - x}{b - \dfrac{\alpha - 1}{L} P_i x}.$$

D'après ce que nous avons vu précédemment la loi de variation des orifices dans le tir sous l'angle α_0, auquel correspond la longueur L' définie à la page précédente, s'obtient en remplaçant dans l'équation ci-dessus x par $L - L' + x$. Nous obtenons ainsi :

$$\omega^2 = a\, \frac{L' - x}{b' - \dfrac{\alpha - 1}{L} P_i x}.$$

en posant :

$$b' = b + \frac{\alpha - 1}{L} P_i (L' - L).$$

Si nous connaissions la vitesse de la masse reculante pour toute valeur de x, en divisant son carré par ω^2, nous aurions l'effort du frein à chaque instant. Nous pourrions alors facilement connaître l'effort total opposé au recul à chaque instant, et voir s'il est admissible ou non.

En particulier si la force vive de recul n'a pas été complètement absorbée lorsque les orifices se trouvent fermés dans le tir sous l'angle α'_0, la stabilité ou la solidité du système seront forcément compromises.

Cherchons donc l'expression de la vitesse de recul.

L'équation du mouvement de la masse reculante est :

$$\frac{P_r}{g}\, v\, \frac{dv}{dx} = -\,F - R'_0 - P_i - \frac{\alpha - 1}{L}\, P_i x$$

R'_0 étant les résistances passives dans le tir sous l'angle α'_0 et F l'effort du frein seul après le parcours x.

Cette équation peut s'écrire :

$$\frac{P_r}{g}\, v\, \frac{dv}{dx} = -\,\frac{\Omega^3\, \delta}{20\, g}\, \frac{v^2}{\omega^2} - R'_0 - P_i - \frac{\alpha - 1}{L}\, P_i x$$

ou, en posant $\dfrac{\Omega^3\, \delta}{20\, P_r} = A$, et en remplaçant ω^2 par sa valeur :

$$v\, \frac{dv}{dx} = -\,\frac{A v^2}{a}\, \frac{b' - \dfrac{\alpha - 1}{L} P_i x}{L' - x} - \frac{g R'_0}{P_r} - \frac{g P_i}{P_r} - \frac{\alpha - 1}{L}\, \frac{g P_i}{P_r}\, x.$$

ou, en posant :

$$(124) \quad \left\{ \begin{aligned} p &= -\,\frac{\alpha - 1}{L}\, \frac{P_i}{P_r}\, g \\[2mm] m &= -\,\frac{g}{P_r}\, (R'_0 + P_i) \end{aligned} \right.$$

$$\frac{\alpha - 1}{L}\, P_i = K$$

$$v\, \frac{dv}{dx} = -\,\frac{A v^2}{a}\, \frac{b' - K x}{L' - x} + p x + m.$$

Pour intégrer, posons $v^2 = u$, d'où $v\, \dfrac{dv}{dx} = \dfrac{1}{2}\, \dfrac{du}{dx}$.

L'équation du mouvement s'écrit :

$$\frac{du}{dx} = -\,2\, \frac{A}{a}\, u\, \frac{b' - K x}{L' - x} + 2 p x + 2 m.$$

Or :

$$- 2\,\frac{A}{a}\,\frac{b' - Kx}{L' - x}\,(L' - x)^{\frac{2A}{a}(b' - KL')}\,e^{\frac{2A}{a}K(L' - x)}$$

est la dérivée de :

$$(L' - x)^{\frac{2A}{a}(b' - KL')}\,e^{\frac{2A}{a}K(L' - x)}$$

Posons alors :

$$(125) \quad u = v^2 = y \left\{ (L' - x)^{\frac{2A}{a}(b' - KL')}\,e^{\frac{2A}{a}K(L' - x)} \right\}.$$

L'équation à intégrer devient :

$$\frac{du}{dx} = - y\,\frac{2A}{a}\,\frac{b' - Kx}{L' - x}\,(L' - x)^{\frac{2A}{a}(b' - KL')}\,e^{\frac{2A}{a}K(L' - x)}$$

$$+ \frac{dy}{dx} \left\{ (L' - x)^{\frac{2A}{a}(b' - KL')}\,e^{\frac{2A}{a}K(L' - x)} \right\}$$

$$= - \frac{2A}{a}\,u\,\frac{b' - Kx}{L' - x} + 2px + 2m.$$

ou

$$- \frac{2A}{a}\,u\,\frac{b' - Kx}{L' - x} + \frac{dy}{dx} \left\{ (L' - x)^{\frac{2A}{a}(b' - KL')}\,e^{\frac{2A}{a}K(L' - x)} \right\}$$

$$= - \frac{2A}{a}\,u\,\frac{b' - Kx}{L' - x} + 2px + 2m$$

d'où :

$$\frac{dy}{dx} = \frac{2px + 2m}{(L' - x)^{\frac{2A}{a}(b' - KL')}\,e^{\frac{2A}{a}K(L' - x)}}.$$

Cela posé, considérons les valeurs de p et de m définies par les formules (124). La valeur de p est toujours < 0.

Celle de m aussi, car la tension initiale du récupérateur est toujours pratiquement supérieure à la composante du poids de la masse reculante diminuée des frottements. Comme le dénominateur de $\dfrac{dy}{dx}$ est toujours > 0, on voit que y décroît quand x croît de 0 à L'.

On voit que y reste donc fini. Par suite, il résulte de l'équation (125) que la vitesse v s'annule pour $x = L'$, c'est-à-dire lorsque l'orifice d'écoulement se ferme. Ce résultat pouvait d'ailleurs se prévoir, car une fois les orifices fermés, le liquide étant incompressible, le mouvement du piston dans le cylindre n'est plus possible. La vitesse est bien nulle mais si la force vive de recul n'a pas été absorbée, l'effort opposé par le frein tend à augmenter au-delà de toute limite. La stabilité du système ou plutôt sa solidité, peuvent ainsi se trouver compromises.

En posant :

$$\frac{2\,A}{a}\,(b' - KL') = \alpha$$

$$\frac{2\,A}{a}\,K = \theta$$

$$L' - x = z$$

$$pL' + m = n$$

l'équation à intégrer s'écrit :

$$\frac{1}{2}\frac{dy}{dz} = \frac{pz - n}{z^{\alpha}e^{\theta z}} = pz^{1-\alpha}e^{-\theta z} - nz^{-\alpha}e^{-\theta z}.$$

Or :

$$\frac{d}{dz}\left(z^{1-\alpha}e^{-\theta z}\right) = (1 - \alpha)\,z^{-\alpha}e^{-\theta z} - \theta z^{1-\alpha}e^{-\theta z}.$$

En supposant :

$$+ \frac{n}{p} = \frac{1 - \alpha}{\theta},$$

on a :

$$\frac{d}{dz}\left(z^{1-\alpha} e^{-\theta z}\right) = \frac{\theta n}{p} z^{-\alpha} e^{-\theta z} - \theta z^{1-\alpha} e^{-\theta z}$$

$$= \frac{\theta}{p}\left(n z^{-\alpha} e^{-\theta z} - p z^{1-\alpha} e^{-\theta z}\right) = - \frac{\theta}{2p} \frac{dy}{dz}.$$

On a donc

$$y = - \frac{2p}{\theta} z^{1-\alpha} e^{-\theta z} + \text{constante.}$$

La constante est déterminée par cette condition que, pour $x = \mathrm{L}'$, y a une valeur finie non nulle, par définition de y.

Or nous démontrerons que α est < 1.

Il en résulte que, si $\dfrac{n}{p} = \dfrac{1 - \alpha}{\theta}$, y tend vers une valeur finie non nulle lorsque z tend vers zéro, c'est-à-dire lorsque x tend vers L'.

Supposons maintenant que

$$\frac{n}{p} \lessgtr \frac{1 - \alpha}{\theta}.$$

Posant :

$$\frac{1 - \alpha}{\theta} = \frac{p}{c}$$

c étant un coefficient arbitraire on a :

$$\frac{1}{2}\frac{dy}{dz} = p z^{1-\alpha} e^{-\theta z} + c z^{-\alpha} e^{-\theta z} - (n + c) z^{-\alpha} e^{-\theta z}$$

$$= p z^{1-\alpha} e^{-\theta z} + \frac{p}{1 - \alpha} \theta z^{-\alpha} e^{-\theta z} - (n + c) z^{-\alpha} e^{-\theta z}$$

$$= \frac{p}{1 - \alpha}\left[z^{1-\alpha} e^{-\theta z}(1 - \alpha) + \theta z^{-\alpha} e^{-\theta z}\right] - (n + c) z^{-\alpha} e^{-\theta z}$$

Le crochet étant la dérivée de $z^{1-\alpha}e^{-\theta z}$ on a :

$$\frac{1}{2}\,y = \frac{p}{1-\alpha}\,z^{1-\alpha}e^{-\theta z} - (n+c)\int_{L'}^{Z} z^{-\alpha}e^{-\theta z} + \text{constante.}$$

L'intégrale est une fonction connue : on sait qu'elle tend vers l'infini quand z tend vers zéro. Nous verrons d'autre part que α est < 1 ; le premier terme tend donc vers zéro en même temps que z. Quant à la constante elle est déterminée de façon que y ait une valeur déterminée non nulle pour $z = L'$ ainsi qu'il résulte de l'équation (125).

Par suite, suivant les cas, y tend soit vers une valeur finie non nulle soit vers l'infini lorsque z tend vers zéro ou x vers L'.

Il reste à démontrer que

$$\alpha = \frac{A}{a}\,(b' - KL') < 1.$$

Or on a vu, page 371, que l'on a :

$$b' - KL' = b - KL = F_0 - KL.$$

D'autre part :

$$A = \frac{\Omega^3 \delta}{20\,P_r}$$

$$a = \frac{\omega_0^2}{L}\,F_0 = \frac{\Omega^3 \delta}{20\,g}\,\frac{v_0^2}{L}.$$

On a donc :

$$2\,\frac{A}{a}\,(b' - KL') = \frac{\dfrac{g}{P_r}}{\dfrac{v_0^2}{Lg}}\,(F_0 - KL) = \frac{F_0 - KL}{\dfrac{1}{2}\dfrac{P_r}{g}\dfrac{v_0^2}{L}} = \frac{F_0 - KL}{F_t}$$

fraction inférieure à 1 puisque F_t est l'effort total constant opéré au recul et F_0 l'effort initial du frein seul.

Cela posé cherchons la limite vers laquelle tend l'effort du frein lorsque x tend vers L'.

Cet effort du frein étant, comme on le sait, proportionnel à $\dfrac{v^2}{\omega^2}$ il est proportionnel à :

$$y e^{\frac{2A}{a} K (L' - x)} (L' - x)^{\frac{2A}{a} (b' - KL') - 1} (b' - Kx)$$

Comme $\dfrac{2A}{a} (b' - KL') < 1$, lorsque x tend vers L', y tend, suivant les cas, vers une valeur finie non nulle, ou vers l'infini

$$e^{\frac{2A}{a} K (L' - x)}$$

tend vers 1,

$$(L' - x)^{\frac{2A}{a} (b' - KL') - 1}$$

tend vers l'infini.

L'effort du frein tendrait donc toujours à augmenter indéfiniment si l'on adoptait la loi des orifices ordinaires sans aucune précaution. Mais il n'en est plus ainsi si l'on a soin de modifier légèrement dans le voisinage du point L la courbe $\omega_0 \mathrm{III} L$ de la figure 97 de façon à prolonger cette courbe par une droite laissant les orifices constants sur une certaine longueur. Cela suffit pour montrer que, dans la pratique, la solution du problème ne présente pas de sérieuse difficulté au point de vue que nous venons d'envisager.

Il est facile de voir que la même conclusion s'impose dans les cas où le frein-récupérateur a été construit de façon à réaliser :

1°) pour le frein considéré isolément une résistance constante;

2°) pour le système frein-récupérateur une résistance décroissante à la demande de la condition de stabilité.

Considérons d'abord ce dernier cas. Soient (fig. 98),

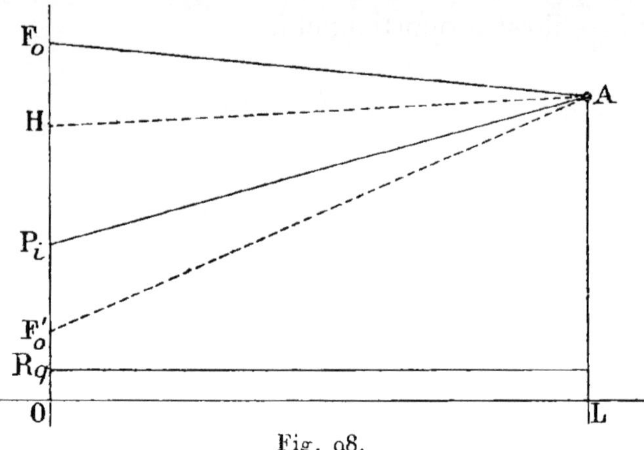

Fig. 98.

sous l'angle α_q pour lequel le frein-récupérateur a été calculé, OR_q les résistances passives, OL la longueur du recul, P_i la tension initiale du récupérateur, P_iA la droite qui représente les variations de cette tension avec l'aplatissement du ressort, F_0A la droite représentant la condition de stabilité.

Traçons l'horizontale AH et la droite AF'_0 telle que $P_iF'_0 = HF_0$.

Si nous considérons un ressort caractérisé par la droite F'_0A et si nous calculons un frein-récupérateur, sous l'angle α_q, pour réaliser l'effort constant OH nous obtiendrons pour le frein considéré isolément les mêmes efforts que dans le cas où l'effort du frein varierait comme les portions d'ordonnées comprises entre les droites AF_0 et AP_i; les orifices que nous calculerions seraient bien ceux cherchés et nous savons que lorsqu'ils se ferment dans le tir sous un autre angle avec un orifice initial modifié l'effort du frein tend vers l'infini, si le rapport $\dfrac{F_0 - KL}{F_r} < 1$ c'est-à-dire si $\dfrac{K_0 F_0 - F'H}{OH} < 1$ ce qui a lieu évidemment.

Le même raisonnement s'applique au cas où le frein aurait été calculé de façon à réaliser une résistance partielle constante.

CONCLUSIONS

—

Cette étude mécanique des affûts montre combien la théorie laisse de place à l'expérience et combien les deux moyens d'investigation se complètent l'un l'autre.

M. Maurice d'Ocagne l'a d'ailleurs justement fait remarquer dans une note placée en tête de ce volume en citant en particulier ces paroles célèbres de *Bacon* :

« L'expérience sans la théorie est aveugle, la théorie sans l'expérience est incomplète ».

INDEX BIBLIOGRAPHIQUE

—

Bour (Professeur). *Cours de mécanique (enseigné à l'École Polytechnique).*

Challéat (Capitaine). 1. *Théorie des affûts à déformation à lien élastique et bêche de crosse.* Paris 1906. Berger-Levrault.

— 2. *Organisation et résistance du matériel d'artillerie.* Lithographie de l'Ecole d'application de Fontainebleau 1904.

Charbonnier (Commandant). *Balistique intérieure.* Paris 1907. Octave Doin. E. S.

Gautier (Commandant). Effets du tir sur les affûts. *Lithographie de l'École d'application de Fontainebleau.* — 1899.

Gonçalves (Capitaine portugais). *Revista do exercito et do armada* n° d'avril 1904.

Henry (Colonel). 1. Sur la théorie des affûts. *Mémorial de l'artillerie de la marine t. XV. 1887.*

2. Effets du tir sur les affûts. 2me Edition. *Lithographie de l'École d'application de Fontainebleau.* — 1893.

Hermary (Colonel). Effets du tir sur les affûts. *Lithographie de l'Ecole d'application de Fontainebleau.*

Kaiser (Professeur). De la construction des affûts. *Revue de l'artillerie de la marine t. VI. 1878.*

Leduc (Commandant). Cours de balistique intérieure. *Lithographie de l'École d'application de Fontainebleau. 1903.*

Madamet (Directeur de l'École d'application du génie maritime). *Résistance des matériaux.* Paris 1891. Bernard.

Poisson. *Formules relatives aux effets du tir sur les différentes parties de l'affût.* (Avec notes du Commandant Piobert) 2me Edition. Paris 1838. Bachelier.

Revue d'Artillerie. Paris. Berger-Levrault.

Vallier (Lieutenant-Colonel. Correspondant de l'Institut). *Théorie et tracé des freins hydrauliques.* Paris 1900. Veuve Ch. Dunod.

TABLE ALPHABÉTIQUE DES AUTEURS ET DES MATIÈRES

—

TABLE SYSTÉMATIQUE DES MATIÈRES
Mécanique des Affûts

—

Pages

CHAPITRE V

Affûts à lien élastique et bêche de Crosse

CHAPITRE VI

Étude des freins récupérateurs

CHAPITRE VII

CHAPITRE VIII

SAINT-AMAND (CHER). — IMPRIMERIE BUSSIÈRE.

OCTAVE DOIN, ÉDITEUR, 8, PLACE DE L'ODÉON, PARIS

ENCYCLOPÉDIE SCIENTIFIQUE

Publiée sous la direction du D\u02b3 TOULOUSE

Nous avons entrepris la publication, sous la direction générale de son fondateur, le D\u02b3 Toulouse, Directeur à l'École des Hautes-Études, d'une ENCYCLOPÉDIE SCIENTIFIQUE de langue française dont on mesurera l'importance à ce fait qu'elle est divisée en 40 sections ou Bibliothèques et qu'elle comprendra environ 1 000 volumes. Elle se propose de rivaliser avec les plus grandes encyclopédies étrangères et même de les dépasser, tout à la fois par le caractère nettement scientifique et la clarté de ses exposés, par l'ordre logique de ses divisions et par son unité, enfin par ses vastes dimensions et sa forme pratique.

I

PLAN GÉNÉRAL DE L'ENCYCLOPÉDIE

Mode de publication. — l'*Encyclopédie* se composera de monographies scientifiques, classées méthodiquement et formant dans leur enchaînement un exposé de toute la science. Organisée sur un plan systématique, cette Encyclopédie, tout en évitant les inconvénients des Traités, — massifs, d'un prix global élevé, difficiles à consulter, — et les inconvénients des Dictionnaires, — où les articles scindés irrationnellement, simples chapitres alphabétiques, sont toujours nécessairement incomplets, — réunira les avantages des uns et des autres.

Du Traité, l'*Encyclopédie* gardera la supériorité que possède un ensemble complet, bien divisé et fournissant sur chaque science tous les enseignements et tous les renseignements qu'on en réclame. Du Dictionnaire, l'*Encyclopédie* gardera les facilités de recherches par le moyen d'une table générale, l'*Index* de l'*Encyclopédie*, qui paraîtra dès la publication d'un certain nombre de volumes et sera réimprimé périodiquement. L'*Index* renverra le lecteur aux différents volumes et aux pages où se trouvent traités les divers points d'une question.

Les éditions successives de chaque volume permettront de suivre toujours de près les progrès de la science. Et c'est par là que s'affirme la supériorité de ce mode de publication sur tout autre. Alors que, sous sa masse compacte, un traité, un dictionnaire ne peut être réédité et renouvelé que dans sa totalité et qu'à d'assez longs intervalles, inconvénients graves qu'atténuent mal des suppléments et des appendices, l'*Encyclopédie scientifique*, au contraire, pourra toujours rajeunir les parties qui ne seraient plus au courant des derniers travaux importants. Il est évident, par exemple, que si des livres d'algèbre ou d'acoustique physique peuvent garder leur valeur pendant de nombreuses années, les ouvrages exposant les sciences en formation, comme la chimie physique, la psychologie ou les technologies industrielles, doivent nécessairement être remaniés à des intervalles plus courts.

Le lecteur appréciera la souplesse de publication de cette *Encyclopédie*, toujours vivante, qui s'élargira au fur et à mesure des besoins dans le large cadre tracé dès le début, mais qui constituera toujours, dans son ensemble, un traité complet de la Science, dans chacune de ses sections un traité complet d'une science, et dans chacun de ses livres une monographie complète. Il pourra ainsi n'acheter que telle ou telle section de l'*Encyclopédie*, sûr de n'avoir pas des parties dépareillées d'un tout.

L'*Encyclopédie* demandera plusieurs années pour être achevée ; car pour avoir des expositions bien faites, elle a pris ses collaborateurs plutôt parmi les savants que parmi les professionnels de la rédaction scientifique que l'on retrouve généralement dans les œuvres similaires. Or les savants écrivent peu et lentement : et il est préférable de laisser temporairement sans attribution certains ouvrages plutôt que de les confier à des auteurs insuffisants. Mais cette lenteur et ces vides ne présenteront pas d'inconvénients, puisque chaque livre est une œuvre indépendante et que tous les volumes publiés sont à tout moment réunis par l'*Index* de l'*Encyclopédie*. On peut donc encore considérer l'Encyclopédie comme une librairie, où les livres soigneusement choisis, au lieu de représenter le hasard d'une production individuelle, obéiraient à un plan arrêté d'avance, de manière qu'il n'y ait ni lacune dans les parties ingrates, ni double emploi dans les parties très cultivées.

Caractère scientifique des ouvrages. — Actuellement, les livres de science se divisent en deux classes bien distinctes : les livres destinés aux savants spécialisés, le plus souvent incompréhensibles pour tous les autres, faute de rappeler au début des chapitres les connaissances nécessaires, et surtout faute de définir les nombreux termes techniques incessamment forgés, ces derniers rendant un mémoire d'une science particulière inintelligible à un savant qui en a abandonné l'étude durant quelques années ; et ensuite les livres écrits pour le grand public, qui sont sans profit pour des savants et même pour des personnes d'une certaine culture intellectuelle.

L'*Encyclopédie scientifique* a l'ambition de s'adresser au public le plus large. Le savant spécialisé est assuré de rencontrer dans les volumes de sa partie une mise au point très exacte de l'état actuel des questions ; car chaque Bibliothèque, par ses techniques et ses monographies, est d'abord faite avec le plus grand soin pour servir d'instrument d'études et de recherches à ceux qui cultivent la science particulière qu'elle présente, et sa devise pourrait être : *Par les savants, pour les savants.* Quelques-uns de ces livres seront même, par leur caractère didactique, destinés à servir aux études de l'enseignement secondaire ou supérieur. Mais, d'autre part, le lecteur non spécialisé est certain de trouver, toutes les fois que cela sera nécessaire, au seuil de la section, — dans un ou plusieurs volumes de généralités, — et au seuil du volume, — dans un chapitre particulier, — des données qui formeront une véritable introduction le mettant à même de poursuivre avec profit sa lecture. Un vocabulaire technique, placé, quand il y aura lieu, à la fin du volume, lui permettra de connaître toujours le sens des mots spéciaux.

II

ORGANISATION SCIENTIFIQUE

Par son organisation scientifique, l'*Encyclopédie* paraît devoir offrir aux lecteurs les meilleures garanties de compétence. Elle est divisée en Sections ou Bibliothèques, à la tête desquelles sont placés des savants professionnels spécialisés dans chaque ordre de sciences et en pleine force de production, qui, d'accord avec le Directeur général, établissent les divisions des matières, choisissent les collaborateurs et acceptent les manuscrits. Le même esprit se manifestera partout : éclectisme et respect de toutes les opinions logiques, subordination des théories aux données de l'expérience, soumission à une discipline rationnelle stricte ainsi qu'aux règles d'une exposition méthodique et claire. De la sorte, le lecteur, qui aura été intéressé par les ouvrages d'une section dont il sera l'abonné régulier, sera amené à consulter avec confiance les livres des autres sections dont il aura besoin, puisqu'il sera assuré de trouver partout la même pensée et les mêmes garanties. Actuellement, en effet, il est, hors de sa spécialité, sans moyen pratique de juger de la compétence réelle des auteurs.

Pour mieux apprécier les tendances variées du travail scientifique adapté à des fins spéciales, l'*Encyclopédie* a sollicité, pour la direction de chaque Bibliothèque, le concours d'un savant placé dans le centre même des études du ressort. Elle a pu ainsi réunir des représentants des principaux Corps savants, Établissements d'enseignement et de recherches de langue française :

Institut.	*École Polytechnique.*
Académie de Médecine.	*Conservatoire des Arts et Métiers.*
Collège de France.	*École d'Anthropologie.*
Muséum d'Histoire naturelle.	*Institut National agronomique.*
École des Hautes-Études	*École vétérinaire d'Alfort.*
Sorbonne et École normale.	*École supérieure d'Électricité.*
Facultés des Sciences.	*École de Chimie industrielle de*
Facultés des Lettres.	*Lyon.*
Facultés de médecine.	*École des Beaux-Arts.*
Instituts Pasteur.	*École des Sciences politiques.*
École des Ponts et Chaussées.	*Observatoire de Paris.*
École des Mines.	*Hôpitaux de Paris.*

III

BUT DE L'ENCYCLOPÉDIE

Au xviiie siècle, « l'Encyclopédie » a marqué un magnifique mouvement de la pensée vers la critique rationnelle. A cette époque, une telle manifestation devait avoir un caractère philosophique. Aujourd'hui, l'heure est venu de renouveler ce grand effort de critique, mais dans une direction strictement scientifique ; c'est là le but de la nouvelle *Encyclopédie*.

Ainsi la science pourra lutter avec la littérature pour la direction des esprits cultivés, qui, au sortir des écoles, ne demandent guère de conseils qu'aux œuvres d'imagination et à des encyclopédies où la science a une place restreinte, tout à fait hors de proportion avec son importance. Le moment est favorable à cette tentative ; car les nouvelles générations sont plus instruites dans l'ordre scientifique que les précédentes. D'autre part la science est devenue, par sa complexité et par les corrélations de ses parties, une matière qu'il n'est plus possible d'exposer sans la collaboration de tous les spécialistes, unis là comme le sont les producteurs dans tous les départements de l'activité économique contemporaine.

A un autre point de vue, l'*Encyclopédie*, embrassant toutes les manifestations scientifiques, servira comme tout inventaire à mettre au jour les lacunes, les champs encore en friche ou abandonnés, — ce qui expliquera la lenteur avec laquelle certaines sections se développeront, — et suscitera peut-être les travaux nécessaires. Si ce résultat est atteint, elle sera fière d'y avoir contribué.

Elle apporte en outre une classification des sciences et, par ses divisions, une tentative de mesure, une limitation de chaque domaine. Dans son ensemble, elle cherchera à refléter exactement le prodigieux effort scientifique du commencement de ce siècle et un moment de sa pensée, en sorte que dans l'avenir elle reste le document principal où l'on puisse retrouver et consulter le témoignage de cette époque intellectuelle.

On peut voir aisément que l'*Encyclopédie* ainsi conçue, ainsi réalisée, aura sa place dans toutes les bibliothèques publiques, universitaires et scolaires, dans les laboratoires, entre les mains des savants, des industriels et de tous les hommes instruits qui veulent se tenir au courant des progrès, dans la partie qu'il cultivent eux-mêmes ou dans tout le domaine scientifique. Elle fera jurisprudence, ce qui lui dicte le devoir d'impartialité qu'elle aura à remplir.

Il n'est plus possible de vivre dans la société moderne en ignorant les diverses formes de cette activité intellectuelle qui révolutionne les conditions de la vie ; et l'interdépendance de la science ne permet plus aux savants de rester cantonnés, spécialisés dans un étroit domaine. Il leur faut, — et cela leur est souvent difficile, — se mettre au courant des recherches voisines. A tous, l'*Encyclopédie* offre un instrument unique dont la portée scientifique et sociale ne peut échapper à personne.

IV

CLASSIFICATION
DES MATIÈRES SCIENTIFIQUES

La division de l'*Encyclopédie* en Bibliothèques a rendu nécessaire l'adoption d'une classification des sciences, où se manifeste nécessairement un certain arbitraire, étant donné que les sciences se distinguent beaucoup moins par les différences de leurs objets que par les divergences des aperçus et des habitudes de notre esprit. Il se produit en pratique des interpénétrations réciproques entre leurs domaines, en sorte que, si l'on donnait à chacun l'étendue à laquelle il peut se croire en droit de prétendre, il envahirait tous les territoires voisins ; une limitation assez stricte est nécessitée par le fait même de la juxtaposition de plusieurs sciences.

Le plan choisi, sans viser à constituer une synthèse philosophique des sciences, qui ne pourrait être que subjective, a tendu pourtant à échapper dans la mesure du possible aux habitudes traditionnelles d'esprit, particulièrement à la routine didactique, et à s'inspirer de principes rationnels.

Il y a deux grandes divisions dans le plan général de l'*Encyclopédie* ; d'un côté les sciences pures, et, de l'autre, toutes les technologies qui correspondent à ces sciences dans la sphère des applications. A part et au début, une Bibliothèque d'introduction générale est consacrée à la philosophie des sciences (histoire des idées directrices, logique et méthodologie).

Les sciences pures et appliquées présentent en outre une division générale en sciences du monde inorganique et en sciences biologiques. Dans ces deux grandes catégories, l'ordre est celui de particularité croissante, qui marche parallèlement à une rigueur décroissante. Dans les sciences biologiques pures enfin, un groupe de sciences s'est trouvé mis à part, en tant qu'elles s'occupent moins de dégager des lois générales et abstraites que de fournir des monographies d'êtres concrets, depuis la paléontologie jusqu'à l'anthropologie et l'ethnographie.

Étant donnés les principes rationnels qui ont dirigé cette classification, il n'y a pas lieu de s'étonner de voir apparaître des groupements relativement nouveaux, une biologie générale, — une physiologie et une pathologie végétales, distinctes aussi bien de la botanique que de l'agriculture, — une chimie physique, etc.

En revanche, des groupements hétérogènes se disloquent pour que leurs parties puissent prendre place dans les disciplines auxquelles elles doivent revenir. La géographie, par exemple, retourne à la géologie, et il y a des géographies botanique, zoologique, anthropologique, économique, qui sont étudiées dans la botanique, la zoologie, l'anthropologie, les sciences économiques.

Les sciences médicales, immense juxtaposition de tendances très diverses, unies par une tradition utilitaire, se désagrègent en des sciences ou des techniques précises ; la pathologie, science de lois, se distingue de la thérapeutique ou de l'hygiène qui ne sont que les applications des données générales fournies par les sciences pures, et à ce titre mises à leur place rationnelle.

Enfin, il a paru bon de renoncer à l'anthropocentrisme qui exigeait une physiologie humaine, une anatomie humaine, une embryologie humaine, une psychologie humaine. L'homme est intégré dans la série animale dont il est un aboutissant. Et ainsi, son organisation, ses fonctions, son développement s'éclairent de toute l'évolution antérieure et préparent l'étude des formes plus complexes des groupements organiques qui sont offertes par l'étude des sociétés.

On peut voir que, malgré la prédominance de la préoccupation pratique dans ce classement des Bibliothèques de l'*Encyclopédie scientifique*, le souci de situer rationnellement les sciences dans leurs rapports réciproques n'a pas été négligé. Enfin il est à peine besoin d'ajouter que cet ordre n'implique nullement une hiérarchie, ni dans l'importance ni dans les difficultés des diverses sciences. Certaines, qui sont placées dans la technologie, sont d'une complexité extrême, et leurs recherches peuvent figurer parmi les plus ardues.

Prix de la publication. — Les volumes, illustrés pour la plupart, seront publiés dans le format in-18 jésus et cartonnés. De dimensions commodes, ils auront 400 pages environ, ce qui représente une matière suffisante pour une monographie ayant un objet défini et important, établie du reste selon l'économie du projet qui saura éviter l'émiettement des sujets d'exposition. Le prix étant fixé uniformément à 5 francs, c'est un réel progrès dans les conditions de publication des ouvrages scientifiques, qui, dans certaines spécialités, coûtent encore si cher.

TABLE DES BIBLIOTHÈQUES

Directeur : **Dr Toulouse**, Directeur de Laboratoire à l'École des Hautes-Études.

Secrétaire général : **H. Piéron**, agrégé de l'université.

Directeurs des Bibliothèques :

II. Sciences appliquées

A. Sciences mathématiques :

B. Sciences inorganiques :

C. Sciences biologiques :

M. Albert Maire, bibliothécaire à la Sorbonne, est chargé de l'*Index* de l'Encyclopédie scientifique.